新一代信息技术丛书

现代
通信技术导论

中国通信学会◎组编

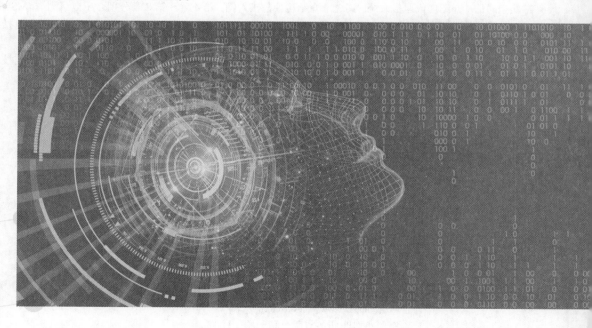

人民邮电出版社
北 京

图书在版编目（CIP）数据

现代通信技术导论 / 中国通信学会组编. -- 北京：
人民邮电出版社，2024.11
（新一代信息技术丛书）
ISBN 978-7-115-60416-3

Ⅰ．①现… Ⅱ．①中… Ⅲ．①通信技术 Ⅳ．①TN

中国版本图书馆CIP数据核字（2022）第211738号

内 容 提 要

  本书旨在简明扼要呈现现代通信网的基本原理与全貌，着重展现现代信息通信的基本概念、基本技术、基本架构和典型应用，强调科学性、系统性和实用性的统一。全书共 9 章，第 1、2 章分别带领读者认识通信、介绍现代通信系统；第 3 章介绍传输与接入网；第 4 章～第 7 章分别介绍电话网与 IMS 技术、移动通信、数据通信、微波与卫星通信；第 8、9 章分别介绍通信网络安全和通信新技术，其中包括物联网、工业互联网、量子通信技术、大气激光通信、天地一体化通信等。

  本书可作为通信类专业的专业基础课教材，也可作为其他理工科专业学生学习现代信息通信技术的入门参考书，还可作为信息通信领域相关工作人员的培训用书或自学读本。

◆ 组　　编　中国通信学会
  责任编辑　王海月
  责任印制　马振武
◆ 人民邮电出版社出版发行　　北京市丰台区成寿寺路 11 号
  邮编　100164　电子邮件　315@ptpress.com.cn
  网址　https://www.ptpress.com.cn
  三河市君旺印务有限公司印刷
◆ 开本：787×1092　1/16
  印张：18.75   2024 年 11 月第 1 版
  字数：405 千字   2024 年 11 月河北第 1 次印刷

定价：69.80 元
读者服务热线：(010)53913866　印装质量热线：(010)81055316
反盗版热线：(010)81055315
广告经营许可证：京东市监广登字 20170147 号

编辑委员会

编写组

组　　长　孙青华

副 组 长　吴卓平　韦泽训

组　　员（排名不分先后）

王　飞　王国珍　王国仲　韦皓仁　方　霞　甘忠平　叶礼兵

田　申　冉烽力　朱猷梅　李巧君　李滢滢　吴粤湘　邱世阳

张　倩　张振晗　周建儒　周　滟　赵艳梅　赵　阔　姜　莉

　　近年来，信息通信行业总体保持平稳较快发展态势，网络能力大幅提升，业务应用蓬勃发展。信息通信技术与经济社会融合步伐加快，在经济社会发展中的战略性、基础性、先导性地位更加凸显。我国建成了全球规模最大的光纤和移动宽带网络，5G 网络实现规模商用。信息通信行业"放管服"改革纵深推进，电信市场对外开放步伐加快。我国的网络安全政策法规和标准制度体系更加完善，应急通信保障能力不断提升。

　　当前，信息通信技术发展日新月异。5G R17（5G 标准的第三个版本）标准已冻结，5G 行业赋能的能力将进一步凸显；6G 大幕已经拉开，全球对于 6G 的探讨从愿景架构阶段逐步转向研究评估阶段；云技术应用和 5G 驱动加速了云网深度融合，云网融合的深入，充分体现新型信息通信网络能力优势；运营商持续深入推进全光网建设，全光网 2.0 新时代将加速到来；在"双碳"愿景下，通信新能源赛道迎来发展风口；网络安全已上升为数字化安全，数据安全成为网络安全的重中之重。

　　我国移动通信实现"1G 空白、2G 跟随、3G 突破、4G 并跑、5G 引领"的跨越式发展，在标准、技术、产业、应用等各个方面，已经处于全球领先水平。通信行业全面赋能各行各业。如果说 5G 前我国移动通信的坐标用"高度"来体现，那么到了 6G 时代的我国移动通信坐标将用"广度"来刻画，未来对通信人来说既充满了挑战，也充满了机会。

　　工业和信息化部印发的《"十四五"信息通信行业发展规划》指出，到 2025 年，信息通信行业整体规模进一步壮大，发展质量显著提升，基本建成高速泛在、集成互联、智能绿色、安全可靠的新型数字基础设施，创新能力大幅增强，新兴业态蓬勃发展，赋能经济社会数字化转型升级的能力全面提升，成为建设制造强国、质量强国、网络强国、数字中国的坚强柱石。

　　要实现上述目标，必须加强人才队伍建设，筑牢发展根基。要充分发挥院校、企业、学会、科研机构等多方作用，利用学历教育、非学历教育、短期培训等多种途径和方式，建立完善多层次人才合作培养模式，培养创新型、应用型、技能型人才。编写符合职业教育发展需要的通信技术导论教材，可进一步培养学生可持续发展和全面发展的能力，为其终身学习和服务社会奠定坚实基础。

通信类专业以数学、物理和信息论为基础，以电子技术、信息传输和通信网络为核心研究对象，是研究通信过程中信息传输、相关信号处理方法和应用的专业。专业覆盖了当前多个热门领域，包括 5G 移动通信、物联网、云网融合等，是推动国家政治、经济、科技、国防等发展的重要力量，被世界各国视为科技战略发展的核心。

《现代通信技术导论》作为通识类教材，电子信息类专业的学生通过学习知识和实践应用，可以初步具备搭建端到端信息与通信系统的能力，并能够进行面向生活需求的创新尝试，从而对工程概念、工程过程、工程师能力培养等问题形成初步认知。本书有助于培养学生自主学习与团队合作能力，在零基础的情况下，对通信、电子、网络等形成初步认知；对云计算、物联网等新兴领域的技术系统有基本了解。

本书是中国通信学会组织全国多个信息通信领域院校和行业、企业的专家、学者，联合编写完成的，我有幸作为本书顾问也参与其中。在本书的编写过程中，各位专家、学者仔细打磨，反复论证，为本书的出版做出了卓有成效的工作。

本书系统讲述了信息通信技术的基础知识，呈现了现代通信网的概要和全貌，着重展现了现代通信网的基本概念、基本技术、基本架构和典型应用，以产教融合的方式，在信息通信领域人才培养方面进行了有益尝试。本书同时顺应新一代信息技术和数字化转型等趋势，落实课程思政要求并突出职业教育特点，建立了信息通信的系统框架结构，有利于提升学生的数字素养和数字技能。

期望本书能为刚踏入信息通信领域的学生、从业人员，以及广大信息通信技术爱好者提供技术导论，满足社会对新一代复合型信息技术人才的需求。

中国工程院院士　张平

当前，信息通信技术发展日新月异，以数字化、网络化、智能化为特征的信息化浪潮蓬勃兴起。以信息化驱动现代化，促进工业经济向数字经济转型，是我国新发展阶段加快数字社会建设步伐，迈向制造强国和网络强国的必由之路。信息通信技术与经济社会各领域交叉融合，促进了经济发展、社会进步，提高了人民生活质量。因此，认识和学习现代通信技术，全面了解信息通信网络的基本架构、基本应用，不仅有助于提升全民数字素养，推动数字经济发展，还能够为新型工业化提供强大的技术支持和动力，助力实现经济社会的可持续发展。

为贯彻党的教育方针，落实立德树人根本任务，中国通信学会汇聚行业优质资源，组织一批学校、企业和行业的专家、学者，联合编写了《现代通信技术导论》。本书充分体现产教融合特点，以期为培养满足新一代信息通信产业发展需要的高素质技术技能人才贡献力量，为全面建设社会主义现代化强国提供信息通信人才储备和技能支撑。

《现代通信技术导论》以高职高专院校通信类专业的学生为主要读者对象，面向新一代信息通信技术应用和新型信息通信基础设施建设，对接现代通信技术的典型职业岗位，紧贴职业标准，融入了信息通信的新标准、新规范和新技术。本书高度重视"课程思政"建设，将思想政治教育贯穿人才培养体系，促进通信类课程与思政课程同向同行。在教材建设中加入大国工匠精神的内容，注重加入反映新时代中国通信发展故事的内容，以激发学生技能报国的家国情怀，强化使命担当。

中国通信学会副理事长兼秘书长　张延川

随着信息通信技术与经济社会融合步伐的加快，信息通信行业在经济社会发展过程中的地位和作用更加凸显，现代通信技术成为数字化时代不可替代的"神经中枢"。新阶段、新特征和国家战略新安排使信息通信行业肩负了推动数字经济与实体经济融合创新发展，培育壮大国内新型消费市场，促进全球信息通信领域紧密联动的历史使命。

本书的结构

本书以满足行业发展和技术演进的需要为出发点，系统讲述了通信技术的基础知识，内容通俗易懂、贴近产业实际情况，建立了信息通信系统的框架结构，以提升学生的数字素养和数字技能。

本书内容包括现代通信技术的发展、技术架构、基本原理、应用等内容。全书共9章，可划分为4个模块（见下图）：基础认知模块，从认识通信开始，介绍现代通信系统的相关知识；传输与接入技术模块，重点解释光纤通信与接入技术的基本原理；通信业务网模块，重点解释电话通信、移动通信、数据通信、微波与卫星通信的网络基础和应用；发展模块，重点介绍通信网络安全与通信新技术。

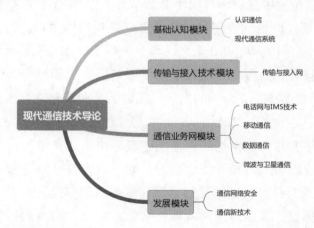

现代通信技术内容丰富，且内容关联性强，本书尽可能用形象的图表、数据、实例和插图来解释和描述，以达到深入浅出的目的，为读者建立清晰而完整的现代通信网络和技术内容体系。

本书的特色

1.内容紧跟新一代信息技术发展的脚步，与网络技术实际紧密结合，力图成为一本实用的现代通信技术学习指南。在每一章的开始明确本章的学习目标，引导读者深入学习；在每一章中设计与内容相辅相成的拓展阅读；在每章最后进行本章小结，还配有思考与练习，帮助读者更好地总结归纳所学内容。

2. 本书为立体化教材，配有数字化教学资源，以满足教师线上线下的混合教学需求。本书所提供的教学 PPT、微课视频和相应的思政素材等数字化教学资源，均由人民邮电出版社提供，有兴趣的读者可关注"信通社区"公众号获取。

本书的读者对象

本书可作为电子信息类相关专业高职高专院校教材，也可以作为其他专业学生学习现代信息通信技术的入门教材，还可作为从事信息通信领域工作相关人员的培训用书或入门自学读本。

作者简介

中国通信学会（以下简称"学会"）成立于 1978 年，是在民政部注册登记、具有社团法人资格的国家级学会，隶属于工业和信息化部，业务主管单位为中国科学技术协会。学会下设 54 个分支机构，与全国 29 个省级通信学会建立了密切的业务联系和指导关系，拥有个人会员 6.8 万余人、单位会员 350 余家。学会坚持为科技工作者服务、为创新驱动发展服务、为提高全民科学素质服务、为党和政府科学决策服务的职责定位，经过 40 余年的发展，已成为党和政府联系信息通信科技工作者的重要桥梁和纽带。

学会是工业和信息化部人才工作领导小组成员单位，全国工业和信息化职业教育教学指导委员会通信职业教育教学指导分委员会牵头单位，中国工程师联合体发起单位、常务理事单位，工程能力评价委员会依托单位、工程师国际互认行业试点单位、信息通信工程类工程能力评价工作牵头单位、工程师双边互认印度尼西亚工作牵头单位，国际电信联盟学术成员。

学会致力于搭建高水平学术交流平台，组织召开大型学术交流活动。打造信息通信领域科普品牌，主办"世界电信和信息社会日"系列活动，组建科学传播专家团队、科技志愿服务团。持续拓展国际影响力，与美、德、英、日、韩、印尼、乌兹别克斯坦等国的学会、协会和国际电信联盟（ITU）等国际组织建立了良好合作关系，成功推荐我国专家在国际组织中担任重要职务。促进产教科协同创新，集聚力量服务卓越工程师队伍建设与高素质技术技能人才培养，大力推动工程师国际互认，开展"数智工场"产教协同育人国际合作。专注一流学术期刊建设，主办或联合主办的《中国通信（英文版）》（2022年SCI影响因子达4.1）《通信学报》《电信科学》等5种期刊是通信领域具有权威性的刊物，主办的《中国通信年鉴》成为通信行业最具权威和发行量最大的文献性出版物之一。建设高端智库服务重大决策，积极发挥两院院士和各学术专委会专家作用，承接并完成中国科协、工业和信息化部重大课题，并进入工业和信息化部智库名录。学会汇聚通信行业优质资源，加快发展新质生产力，深入推进新型工业化，为制造强国和网络强国建设提供有力支撑。

致谢

本书在编写过程中凝聚了众多专家和学者的智慧，我们邀请了中国工程院院士、网络与交换技术全国重点实验室主任张平作为本书的顾问。我们组织了来自石家庄邮电职业技术学院、四川邮电职业技术学院、重庆电子科技职业大学、深圳职业技术大学、广东邮电职业技术学院、四川信息职业技术学院、河南工业职业技术学院、南京机电职业技术学院、安徽邮电职业技术学院、中国移动通信集团设计院有限公司、中国通信建设集团有限公司、中国联合网络通信有限公司研究院、中国电信股份有限公司研究院、中科南京移动通信与计算创新研究院、北京新大陆时代科技有限公司、深信服科技股份有限公司、联想教育科技（北京）有限公司、中信科移动通信技术股份有限公司、浙江华为通信技术有限公司、河北电信设计咨询有限公司等单位的专家和学者参与编写、审稿等工作。本书最后由韦泽训、孙青华、吴卓平统稿，在此一并表示感谢！

信息反馈

由于编者水平有限，书中难免存在欠妥之处，恳切希望广大读者发送邮件至 gcnlpj@china-cic.cn 批评指正，编者将不胜感激。

目　录

第1章
认识通信

01

学习目标

（1）了解信息的基本概念，以及信息基础设施的内涵；

（2）了解信号及其分类，掌握信息与信号之间的关系；

（3）掌握通信的概念，理解通信系统的基本模型；

（4）掌握现代通信网的基本组成与分类；

（5）了解三网融合，理解云网融合及其"云-管-端"的网络架构；

（6）了解近代和现代通信发展的基本历程；

（7）了解现代通信网的建设重点；

（8）了解我国《电信条例》、电信业务分类和《电信业务经营许可管理办法》；

（9）了解常见的通信标准化组织。

1.1 通信与通信网

1.1.1 通信的基本概念

人类文明具有高度的社会属性，人类同在一个地球村，小到一个群落、大到一个国家，大家都需要信息沟通、互通有无。从人诞生起，通信就是基本需求，如婴儿的啼哭声传递了饥饿的信息，表达的是索取母乳与关爱。随着社会的不断发展，通信方式随之改变，从烽火狼烟、飞鸽传书，到邮路驿站、旗语号令，再到今天的移动通信、智慧物联等，通信发展史是人类社会进步的缩影之一。从古至今，万里乡愁亲情爱情，大漠边关长空皓月，亲人之间的思念关怀、国家之间的合纵连横，都离不开通信。通信的直接目的就是传递信息。

1. 信息

信息是人们对客观世界的感知与认识，泛指人类在社会中传播的一切内容。20世纪40年代，通信的奠基人香农认为信息能够消除不确定性。在计算机科学技术领域，信息被认为是处理后的数据，即为决策提供支持的有效数据；在通信领域，信息则特指通信系统中以信号为载体所传输和处理的对象。

"信息"一词在英语中为"Information"。信息的形式多种多样，有单一的、复合的；少量的、大量的。在现代社会中，信息的重要性不言而喻，信息被认为是与物质、能源相当的第三资源。继以蒸汽机的发明和使用、电力的发现和使用为标志的前两次工业革命之后，以原子能、电子计算机的发明和使用为标志开启了第三次工业革命，而第四次工业革命则是进入利用信息技术促进产业变革的智能化时代。

在科技高速发展的年代，信息爆炸式增长并被人们广泛使用。各国都十分重视信息基础设施的建设，相继提出了建设智慧信息高速公路的构想。信息高速公路是一个形象化的概念，又名国家信息基础设施（NII），是指能随时为用户提供大量信息，由通信网、计算机、数据库及电子产品等组成的信息网络，能使人们共享信息，在任何时间、任何地点以任意媒介传递信息，是一项系统性的社会工程。2020年，我国进一步提出加快"5G基站、特高压、城际高速铁路和城市轨道交通、新能源汽车充电桩、大数据中心、人工智能、工业互联网"七大领域的新型基础设施（以下简称"新基建"）建设。新基建是以新发展理念为原则，以技术创新为驱动，以信息网络为基础，面向高质量发展需要，提供数字转型、智能升级、融合创新等服务的基础设施体系建设，包括3个方面：一是信息基础设施，主要指基于新一代信息技术演化生成的基础设施，以5G、物联网、工业互联网、卫星互联网为代表的通信网络基础设施，以人工智能基础设施、云计算基础设施、区块链基础设施等为代表的新技术基础设施，以数据中心、智能计算中心为代表的算力基础设施等；二是融合基础设施，主要指深度应用互联网、大数据、人工智能等技术，支撑传统基础设施转型升级，进而形成的融合基础设施，如智能交通基础设施、智慧能源基础设施等；三是创新基础设施，主要指支撑科学研究、技术开发、产品研制的具有公益属性的基础设施，如重大科技基础设施、科教基础设施、产业技术创新基础设施等。

2. 信号

信号是信息的表现形式和传输载体，任何内容都需要转变为信号才能传递，传输信息本质上是传递信号。

早期的信号，其传输范围和时效都受限，如旗语、灯塔通过视觉（光）或者听觉（波）来传递信息，信息只在一定范围内是可视的或者可听的，通信范围被约束；驿路、信鸽解决了传输范围受限的问题，但没有解决时效限制问题，信息无法在很短的时间内送达。随着技术发展，人们利用"电信号"来传递消息，以有线媒介传递电信号称为有线通信，以无线电波传递电信号称为无线通信。电信号极大地扩展了信息传递的范围，缩短了信息传递的时间。

根据特性，信号的分类如下。

① 按照是否具有周期性，可将信号分为周期信号与非周期信号。

② 按照是否具有确定性，可将信号分为确定信号与随机信号。确定信号是可知的、有一定规律的信号；随机信号是不可预知的信号，如电子元器件的热噪声。在通信中，根据实际需要，有时人们会按照一定算法规律生成类似具有随机噪声特性的伪随机信号（又称伪随机序列、伪随机码）。

③ 按照幅值是否连续变化，可将信号分为模拟信号（连续信号）与数字信号（离散信号）。如果信号的幅值随时间连续变化，则该信号属于模拟信号，如图1-1（a）所示；如果信号的幅值随时间变化，呈离散状态，则该信号属于数字信号，如图1-1（b）所示。模拟信号与数字信号是可以相互转换的，模数转换（A/D）需要编码，数模转换（D/A）

需要解码，模数转换如图 1-1（c）所示。

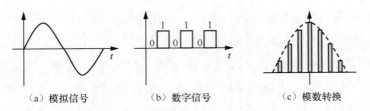

（a）模拟信号　　　　　（b）数字信号　　　　　（c）模数转换

图1-1　模拟信号、数字信号与模数转换

信号犹如优美的钢琴曲。从弹奏的时间上看，它是连续的，波形高低起伏、行云流水，这是信号的时间域，即使将模拟信号转换为数字信号，只要采样足够密，失真就会很小。从弹奏的琴键上看，每个琴键代表一个频率，频率不同、声音婉转起伏，这是信号的频率域。

3．通信

如果将通信网络比作高速公路网，信息就犹如路上往来穿梭的货车所载货物，货物只有被高效准确地传递给需求者，才能体现其价值。所以，信息只有通过网络传递给需求者，才能体现出价值，而这就需要通信，通信的根本任务就是传递信息。

狭义上来说，通信（Communication）就是传递交流信息；广义上来说，通信就是人与人之间、人与物之间、物与物之间，通过媒介进行的信息交互。

现代通信的基本形式是在信源（信息的发送端）与信宿（信息的接收端）之间建立一条通道，实现信息的传输与转移。协调完成通信功能的各种通信设备和信道的集合被称为通信系统。通信系统的基本模型如图 1-2 所示。

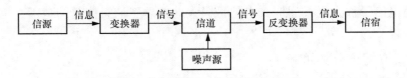

图1-2　通信系统的基本模型

从通信系统的基本模型中可以看出，通信系统包括信源、变换器、信道、反变换器和信宿 5 个部分。信源是产生各种信息的源头，通常是指发出信息的人或物，如传感器、摄像头；变换器将信源发出的信息转换成适合在信道中传输的信号，通常指输出信号的终端设备，如计算机等；信道是信号传输通道或媒介的总称，如电缆、光纤和无线电波等；反变换器能够将从信道上接收的信号转换成信息接收者可以接收的信息，是变换器的逆过程；信宿则是信息传输目的地，即信息的接收者。噪声是指通信系统传输和处理信息过程中各种干扰影响的等效结果，以及来自系统本身或环境的影响。

▌拓展阅读

2020 年伊始，一场突如其来的新冠疫情打破了我们原本平静的生活。我国始终坚持"人民至上，生命至上"的原则，打好疫情防控攻坚战。在这场彰显"中国速度"的抗疫工程中，通信人全力保障网络畅通，36 小时完成了从规划、勘察、设计到施工、调测、开通、优化的全过程，迅速实现千兆网络全覆盖、5G 信号全覆盖。满足了医护人员和住院人员的通信需求，为远程调度、远程会诊提供了通信保障。有了通信，万千网友在线"云监工"，关心和见证了这场史无前例的抗疫奇迹！

1.1.2 通信网的组成与分类

点对点的通信系统模型建立了两个用户间的直接通信，要实现多用户间点对多点的双向或多向通信，就需要实现信道复用，并将通信系统有机组合，构成通信网。

1. 通信网及其组成

一定数量的节点（如路由器）和连接节点的传输链路相互有机组合在一起，以实现两点或多点（终端设备）之间信息传输的通信体系，被称为通信网。通信网是由通信网元设备、通信线路、终端设备组成的，用以支持实现语音、数据、图像等多媒体通信要求的通信体系。

通信网的组成要素包括传输系统、交换系统、终端设备等。任何通信系统都由软件和硬件两部分组成，软件是实现网络功能及业务功能的相关程序，硬件是构成通信网的设备，是软件的载体，负责信息的发送和接收。软件、硬件联动使通信网成为一个正常运转的动态体系。

（1）传输系统

传输系统包括传输设备、传输媒介和传输体系。传输设备是指完成信号发送、放大和接收的设备，如光端机、中继放大器等；传输媒介是指完成传输的介质，如电缆、光纤、微波等；传输体系是指实现信号传输的标准规范，如准同步数字系列（PDH）、同步数字系列（SDH）、多业务传送平台（MSTP）、分组传送网（PTN）、无线电接入网 IP 化（IP RAN）、切片分组网（SPN）、波分复用（WDM）、光传送网（OTN）等。

（2）交换系统

交换系统是通信网的核心要素，通过相关网元之间的交互，完成对终端设备接入网络的合法性认证鉴权、业务权限管理，并为终端设备建立媒体面的信息传送通道，如电话［固定电话、移动电话、IP 多媒体子系统（IMS）电话］交换设备根据主叫用户拨打的被叫号码建立主叫用户与被叫用户之间的话路通道［时分复用（TDM）话路通道或 IP 话路通道］；IP 路由器根据目的 IP 地址等地址信息进行寻址，将 IP 报文转发至目的终端。早期的固定电话和移动电话均采用 TDM 电路交换方式，随着技术发展，固定电话网、2G/3G/4G/5G 移动网、IMS 网的底层均已采用基于 IP 的分组交换，实现了底层承载的全 IP 化。

（3）终端设备

终端设备是用户与通信网之间的接口设备，是通信网中的源点和终点，如固定电话、手机、计算机、电视机、传感器等。

（4）网管系统和计费系统

传输系统和交换系统的正常运行离不开管理和维护，因此，需要网管系统对除终端设备外的网络设备进行网元级的管理和网络级的管理，包括网络拓扑管理、故障管理、配置管理、性能管理、安全管理等。另外，交换系统会根据终端设备对网络的用量生成计费记录，并由运营商的计费系统根据计费记录进行批价，生成对用户网络用量进行计费的账单，此种方式被称为离线计费。随着技术的发展，为了提高计费的实时性，产生了在线计费方式，即交换系统实时/准实时地与运营商计费系统的在线计费系统（OCS）交互，由OCS 完成对用户账户的相关扣费。

为了更好地理解通信网如何实现互联互通，还可对网络进行分层分割。

从信号流经路径去看网络，数据通信网可纵向分割为终端—接入网—核心网（核心网交换节点—传输网—核心网交换节点）—接入网—终端，如图 1-3 所示。实际上，接入网是接入层面的传输，所以有时也将传输网按承担的业务功能等级分为核心层、汇聚层和接入层，核心层是网络的高速主干部分；汇聚层是网络接入层和核心层的中介；接入层则向本地网段提供工作站接入。此外，根据通信网所采用的技术、协议，在网络中应按需部署信令网、时钟同步网、时间同步网等支撑网。其中，信令网主要用于核心交换网网元之间的寻址；时钟同步网为网络中采用同步传输模式的相关设备提供时钟信号；时间同步网为网络中需要时间信息的设备提供时间信号。

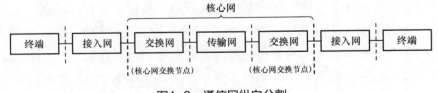

图1-3　通信网纵向分割

从数据通信设备的互联互通去看每个节点，通信节点横向可分层为顶端的应用层、中间的传输层与网络层、底端的物理接口层（包括数据链路层和物理层），如图 1-4 所示。应用层包括超文本传送协议（HTTP）、文件传送协议（FTP）、简单邮件传送协议（SMTP）等应用协议；传输层包括传输控制协议（TCP）、用户数据报协议（UDP）等协议，主要实现应用程序间的通信；网络层包括互联网协议（IP）、因特网控制消息协议（ICMP）、地址解析协议（ARP）等协议，主要完成路由寻址；物理接口层是网络的物理接入层，包括 IEEE 802 系列协议、点到点协议（PPP）等协议，主要是硬件及其接口标准。

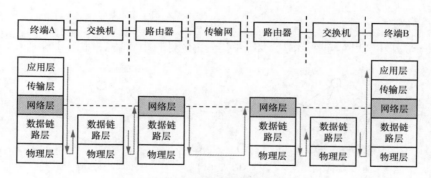

图1-4　通信网横向分层

2. 通信网的物理拓扑结构

通信网的物理拓扑结构通常指节点（或传输网元）之间的连接与分布形式，有网状网、星形网、环形网、总线网和复合网等基本形式。

（1）网状网

网状网是全互联网，节点间全部相互直接中继，如图 1-5（a）所示。n 个节点的网状网的传输链路数是 $\dfrac{n(n-1)}{2}$。网状网的特点是信息传递迅速、可靠性高、稳定性好，但传输链路多、链路冗余度高、线路费用高，所以在通信量不大的情况下，网状网的线路利用率低。网状网适用于通信节点数较少，而节点间通信量很大，对可靠性要求较高的网络。

（2）星形网

如图 1-5（b）所示，星形网设有一个中心节点T，该节点具有汇聚转发作用，在传统电话网中也称汇接局，在现代通信网中一般是汇聚层的节点。其他各节点至 T 节点设有直达链路，各节点之间的通信都经过 T 节点转接，构成辐射形状，所以星形网又被称为辐射式网。n 个节点的星形网的传输链路数是 $n-1$。星形网的特点是结构简单，传输链路比较少，线路费用低，但无迂回链路，所以可靠性低，T 节点负荷大。星形网适用于通信节点比较分散，节点间距离远，相互之间通信量不大的情况。

（3）环形网

如图 1-5（c）所示，环形网的通信节点被连接成闭合的环路。n 个节点的环形网的传输链路数为 n。环形网在节点数相同的情况下所需传输链路数较网状网少，而可靠性较星形网高。当任何两点间的线路发生阻断时，环形网仍可通过链路迂回实现线路保护，但会因转接多而影响信息的传输速度。

（4）总线网

如图 1-5（d）所示，所有节点连接在同一总线上构成总线网。总线网具备良好的可扩充性，无须中央控制器，单个节点故障不会引起系统崩溃，多用于局域网组网。

（5）复合网

复合网一般是网状网与星形网、环形网与星形网的组合等，如图1-5（e）所示。

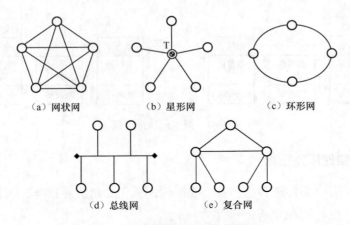

图1-5　通信网的物理拓扑结构

现代通信网中，移动通信基站的室内基带处理单元（BBU）与各个射频拉远单元（RRU）之间常采用星形结构；计算机局域网最初采用总线结构，现在通常采用星形结构和复合结构；同一层面的光纤传输网元之间常采用环形结构；汇聚层环形网上的汇聚节点与接入层节点之间，常采用环带链、环带环等复合结构组网。

3．现代通信网分类

早期的网络一般仅能完成单一业务，如电话网、电报网、数据网、广播电视网等，现代通信网能兼容绝大多数多媒体业务。现代通信网可从不同的角度进行分类，常见分类如下。

① 按服务性质或服务对象，现代通信网分为公众通信网、专用通信网。公众通信网面向社会大众，专用通信网仅为军队提供通信服务。随着5G在垂直行业的应用发展，越来越多的行业、企业利用5G技术构建自己的专网，其中，5G网络的建设遵循国家相关规定。

② 按传输处理信号的形式，现代通信网分为模拟网、数字网。早期模拟网较多，随着数字化的发展，现在绝大多数网络都是IP化的数字网。

③ 按数据网络服务区域，现代通信网分为广域网（WAN）、城域网（MAN）、局域网（LAN）。

④ 按通信网的功能，现代通信网分为业务网、传输网、支撑网。其中，支撑网包括同步网、信令网等。

⑤ 按网络等级结构，现代通信网分为长途网、本地网等。

⑥ 按传输介质，现代通信网分为有线通信网、无线通信网等。

⑦ 按路由交换机制，现代通信网分为采用电路交换方式、报文交换方式、分组交换

方式。早期主要采用电路交换方式,现代通信网主要采用 IP 分组交换方式。

⑧ 按传输信号的复用方式,现代通信网分为频分复用(FDM)、TDM、码分复用(CDM)、WDM 等。例如,1G 的空中接口采用 FDM,2G 的空中接口采用 TDM,3G 的空中接口采用了 CDM,无源光网络(PON)中采用 WDM 实现单纤双向传输等。

4．通信网的融合

早期的通信网络是相互独立、自成体系的,通信终端也只能支持一种业务,如电信网、计算机网和广播电视网。

1990 年之前,英国的电信与广电业务是互不准入的,1991 年开始有条件地相互开放部分业务。直到 2003 年英国政府颁布《通信法》,建立了统一的通信管理局,才真正意义上实现了技术与业务的相互渗透融合。美国在 1992 年之前严禁有线电视和电信业跨业经营。从 1993 年开始,美国通过申请,有线电视和电信业可有条件地跨业经营。1996 年,美国政府的《电信法》打破了限制,有线电视和电信业相互准入融合。

我国在 2001 年提出促进电信网、广播电视网、互联网三网融合;2006 年提出积极推进三网融合,推进新一代移动通信网络,完善宽带通信网,建设数字电视网络,构建下一代互联网,促进互联互通和资源共享;2009 年 1 月,工业和信息化部颁发 3 张 3G 商用牌照,电信运营商进入全业务运营时代;2009 年 5 月,广播电视和电信业务进一步双向进入,三网融合取得实质性进展;2019 年 6 月,工业和信息化部正式向中国电信、中国移动、中国联通、中国广电发放 5G 商用牌照。目前,各个运营商都是电话、数据和视频的全业务提供商,通信终端演变为支持语音、数据和视频的多媒体业务终端。

综上所述,三网融合是指电信网、互联网和广播电视网,实现语音、数据和视频业务上的融合互通。在初期,三网融合主要是指用户业务层面的融合。从现实看,三网融合在网络层上逐渐实现互联互通,在技术上趋向一致,如网络 IP 化、传输媒介光纤化等。三网融合使网络从原来各自独立支持单一业务的专业网络,向支持多媒体业务的综合性全业务网(FSN)转变。三网融合既拓展了运营商的业务范围,又促进了信息通信产业的共建共享与绿色发展。

1.1.3 网络的"云－管－端"架构

随着新一代信息通信技术的应用和发展,通信网络承载了越来越多的业务。为了满足越来越多、越来越高效的应用需求,需要建设更多的数据中心节点,存放大量的服务器和存储器,以满足大数据的计算、处理和存储的需要。人们通常把这种数据中心节点机房的设施、设备、资源统称为"云",把高度集中的中心节点称为"中心云",将下沉靠近用户接入端的边缘节点称为"边缘云"。通信网络逐渐演变成传输信息的自动化管道,且通常被称为"管",包括无线通信基站与光纤到 x(FTTx)的宽带接入网、核心路由交换节点及其节点间的传输承载网等。通信网络中的各种终端设备,如手机、计算机、智能硬件等，简称"端"，如图1-6所示。

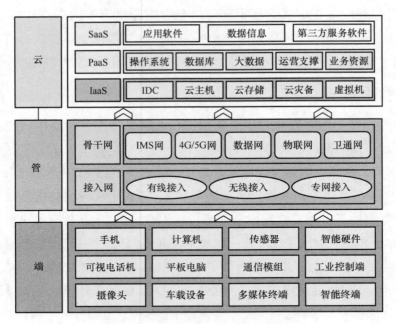

图1-6 网络的"云-管-端"架构

信息通信网络的云化被称为"云网融合"。"云"是指云计算（业务处理），包括业务处理的计算能力、存储能力及相关的软硬件设施，云计算一般有基础设施即服务（IaaS）、平台即服务（PaaS）和软件即服务（SaaS）这3种服务模式。IaaS为上层应用软件提供业务软件的基础运行环境；PaaS提供包括开发工具在内的软件资源；SaaS提供应用软件的访问服务。"网"是指通信网，起连接的作用（管道通道），包括接入网、承载网和核心网等。网络中可基于通用硬件实现的网元正在向云化演进，在控制面网元（如5G SA控制面网元）实现云化的基础上，用户面网元也逐步向云化演进。在互联网等IP业务应用中，网络更多扮演着管道的角色，众多服务提供商和电信运营商共同为终端用户提供多样化的业务。

1.2 通信的发展过程

1.2.1 通信发展的基本历程

1. 古代通信

中华文明源远流长，博大精深，是世界上持续时间最长的文明，是我们具有高度文化自信的源泉和基础。在中华文明的形成和发展过程中，"四大发明""丝绸之路"等彰显共享包容和沟通交流的无数瑰宝遗产，无不闪耀着广大劳动人民智慧的光芒。广大劳动人民创造了如鸿雁传书、竹筒传书、风筝通信、飞鸽传书、烽火狼烟、快马驿站等古老的信息传递方式，其中，快马驿站是我国最古老的官方"有线"通信方式。我国是世界上最早使用驿站实现通信的国家，大约在周朝就已经建立了完备的邮驿系统。根据马可·波罗的记载，我国在元朝时有大型驿站上万处。如果说快马驿站是我国最古老的官方"有线"通信方式，那么烽火狼烟就类似于"无线"应急通信。据记载，我国至少在商朝就已经有了用于军事通信的烽火台，通过燃烧"燃料"制造"狼烟"来传递信息。

2．近代通信

从 1752 年富兰克林通过风筝实验引电进入莱顿瓶以来，人类就开启了探索"电"应用的时代。1820 年，奥斯特发现电流具有磁效应，建立了电与磁之间的联系。1831 年，法拉第发现了电磁感应定律，制造了第一台能产生电信号的发电机。1865 年，麦克斯韦提出了集电磁理论之大成的麦克斯韦方程组，并预言了电磁波的存在。1887 年，赫兹用实验证明了电磁波的存在。从此，经典电磁学理论大厦正式落成，为人类利用电信号传递信息奠定了重要的理论基础。

在近代通信史上，以电磁理论为基础，诞生了电报通信、电话通信、无线通信，这些通信方式不断发展，一直持续到现代。

（1）电报通信

在有线通信领域，莫尔斯 1837 年发明了莫尔斯码，用不同的点、横线和空白组合成符号来代替英文字母和数字，并设计出简易发报机，按下发报机的电键便有电流通过，按键时间短促表示点信号，按键时间长表示横线信号。1844 年，美国建设了第一条 40 英里（1 英里 =1.609344 千米）长的电报线路，莫尔斯亲自从华盛顿向 40 英里外的地方发出了世界上第一份有线电报。这是通信界具有划时代意义的标志性事件，从此，人类开启了利用"电信号"传递信息的时代，这也成为"电信"（Telecommunication）一词的起源。此后电报通信一直是世界各国重要的通信手段。

中国汉字电报采用两次编码，每个汉字由一组（4 个）数字表示，再按数字的莫尔斯码编码。电报交换采取存储转发报文的方式。1871 年，丹麦大电报公司在我国上海租界设立电报局，随后在厦门设立电报公司。1876 年，清政府安排福建通商局买下福州电报线路使用权，福州电报线路成为我国的第一条电报线路。1877 年，我国首条自主建设的电报线路在台湾敷设。1880 年，清政府在天津设立电报总局，第二年开通了从天津到上海的电报线路。之后的很长一段时间，电报通信都是重要的长途通信手段。

进入 21 世纪，随着新兴通信技术的崛起，电报通信逐渐退出了历史舞台。2004 年，香港电讯盈科停止电报业务。2006 年，美国电报公司终止电报业务。2013 年，印度电信公司停止电报业务。2017 年 6 月，北京电报大楼停止电报业务，标志着电报时代的终结。

（2）电话通信

1876 年，贝尔申请了电话专利，成了有专利记录的电话发明者。但实际上，安东尼奥·梅乌奇早在 1860 年就试验出了电话的雏形，并在纽约的意大利语报纸上发表了这项发明，但遗憾的是因为贫穷而未能申请专利。

电话通信时，声音被转换成电信号，通过导线来传播电信号，最后电信号再还原为声音。要实现更多人的电话通信，就需要将若干条电话线路在中心点汇接再转接，要实现越来越多的电话线路转接，就需要在中心点通过人工接续来插线转接，这就是以人工接续方式为基础的有线电话通信网的形成过程。1878 年，诞生了首台由话务员操作的人工交换机。

随着用户数的增加，电话网络变得越来越庞大，人工接续已无法满足通信需求。1892年，史端桥用机械设备代替人工，制作了世界上第一台以用户拨号脉冲控制机电器械选择线路的步进制电话交换机，也称史端桥交换机。步进制电话交换机的接点是滑动式的，缺点是可靠性差、易损坏、体积大。1909 年，德国西门子公司对其进行了改进升级，生产了西门子步进制电话交换机。

1919 年，瑞典工程师贝塔兰德和帕尔姆格伦共同发明了类似继电器的纵横制接线器，将滑动式接触改成了点触式。1926 年，世界上第一个以纵横制接线器为基础的纵横制自动电话交换机在瑞典投入使用。从此，通信进入了纵横制电话交换机时代。到 20 世纪 50年代，纵横制交换系统已经比较成熟和完善。

步进制电话交换机和纵横制电话交换机是利用电磁机械动作接线的机电制自动电话交换机。随着半导体技术和电子技术的发展，人们开始在电话交换机中引入电子技术，这些交换机被称为"半电子交换机"或"准电子交换机"。后来，微电子技术和数字电路技术进一步发展成熟，产生了全电子交换机。

1965 年，美国贝尔实验室研制生产了世界上第一台商用程序控制的交换机，被称为程控交换机。1970 年，法国开通第一个程控数字交换系统。程控交换机的本质是计算机控制的交换机，用程序来控制交换机的接续动作，优点是接续快、容量大、可靠性高。程控交换机的使用标志着通信进入了数字交换的现代通信新时期。

我国电话事业起步较早，1882 年首先在上海开通了第一部磁石电话交换机。1904年在北京成立第一个官办电话局，开通了 100 门人工电话交换机，由于条件有限，之后的很长一段时间我国电话交换机仍然以人工电话交换机为主、以步进制电话交换机为辅。1960 年，我国自行研制了第一套 1000 门纵横制自动电话交换机，在上海吴淞局开通使用，随后较长时间内都使用步进制、纵横制电话交换机。1982 年，福建福州首先引进日本富士通公司万门程控电话交换机。1984 年，中外合资的上海贝尔公司成立，研制程控电话交换机。1985 年，世界各国电信企业纷至沓来，通信交换机种类繁多，这提升了互通和维护的难度，但也带动了中国自主通信业的崛起。

21 世纪以来，以程控电话交换机为核心的公用电话交换网（PSTN）开始逐渐退出历史舞台，取而代之的是以软交换网为主的下一代网络（NGN）。如今，软交换网逐渐过渡到了以 IMS 网为主的全新一代网络。

（3）无线通信

在无线通信领域，1896 年，马可尼实现了人类历史上首次无线电通信，虽然通信距离仅 30m，但标志着通信叩响了无线时代的大门。1899 年，马可尼成功实现英吉利海峡两岸的无线电报联络，通信距离达到 45km。早期的无线通信都处于单向通信（单工通信）的状态，无线电广播就是典型的"一对多"的单工通信模式。

无线通信便捷的通信方式很快受到各国军队的青睐。1897 年，美国军队在纽约附近率先建立了试验性的舰岸无线通信。1899 年，马可尼的无线通信系统被应用于英国海军。1899 年，我国进口了马可尼无线电报机用于舰艇军事指挥。1905 年，清政府北洋军为海军船只装备了无线电台。

20 世纪 20 年代～40 年代，更多的短波、超短波无线电台得到应用。例如，美国摩托罗拉公司采用调频（FM）技术开发了一款军用无线步话机，实现了通信距离可达12.9km 的远距离无线通信；美国底特律市警察开始使用低频段的车载无线电系统。1946年，贝尔实验室在战地步话机的基础上，制造了世界第一部移动通信电话机，但由于电子元器件的技术瓶颈，该移动通信电话机体积庞大，实用性不高，未能得到有效推广。

20 世纪 50 年代～70 年代，随着半导体技术、电子元器件和计算机技术的发展，无线通信设备开始快速发展。1958 年，当时的苏联工程师发明了车载型的移动电话。以摩托罗拉、AT&T 为代表的科技公司，均投入移动电话研发，这期间，美国、德国等相继推出了 150MHz、450MHz 频段的大区制无线通信系统。1973 年 4 月，摩托罗拉公司工程师马丁·库珀发明了手机，在纽约街头手持两块砖头大的便携式蜂窝移动电话机，使用世界上第一个可移动电话拨打了电话，这标志着公众蜂窝移动通信时代的到来。

3．现代通信

19 世纪诞生了电报、电话和无线电通信。20 世纪后期相继产生了光纤通信、蜂窝移动通信、数据通信、卫星通信等现代通信技术。

（1）光纤通信

1960 年，美国物理学家梅曼发明了激光器。随着激光光源的出现，人们试图将激光信号用于通信传输。但是，激光信号作为高频信号，衰减太快，无法进行长距离传输。1966 年，华裔物理学家高锟等人联名发表《光频率介质纤维表面波导》论文，提出利用高纯度石英基玻璃纤维媒介，可进行长距离高信息量传输，从此开启了光纤通信时代。也正是这篇论文的前瞻性和影响力，高锟博士被誉为"光纤之父"，并在 2009 年获得诺贝尔物理学奖。

随后，美国康宁公司启动了高纯度玻璃纤维的研发。1970 年，康宁公司通过外部气相沉积法，使用掺钛纤芯和硅包层，制造出损耗为 17dB/km 的单模光纤。1972 年，康宁公司以掺锗纤芯代替掺钛纤芯，制造出损耗低至 4dB/km 的多模光纤。1976 年，第一个速率为 44.7Mbit/s 的光纤通信系统在美国亚特兰大的地下管道中进行了现场实验和全面性能测试。1979 年，日本电报电话公司研制出损耗仅为 0.2dB/km 的极低损耗石英光纤。20 世纪 80 年代，光纤全面商业化。

光纤通信具有容量大、损耗低、无电磁干扰等特点，已经成为信息通信网络最主要的通信手段，大多数国家建立了自己的光纤通信系统。

我国从 1978 年开始研制光纤通信试验系统，1984 年建立市话中继光传输系统，1998 年建成全国"八纵八横"光缆干线网，2005 年建成上海到杭州的 3.2Tbit/s 高速率、超大容量光纤通信系统。我国光纤网络部署从骨干网到接入网，领先全球。截至 2023 年年底，我国光缆线路总长度超过 6432 万千米，完成了从跟随到引领的超越。

随着光纤光缆技术的发展，传输体系不断完善、传输速率不断提高。主要光纤传输技术有 PDH、SDH、MSTP、OTN、PTN、IP RAN 和 SPN 等。单纤传输速率从 155Mbit/s 发展到如今的 100Tbit/s。

（2）移动通信

诞生于 19 世纪的无线电通信，为现代蜂窝移动通信的产生奠定了基础，从 20 世纪 70 年代末期开始，移动通信不断代际更替，由 1G 到现在的 5G，公共陆地移动网（PLMN）迎来了大发展时期。

① 第一代移动通信（1G）

1G 是指 20 世纪 80 年代的公共陆地移动电信系统。代表系统主要有美国在 1983 年推出的高级移动电话系统（AMPS）、英国在 1985 年启用的全接入通信系统（TACS）等。

1G 系统使用模拟通信技术，空口采用频分多址方式区分不同的用户或信道。1G 系统仅能提供语音业务，其主要缺点是保密性差、频率利用率低、用户容量小、业务单一。

在 1G 时代，我国主要引入了 TACS 制式，采用 900MHz 频段，编号方式和固网一样。1987 年，我国在上海、广东等地开通了 TACS，当时引入的主要是美国摩托罗拉移动通信系统和瑞典爱立信移动通信系统，前者使用 A 频段，被称为 A 网，后者使用 B 频段，被称为 B 网，A 网、B 网很难实现互通。1999 年，我国关闭了移动通信 A 网、B 网。

② 第二代移动通信（2G）

2G 是指 20 世纪 90 年代的数字蜂窝陆地移动电信系统。典型的代表系统是欧洲在 1989 年颁布标准、1992 年商用的全球移动通信系统（GSM）。此外，还有高通公司于 1991 年推出的数字化高级移动电话系统（DAMPS）；日本在 1994 年推出的公用数字蜂窝（PDC）系统，也称 JDC 系统。

2G 系统使用数字通信技术，GSM 在空口采用时分多址（TDMA）技术区分不同的用户或信道，基于 IS-95 标准的 DAMPS 在空口采用窄带码分多址（CDMA）技术区分不同的用户或信道。2G 系统主要支持语音业务和低速（96kbit/s）数据业务。

在 2G 时代，我国主要引入了 GSM 制式，1992 年在浙江嘉兴建设第一个 GSM，采用了现在通行的"移动网接入号 + 移动区号 $H_0H_1H_2H_3$ + 用户号 ABCD"编号方式，如 $139H_0H_1H_2H_3ABCD$。我国使用的是 900MHz 频段，随着用户数增加，中国移动还使用了 1800MHz 频段，分别称为 GSM900、DCS1800，简称 "G 网" "D 网"。2002 年，中国联通开通了 800MHz 频段 IS-95 标准的 CDMA 网，简称 "C 网"。

③ 第三代移动通信（3G）

3G 是国际电信联盟（ITU）在 1985 年首先提出的，当时被称为未来公众陆地移动电信系统（FPLMTS），1996 年 ITU 正式将其更名为 IMT-2000，该系统工作在 2000MHz 频段、室内提供 2048kbit/s（2Mbit/s）速率、预期在 2000 年商用，欧洲电信标准组织（ETSI）称其为通用移动通信系统。1999 年，ITU 芬兰赫尔辛基会议确定了 5 项 3G 标准，其中陆地移动通信的三大主流技术标准是宽带码分多址（WCDMA）、CDMA2000 和时分同步码分多址（TD-SCDMA）系统。WCDMA 主要是基于欧洲 GSM 演进的标准，CDMA2000 主要是基于北美 CDMA 演进的标准。1998 年，我国首次独立提出了 TD-SCDMA 系统，这也是我国百年电信史上的一座里程碑。

3G 系统采用了电路域和分组域，电路域支持语音业务、短消息业务及低速数据业务，分组域支持数据业务，所以 3G 系统既能支持语音业务，又能支持多媒体数据业务，数据业务的传输速率在室内环境中可达 2Mbit/s、在步行环境中可达 384kbit/s、在车辆运动环境中可达 144kbit/s。

2006 年，我国拥有完整自主知识产权的 TD-SCDMA 系统被确定为发展 3G 的通信标准，并进行了商用试验。2009 年，工业和信息化部颁发 3G 商用牌照，中国电信获准 CDMA2000 牌照、中国联通获准 WCDMA 牌照、中国移动获准 TD-SCDMA 牌照，这 3 个牌照对应的 3 张网分别简称 "C 网" "W 网" "T 网"。

④ 第四代移动通信（4G）

3G 时代并未持续太久，4G 时代快速来临。2008 年，第三代合作伙伴计划（3GPP）提出了长期演进技术（LTE），这一技术被称为 3.9G 技术标准。2011 年，3GPP 又提出了 LTE 的升级版（LTE-Advanced）作为 4G 技术标准。4G 有 TD-LTE 和 LTE FDD 两个标准。

4G 系统在空口采用了正交频分复用（OFDM）技术，无线接入网和核心网采用扁平化结构，核心网支持全 IP 化的分组域结构。由于核心网取消了电路域，因此语音业务主要采用 VoLTE 方案，终端位于 LTE 网络时，语音通过移动核心网接续到 IMS 网络中，负责处理语音业务。4G 移动通信的主要特点是网络扁平化、全 IP 化，更高的峰值速率，更高的频谱效率，更低的时延（用户面时延小于 5ms），更高的移动性（支持 350km/h 的高速移动环境）。

工业和信息化部在 2013 年 12 月给 3 家运营商颁发了 TD-LTE 牌照，在 2014 年 2 月给中国电信和中国联通颁发了 LTE FDD 混合组网牌照，在 2018 年给中国移动颁发了 LTE FDD 牌照。

⑤ 第五代移动通信（5G）

4G 改变生活，5G 改变社会。作为新一代的蜂窝移动通信技术，5G 的到来为各行业应用提供了强有力的赋能支撑。2015 年，ITU 将 5G 命名为 IMT-2020。2015 年 9 月，ITU 正式确认了 5G 的三大应用场景：增强移动宽带（EMBB）、超可靠低时延通信（URLLC）、大规模机器类通信（MMTC）。

5G 业务的优势在于数据传输速率可达 10Gbit/s，端到端网络时延低于 1ms，连接密度提高到每平方千米百万个，支持的移动速率达到 500km/h。

2019 年 6 月，工业和信息化部分别给中国电信、中国移动、中国联通、中国广电发放了 5G 商用牌照。

（3）数据通信

数据通信是传输数据信息的通信方式，产生于通信技术与计算机技术相结合的基础上。数据通信网主要由数据交换设备、数据传输设备和数据终端设备三大部分组成。其中，数据交换设备是数据通信网的核心，主要完成用户之间的路由接续；数据传输设备则用于提供数据业务信息传送的传输链路；数据终端设备主要是指用户终端，用于完成数据的发送和接收。数据通信网采用存储 - 转发方式工作。

20 世纪 50 年代初期，美国建立了半自动地面防空系统，将远程雷达和其他设备与计算机连接起来，创建了早期的数据通信系统。国际电报电话咨询委员会（CCITT）在 1976 年制定了 X.25 协议，随后数据通信网在 X.25 协议的基础上发展起来。我国在 1988 年开始建设独立于 PSTN 的公共数据网，1993 年建成了覆盖全国的公用数据通信网。

早期的数据通信网主要包括数字数据网（DDN）、帧中继网（FRN）、窄带综合业务数字网（N-ISDN）、基于异步传输模式（ATM）的宽带综合业务数字网（B-ISDN）等形式。DDN 主要用于提供数据专线形式的业务；帧中继网主要承担 LAN 互联等高速数据传输业务；ATM 交换网则因其同时具备电路交换和分组交换的优势，主要用于骨干层的数据传输。这几种网络都曾在不同的历史阶段发挥了重要的作用。但是，随着互联网的广泛应用与相应技术的日益成熟，数据通信网主要采用的交换方式从传统的电路交换及分组交换等方式向 IP 交换方式过渡，且 IP 网络以其开放性、简单性、灵活性和可扩展性，逐渐取代了其他各种数据通信网。因此，IP 网络已成为当前应用最广泛的数据通信网，可承担多种综合业务的传送。

（4）微波与卫星通信

电磁波按波长从长到短、频率从低到高排列，可依次分为无线电波、红外线、可见光、紫外线、各种射线等，频率低于 300GHz 的电磁波被称为无线电波，无线电波按频率增加或波长减小又可划分为长波、中波、短波、超短波、微波等。其中，微波的频率范围在 300MHz ～ 300GHz，包括分米波（300MHz ～ 3GHz）、厘米波（3 ～ 30GHz）和毫米波（30 ～ 300GHz）。微波通信的特点是通信容量大、传播距离受限等。目前微波通信应用较为广泛，主要用于电视、雷达、无线电导航、卫星通信和移动通信等，在应急通信和架设光纤线路受限时，能发挥较大作用。

1931 年就出现了调幅的微波通信设备。贝尔实验室于 1947 年建设了调频微波传输电路，于 1950 年首次用微波传输承载电话业务。我国从 1957 年开始进行模拟微波通信传输的研制，1979 年建设了第一条基于 PDH 的微波电路（"京汉干线"），1995 年建设了第一条引进的 SDH 数字微波电路，1997 年自行研制建设了 SDH 数字微波电路。

卫星通信是将人造地球卫星作为中继站转发无线电波，在两个或多个地球站之间进行的通信。卫星通信系统包括空间星座和地面设备两部分。卫星通信具有通信距离远、覆盖面积大、不受地理环境限制的影响、通信频带宽等特点，缺点是传输时延长、受气候影响大、误码率高、成本高等。

卫星通信在 20 世纪 60 年代兴起。1957 年，苏联发射了第一颗人造地球卫星。1960 年，美国发射覆有铝膜的无源中继反射试验卫星。我国在 1970 年 4 月发射"东方红一号"人造地球卫星，成为世界上继苏联、美国、法国和日本之后，第 5 个自主发射人造地球卫星的国家。

卫星通信是国际远距离通信的主要通信手段，也广泛应用于移动通信、应急通信和军事通信等领域。世界上主流的卫星导航系统有我国的北斗导航卫星系统（BDS）、美国的全球定位系统（GPS）和俄罗斯的全球导航卫星系统（GLONASS）等。

1.2.2　现代通信网建设重点

当前，以数字化、网络化、智能化为特征的信息化浪潮兴起，信息通信技术正处于引领创新和智能迭代的变革时期。5G 移动通信、物联网、云计算、大数据、人工智能、区块链等新一代信息通信技术正加速系统集成应用与创新，不断推动新一代信息通信技术在车联网、工业互联网等经济社会各领域中的延伸应用，赋能数字经济，使其规模不断扩大。此外，公共服务、社会治理等领域的数字化、网络化、智能化水平不断提高，加速了全球经济的数字化转型。

目前，我国已经建成全球规模最大的 5G 移动通信网络和光纤宽带网络，实现了"村村通宽带"和移动通信全覆盖，网络安全能力不断增强。我国明确提出加快建设网络强国、数字中国。根据我国信息通信行业发展规划和战略部署，未来几年，我国现代通信网的建设重点包括以下几个方面。

1. 建设新一代通信网基础设施

（1）全面推进 5G 网络建设

统筹 4G 网络与 5G 网络协同发展，加快 5G 独立组网的规模化部署，逐步构建多频段协同发展的 5G 网络体系，并适时开展 5G 毫米波网络建设。加快拓展 5G 网络覆盖范围，优化城区室内 5G 网络覆盖，加强流量密集区域的深度覆盖，推进 5G 网络向乡镇农村延伸。优化企业园区、大型厂矿等场景的 5G 网络覆盖，推广 5G 行业虚拟专网建设。

（2）全面部署千兆光纤网络

加快"千兆城市"建设，持续扩大千兆光纤网络覆盖范围。完善产业园区、商务楼宇等重点场所的千兆光纤网络覆盖。推动全光接入网进一步向用户终端延伸，推广实施光纤到房间、光纤到桌面、光纤到机器。加强网络各环节协同建设，丰富千兆光纤网络应用场景，提升端到端业务体验，积极实施宽带用户向千兆光纤宽带业务迁移。加快光纤接入技术演进升级，支持有条件的地区超前布局更高速率宽带接入网络。

（3）推进骨干网演进和服务能力升级

提升我国传输网骨干网承载能力，部署骨干网超大容量光传输系统，将100Gbit/s及更高速率光传输系统向城域网下沉，加快OTN设备向综合接入节点和用户侧延伸部署。统筹重要路由光缆建设，丰富重要城市间直达光缆，开展数据中心之间的直连网络建设。推进网络功能虚拟化（NFV）、软件定义网络（SDN）、基于IPv6转发平面的段路由（SRv6）等技术和光交叉连接（OXC）等设备规模化应用，提高网络资源智能化调度能力和资源利用效能。

（4）提升IPv6端到端的贯通能力

加快网络、数据中心、内容分发网络（CDN）、云服务等基础设施的IPv6升级改造。加快应用、终端IPv6升级改造，实现IPv6用户规模和业务流量的增长，推动IPv6与人工智能、云计算、工业互联网、物联网等融合发展，增强IPv6网络对产业数字化转型升级的支撑能力。

（5）推进移动物联网全面发展

推动2G/3G的物联网业务向窄带物联网（NB-IoT）/4G/5G网络的迁移，构建低、中、高速率移动物联网协同发展体系。扩大移动物联网的覆盖范围，完善NB-IoT部署，在交通路网、城市管网、工业园区、现代农业示范区等有需求的场景提升深度覆盖水平；支持4G（含LTE-Cat1）网络满足中等速率物联的需求；加快5G MMTC应用场景网络建设，满足高速率、低时延联网的需求。加快移动物联网平台建设，支持基础电信企业建设移动物联网连接管理平台，加强网络能力开放；引导行业应用企业搭建具有设备集成和数据管理、系统运维功能的垂直行业应用平台，满足差异化场景应用需求。拓展移动物联网应用，建设移动物联网产业基地，带动移动物联网应用的规模化发展。

（6）加快卫星通信网络建设

完善高轨道卫星与中低轨道卫星的协调布局，推进卫星通信系统与地面信息通信系统深度融合，初步形成覆盖全球、天地一体化的卫星通信网络，开展空天地海一体化的卫星通信应用服务。开展卫星通信应用创新，加速北斗导航卫星系统在移动通信、物联网、车联网、应急通信等信息通信领域中的规模化应用。

2. 建设绿色智能数据与算力设施

（1）统筹推进数据中心建设

加强数据中心规划，推进全国一体化大数据中心体系建设。加快建设绿色数据中心，推动"东数西算"，在能源充足、气候适宜、自然灾害少的地区建设大型和超大型数据中心，吸引冷数据聚集，在一线城市周边地区建设热数据聚集区，按需部署边缘数据中心。

（2）构建多层次算力设施体系

增强通用云计算服务能力，加快算力设施智能化升级，推进多元异构的智能云计算平台建设，增强算力设施高速处理海量异构数据和进行数据深度加工能力。搭建面向特定场景的边缘计算设施，推进边缘计算与内容分发网络的融合下沉部署，加强边缘计算与云计算协同部署。深入推进云网协同，促进云网间互联互通，实现计算资源与网络资源优化匹配、有效协同，推动计算资源集约部署和异构云能力协同共享，提高计算资源利用率。

（3）构建数据互通共享的数据基础设施

构建行业级、城市级大数据平台，汇聚政务、行业和城市管理等数据资源，强化数据采集、数据存储、数据加工处理、数据智能分析等能力。推动建设公共数据共享交换平台、大数据交易中心等设施，促进数据开放共享和流通交易。

（4）打造人工智能基础设施

开发人工智能算法框架，鼓励企业加快算法框架迭代升级。构建先进算法模型库，打造通用和面向行业应用的人工智能算法平台，提升软件与芯片适配度，搭建普惠的人工智能开放创新平台。

（5）建设区块链基础设施

推进区块链公共基础设施网络建设，构建基于分布式标识的区块链基础设施，支持同构链和异构链的跨链互通，提升区块链系统间的互联互通能力。支持云化部署的通用型和专用型区块链公共服务平台建设，布局区块链即服务（BaaS）的云服务平台。

3. 建设高效协同的融合基础设施

（1）建设工业互联网

加快基础电信企业与工业企业对接合作，利用新型网络技术建设改造企业内网，面向重点行业企业开展企业内网升级改造和5G全连接工厂建设。完善工业互联网标识解析体系，加速标识解析服务在各行业中的规模应用，推动主动标识载体规模化部署。完善多层次的工业互联网平台体系，建设一批跨行业、跨领域的综合型平台和面向重点行业的特色型工业互联网平台；支持发展面向特定技术领域的专业型工业互联网平台；加快工业设备和业务系统上云上平台建设。

（2）加快车联网部署应用

加强基于蜂窝移动网络的车联网基础设施部署，推进高速公路车联网升级改造。协同发展智慧城市基础设施与智能网联汽车，推动多场景应用。推动蜂窝车联网与5G网络、智慧交通、智慧城市等统筹建设，加快在主要城市道路上的规模化部署，探索在部分高速公路路段试点应用。推动车联网关键技术研发及测试验证，探索车联网运营主体和商业模式创新。协同汽车、交通等行业，推广车联网应用。

（3）建设新型城市基础设施

推动 5G、物联网、大数据、人工智能等技术对传统基础设施的智能化升级改造。加快推进城市信息模型（CIM）平台和运行管理服务平台建设；实施智能化市政基础设施改造，推进供水、排水、燃气、热力等设施智能化感知应用，提升设施运行效率和安全性能；建设城市道路、建筑、公共设施融合感知体系，协同发展智慧城市与智能网联汽车；搭建智慧物业管理服务平台，推动物业服务线上线下融合，建设智慧社区；推动智能建造与建筑工业化协同发展，实施智能建造能力提升工程，培育智能建造产业基地，建设建筑业大数据平台，实现智能生产、智能设计、智慧施工和智慧运维。

（4）部署社会生活新型基础设施

利用信息通信新技术，加强远程医疗网络能力建设，鼓励企业参与远程医疗平台等智慧医疗系统建设。利用国家公共通信资源，加快推进教育虚拟专网建设。支持基础电信企业利用物联网、网络切片等技术与电网企业合作建设智能电力物联网。支撑基于 5G 网络的高清远程互动教学、虚拟现实（VR）沉浸式教学等应用场景建设。积极推动环境监测、维护社会治安、消防应急救援等典型场景的智能感知设施建设等。

▍ 拓展阅读

截止到 2023 年年底，我国《2023 年通信业统计公报》显示：全国光缆线路总长度达 6432 万千米；全国移动通信基站有 1162 万个，其中 5G 基站有 337.7 万个，已建成全球最大 5G 网络；全国电话用户达 19 亿户，其中移动电话用户为 17.27 亿户；3 家基础电信企业发展蜂窝物联网用户 23.32 亿户，较移动电话用户数高 6.05 亿户；3 家基础电信企业的固定互联网宽带接入用户总数达 6.36 亿户。通信业发展朝气勃勃，5G 网络、千兆光网等基础设施日益完备，各项应用普及全面加速，行业高质量发展稳步推进，促进数字经济与实体经济深度融合。

1.3　电信条例与电信业务

1. 电信条例

为了规范电信市场秩序，维护电信用户和电信业务经营者的合法权益，保障电信网络和信息的安全，促进电信业的健康发展，我国在 2000 年 9 月颁布了《中华人民共和国电信条例》（以下简称《电信条例》），并在 2014 年和 2016 年进行了修订。

《电信条例》规定，在中华人民共和国境内从事电信活动或者与电信有关的活动，必须遵守本条例。电信网络和信息的安全受法律保护。任何组织或者个人不得利用电信网络从事危害国家安全、社会公共利益或者他人合法权益的活动。

《电信条例》对电信市场进行了规范，明确了国家对电信业务的经营实行许可制度。未取得电信业务经营许可证，任何组织或者个人不得从事电信业务经营活动。经营电信业务必须满足相关条件和经过审批。主导的电信业务经营者不得拒绝其他电信业务经营者和专用网运营单位提出的互联互通要求。国家对电信资源统一规划、集中管理、合理分配，实行有偿使用制度。

《电信条例》对电信服务进行了规定，指出电信业务经营者应当按照国家规定的电信服务标准向电信用户提供服务。电信用户有权自主选择使用依法开办的各类电信业务。

《电信条例》对电信设施建设和设备入网进行了规定，指出公用电信网、专用电信网、广播电视传输网的建设应当接受国务院信息产业主管部门的统筹规划和行业管理。国家对电信终端设备、无线电通信设备和涉及网间互联的设备实行进网许可制度。

《电信条例》对于电信安全进行了规定，指出任何组织或者个人不得利用电信网络制作、复制、发布、传播含有违反相关规定内容的信息。任何组织或者个人不得有危害电信网络安全和信息安全的行为。任何组织或者个人不得有扰乱电信市场秩序的行为等。

《电信条例》还规范了处罚规则。如有违反《电信条例》相关规定的行为，相关组织或者个人将受到处罚。

2. 电信业务

为适应电信新技术、新业务发展，进一步推进电信业改革开放，促进电信业繁荣健康发展，扩大信息消费，规范市场行为，提升服务水平，保障用户权益。工业和信息化部依据《电信条例》发布了《电信业务分类目录（2015 年版）》。

2019 年 6 月，工业和信息化部对《电信业务分类目录（2015 年版）》（以下简称《目录》）进行了修订，在"A. 基础电信业务"的"A12 蜂窝移动通信业务"类别下，增设"A12-4 第五代数字蜂窝移动通信业务"业务子类，其他业务维持不变。

在《目录》中，将我国电信业务分为 A、B 两个大类，A 类为基础电信业务、B 类为增值电信业务。A 类又分为"A1 第一类基础电信业务""A2 第二类基础电信业务"。B 类分为"B1 第一类增值电信业务""B2 第二类增值电信业务"。基础电信业务分类如表 1-1 所示，增值电信业务分类如表 1-2 所示。

表 1-1　基础电信业务分类

A1 第一类基础电信业务	A11 固定通信业务	固定网本地通信业务
		固定网国内长途通信业务
		固定网国际长途通信业务
		国际通信设施服务业务
	A12 蜂窝移动通信业务	第二代数字蜂窝移动通信业务
		第三代数字蜂窝移动通信业务
		LTE/ 第四代数字蜂窝移动通信业务
		增设：第五代数字蜂窝移动通信业务
	A13 第一类卫星通信业务	卫星移动通信业务
		卫星固定通信业务
	A14 第一类数据通信业务	互联网国际数据传送业务
		互联网国内数据传送业务
		互联网本地数据传送业务
		国际数据通信业务
	A15 IP 电话业务	国内 IP 电话业务
		国际 IP 电话业务
A2 第二类基础电信业务	A21 集群通信业务	数字集群通信业务
	A22 无线寻呼业务	
	A23 第二类卫星通信业务	卫星转发器出租、出售业务
		国内甚小口径终端地球站通信业务
	A24 第二类数据通信业务	固定网国内数据传送业务
	A25 网络接入设施服务业务	无线接入设施服务业务
		有线接入设施服务业务
		用户驻地网业务
	A26 国内通信设施服务业务	
	A27 网络托管业务	

表 1-2　增值电信业务分类

B1 第一类增值电信业务	B11 互联网数据中心业务	
	B12 内容分发网络业务	
	B13 国内互联网虚拟专用网业务	
	B14 互联网接入服务业务	

续表

B2 第二类增值电信业务	B21 在线数据处理与交易处理业务	
	B22 国内多方通信服务业务	
	B23 存储转发类业务	
	B24 呼叫中心业务	国内呼叫中心业务
		离岸呼叫中心业务
	B25 信息服务业务	
	B26 编码和规程转换业务	互联网域名解析服务业务

　　基础电信业务是指提供公共网络基础设施、公共数据传送和基本语音通信服务的业务。增值电信业务是指利用公共网络基础设施提供电信与信息服务的业务。

　　（1）A11 固定通信业务

　　固定通信业务一般是指固定电话网的通信业务。其中，固定网本地通信业务是指在同一个长途编号区范围内的通信业务，如北京市的长途区号是 10、四川省成都市的区号是 28、四川省绵阳市的区号是 816 等；固定网国内长途通信业务是指在国内不同长途编号区之间的通信业务，如北京至上海的长途电话，拨打时需在区号前加长途字冠"0"；固定网国际长途通信业务是指国家与国家之间，或国家与地区之间，通过国际局转接的电话业务，在国内主叫拨打长途电话时需加拨国际长途字冠"00"，如中国拨打至美国的电话须在电话号码前加上"00（国际长途字冠）+1［国家（地区）码］"。

　　国际通信设施服务业务是指建设并出租、出售国际通信设施的业务，无国际通信设施服务业务经营权的运营商不得建设国际通信设施，必须租用具有经营权的运营商的国际通信设施。

　　（2）A12 蜂窝移动通信业务

　　蜂窝移动通信业务一般是指公众蜂窝移动通信业务。其中，包括了从 2G 到 5G 的数字蜂窝移动通信业务。按照我国移动电话的编号规则，移动电话号码为"国家码 CC+ 国内地区码（NDC）（网号 + 地区识别号）+ 用户号码 SN"，如"86+139+$H_0H_1H_2H_3$+ABCD"。

　　（3）A13 第一类卫星通信业务

　　卫星通信业务是指通过由通信卫星与地球站组成的卫星通信网络而开展的电信业务。第一类卫星通信业务包括卫星移动通信业务和卫星固定通信业务。

　　（4）A14 第一类数据通信业务

　　数据通信业务是指通过互联网等数据网络提供的各类数据传送业务。

　　第一类数据通信业务，包括互联网数据传送业务（含互联网国际数据传送业务、互联网国内数据传送业务、互联网本地数据传送业务）和国际数据通信业务。互联网数据传送业务是指利用 IP 技术，将源主机产生的 IP 数据包通过数据网向目的主机传送的业务；国际数据通信业务是指国家之间或国家与地区之间，通过数据网向用户提供的永久虚电路连接或虚拟专线连接业务。

（5）A15 IP 电话业务

IP 电话业务是指由固定网或移动网和互联网共同提供的电话业务。包括国内 IP 电话业务和国际 IP 电话业务。

（6）A21 集群通信业务

集群通信业务是指多用户共享有限信道的通信业务。一般可以由单独组建的集群通信系统来实现，多用于大型单位、集团的内部指挥调度等。

（7）A22 无线寻呼业务

无线寻呼业务一般是一种利用大区制无线寻呼系统提供的单向传递信息的业务。在过去公众移动通信还不太普及的情况下使用较多。

（8）A23 第二类卫星通信业务

第二类卫星通信业务是指卫星转发器的出租出售业务，以及利用卫星转发器中转，实现国内甚小口径终端地球站（VSAT）和地球站用户之间通信的业务。

（9）A24 第二类数据通信业务

第二类数据通信业务是指第一类数据业务以外的，基于固定网以有线方式传送的数据传送业务。

（10）A25 网络接入设施服务业务

网络接入设施服务业务是指经营者组建位于业务节点接口（SNI）或用户－网络接口（UNI）之间的接入设施，用于网络服务设施的出租或出售业务，包括无线接入设施服务业务、有线接入设施服务业务。

用户驻地网业务是指经营者在用户－网络接口与用户终端之间组建的用户驻地网设施，用于提供驻地网内网络元素出租出售。

（11）A26 国内通信设施服务业务

与 A11 中的国际通信设施服务业务相对应。国内通信设施服务业务是建设并出租、出售国内通信设施的业务，如运营商建设并出租的国内专线电路。

（12）A27 网络托管业务

网络托管业务是指受用户委托，代管用户自有或租用的国内网络、网络元素或设备，包括为用户提供设备放置、网络管理、运行和维护服务，以及为用户提供互联互通和其他网络应用的管理和维护服务。

（13）B11 互联网数据中心（IDC）业务

IDC 业务是指利用机房设施、带宽、机柜等网络资源，为用户提供的计算、存储、数据库系统、服务器、虚拟主机、云空间等应用服务。

（14）B12 内容分发网络业务

内容分发网络业务是指经营者利用分布在不同区域的节点服务器群，组成流量分配管理网络平台，根据网络流量和负载状况，将内容分发到快速、稳定的缓存服务器上，提升用户访问的响应速度和稳定性。

（15）B13 国内互联网虚拟专用网（IP-VPN）业务

IP-VPN 业务是指经营者利用自有或租用的网络资源，为国内用户提供的虚拟专用网（VPN）服务。VPN 一般采用 IP 隧道技术组建，在公用网络上建立加密的 VPN，从而在 VPN 内实现加密的透明分组传送。

（16）B14 互联网接入服务业务

互联网接入服务业务是指经营者将接入服务器及其相应的软硬件资源组建为业务节点，利用公用电信基础设施将此业务节点与互联网骨干网相连，为用户提供互联网接入服务。

（17）B21 在线数据处理与交易处理业务

在线数据处理与交易处理业务是指利用与公用通信网、互联网相连的数据处理与交易／事务处理平台，为用户提供在线数据处理与交易／事务处理服务。

（18）B22 国内多方通信服务业务

国内多方通信服务业务是指通过多方通信平台与公用通信网、互联网相连，实现两点或多点之间的实时交互式通信服务或点播式的语音、图像通信服务，如互联网电话、互联网视频、可视电话会议等。

（19）B23 存储转发类业务

存储转发类业务是指利用存储－转发机制为用户提供信息发送的业务，如语音信箱业务。

（20）B24 呼叫中心业务

呼叫中心业务是指设立呼叫中心平台，接受企业、事业单位委托，利用与公用通信网或互联网连接的呼叫中心系统和数据库技术等，经过信息采集、加工、存储等建立信息库，通过固定网、移动网或互联网等向用户提供的数据查询、信息咨询和业务咨询等服务。国内呼叫中心业务是指在境内设立呼叫中心，为境内外单位提供的、主要面向国内用户的呼叫中心业务；离岸呼叫中心业务是指在境内设立呼叫中心，为境外单位提供的、面向境外用户的呼叫中心业务。

（21）B25 信息服务业务

信息服务业务是指通过信息采集、开发、处理和信息平台的建设，通过公用通信网或互联网向用户提供信息服务的业务，如短信群发类业务、信息发布业务等。

（22）B26 编码和规程转换业务

编码和规程转换业务一般是指互联网域名解析服务业务，互联网域名解析即实现互联网域名和 IP 地址的相互转换。

3. 电信业务经营许可管理办法

为了加强电信业务的经营许可规范管理，根据《电信条例》及其他法律、行政法规，我国制定颁布了《电信业务经营许可管理办法》。

该办法规定凡在我国境内经营电信业务，必须依法取得电信管理机构颁发的电信业务经营许可证，同时，电信业务经营者按照电信业务经营许可证的规定经营电信业务受法律保护。

该办法规定了经营电信业务，应当具备的条件和需要提交的材料，还规定了经营许可证的审批程序和要求。《基础电信业务经营许可证》的有效期，根据电信业务种类分为 5 年、10 年；省、自治区、直辖市范围内的《增值电信业务经营许可证》的有效期为 5 年。电信业务经营者只能在经营许可证规定的业务覆盖范围内经营电信业务。电信业务经营者应当在规定的时间内定期报告相关信息，并接受相关监督部门的监督检查，不得以任何方式实施不正当竞争。违反相关规定，将按照《电信业务经营许可管理办法》中的处理办法进行处理，经营者将承担相应的法律责任。

1.4 通信标准化组织

国际信息通信领域的通信标准化组织及相关的合作伙伴组织对推动通信技术的规范和发展具有重要作用，常见的通信标准化组织或机构如表 1-3 所示。

表 1-3 常见的通信标准化组织或机构

中文名称	简称	主要工作
全球标准合作大会	GSC	全球主要的通信标准化组织，如 ITU 等联合成立的非法人自愿组织，致力于彼此交流信息。GSC 不制定标准，主要活动方式是举办全球标准合作大会
国际电信联盟	ITU	联合国主管信息通信技术事务的专门机构，负责分配和管理全球无线电频谱与卫星轨道资源，制定全球电信标准，向发展中国家提供电信援助，促进全球电信发展。ITU 下辖电信标准化部门（ITU-T）、无线电通信部门（ITU-R）和电信发展部门（ITU-D）
国际电报电话咨询委员会	CCITT	曾是 ITU 的常设机构之一，后改为 ITU-T。主要职责是研究电信新技术、新业务和资费等问题，并通过建议使问题解决方案标准化
国际标准化组织	ISO	是由各个国家标准化机构组成的世界范围的联合会，宗旨是促进世界范围内的标准化工作
电气电子工程师学会	IEEE	国际性的电子技术与信息科学工程师学会，致力于电气、电子、计算机工程等相关领域的开发研究，并制定相关行业标准
国际电工委员会	IEC	国际性的电工标准化机构，旨在促进电工、电子领域中的国际合作
亚洲 - 太平洋电信组织	APT	亚太地区（亚洲地区和太平洋沿岸地区）政府间电信组织，其宗旨是促进亚太地区信息通信基础设施、电信业务和技术的发展与合作。我国是 APT 的创始国之一

续表

中文名称	简称	主要工作
欧洲电信标准组织	ETSI	被欧洲标准化协会（CEN）和欧洲邮电主管部门会议（CEPT）认可的电信标准协会，其制定的标准常被作为欧洲法规的技术基础而采用和执行。ETSI 标准化领域主要是电信业，还涉及其他相关领域
中国通信标准化协会	CCSA	在原中国无线通信标准组（CWTS）、传送网与接入网、IP与多媒体、网络与交换、网络管理、通信电源等多个通信标准研究组的基础上成立的。把通信运营企业、制造企业、研究单位、大学等关心标准的单位组织起来，开展通信技术领域标准化活动的非营利性法人社会团体
全球移动通信系统协会	GSMA	最早是由欧洲国家成立的移动通信特别小组，主要开展GSM 的研究与规范，后改称为 GSMA，是一个移动通信的非营利组织，成为推动 GSM 演进的协会
第三代合作伙伴计划	3GPP	成员包括标准组织伙伴、市场代表伙伴和个体会员。最初主要是输出 3G 的技术规范和技术报告，主要基于欧洲的 GSM 演进研究。3GPP 制定的标准规范从 R99、R4、R5 已发展到现在的 R17
第三代合作伙伴计划 2	3GPP2	主要研究基于 2G 窄带 CDMA 的向上演进，是以北美相关标准的研究为主
物联网领域国际标准化组织	OneM2M	由多国标准化组织发起的伙伴组织，专注于物联网机器对机器（M2M）标准的制定，输出成果为技术规范或技术报告，与 3GPP 类似
Wi-Fi 联盟	WFA	是一个商业联盟。工作内容包括 Wi-Fi 创新技术开发、需求确认和项目测试。在全球范围内推广 Wi-Fi 产品兼容认证
蓝牙技术联盟	Bluetooth SIG	是一个推广蓝牙技术的联盟，负责制定蓝牙技术规范、开展认证服务、推广蓝牙品牌

1.5 本章小结

1. 我国提出的新型基础设施建设主要包括信息基础设施、融合基础设施和创新基础设施 3 个方面。

2. 信息是指通信系统中以信号为载体所传输和处理的有意义的内容。信号是信息的表现形式和传输载体。通信就是在人与人之间、人与物之间、物与物之间，利用信号交互和传递信息。

3. 按照信号是否具有周期性，信号可划分为周期信号与非周期信号；按照信号是否具有确定性，信号可划分为确定信号与随机信号；按照信号幅值是否连续变化，信号可划分为模拟信号（连续信号）与数字信号（离散信号）。

4. 协调完成通信功能的各种通信设备和信道的集合被称为通信系统。通信系统的基本模型包括信源、变换器、信道、反变换器和信宿 5 个部分。

5. 现代通信网的组成要素包括传输系统、交换系统、终端设备等。

6. 现代通信网纵向可分割为终端、接入网、核心网；横向可分层为应用层、传输层、网络层、物理接口层（包括数据链路层和物理层）。

7. 通信网的物理拓扑结构形式有网状网、星形网、环形网、总线网和复合网等。

8. 现代通信网按服务性质或服务对象分为公众通信网、专用通信网；按传输处理信号的形式分为模拟网、数字网；按数据网络服务区域分为广域网、城域网和局域网；按传输介质分为有线通信网、无线通信网等。

9. 三网融合是指电信网、互联网和广播电视网，实现语音、数据和视频业务上的融合互通。

10. 信息通信网络的云化被称为云网融合。在网络的"云 – 管 – 端"架构中，云是计算（业务处理），网是连接（管道通道），端是终端。

11. 以麦克斯韦电磁理论为基础，诞生了电报通信、电话通信、无线通信。在现代，特别是 20 世纪后期相继产生了光纤通信、蜂窝移动通信、数据通信、卫星通信等现代通信技术。

12. 未来几年，我国现代通信网的建设重点包括建设新一代通信网基础设施，建设绿色智能数据与算力设施，建设高效协同的融合基础设施。

13. 我国电信行政法规《中华人民共和国电信条例》规定，国家对电信业务经营按照电信业务分类，实行许可制度。我国《电信业务分类目录》将电信业务分为 A 类、B 类，即"A.基础电信业务""B.增值电信业务"。

1.6　思考与练习

1-1　什么是通信？通信系统包括哪些基本组成部分？

1-2　现代通信网由哪些部分组成？

1-3　简述现代通信网的分类。

1-4　简述三网融合的基本概念。

1-5　简述云网融合的概念。

1-6　简述近代和现代通信中主要的通信类别。

1-7　简要说明我国现代通信网建设的重点。

1-8　《电信条例》主要规范了哪些方面的内容？

1-9　我国电信业务分为 A 类、B 类两类，A 类、B 类分别是指什么业务？

1-10　在我国经营电信业务有哪些基本要求？

第2章
现代通信系统

02

2.1 信号与通信系统

实际生产生活中的各种物理量，如计算机通过麦克风、摄像头、扫描仪采集/收集的语音、影像等都是模拟信号；而计算机原生的信息均是数字信息，如文档、各种格式（如.jpg、.bmp等）的图片等，因此计算机会通过数字化过程将模拟信号转换为数字信号。在通信过程中，计算机发送和接收的均是数字信号，以数字信号（即"0""1"）承载数据信息。

2.1.1 模拟通信系统

模拟信号可通过模拟通信系统进行传送。图2-1所示是传送语音模拟信号的模拟通信系统模型。图2-1中，送话器和受话器相当于变换器和反变换器的组成部分，分别完成语音信号到电信号、电信号到语音信号的转换，这样通话双方的语音信号可以以电信号的形式传送，而不再受到距离的限制。

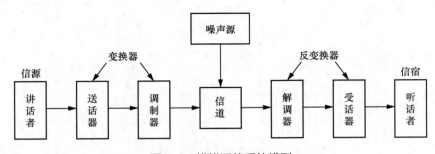

图2-1　模拟通信系统模型

绝大多数模拟信号在信道传送的过程中无法避免混入噪声，且这些噪声难以消除，这就导致在接收端还原的模拟信号会产生一定程度的失真（波形失真），从而影响通信质量；此外，我们在技术上难以对模拟信号进行加密和解密，这将导致通信内容保密性差。

2.1.2　数字通信系统

数字信号需要通过数字通信系统进行传送，数字通信系统模型如图 2-2 所示。

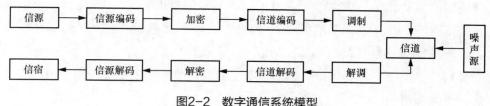

图2-2　数字通信系统模型

与模拟通信系统相比，数字通信系统主要的优点如下。

① 由于接收端在底层仅需判别收到的信号是"0"还是"1"，因此很容易去除传输过程中混入的噪声，抗干扰能力强。

② 可以通过差错控制编码，在接收端发现甚至纠正错误，提高通信的可靠性。

③ 可以通过改变"0""1"信号的序列等方式实现加密和解密，提升通信内容的保密性。

因此，现代通信网普遍采用数字通信系统传送数字信号。但是，数字通信最突出的缺点就是占用频带宽，如一路模拟电话信号占用 4kHz 的带宽，而一路数字电话信号却要占用 20 ～ 64kHz 的带宽。

2.2　调制与解调

一般来说，在信源发出的需要传输的信号中，直流成分和低频成分较多，这些成分被称为基带信号。基带信号可分为模拟基带信号和数字基带信号。如果把这些低频信号直接传送，将会出现严重的相互干扰及信号衰减现象，从而导致通信失败。因此必须在发送端将基带信号的频率搬移至适合于远距离信道传输的某个高频范围内，在接收端再通过相反操作过程将它恢复至原来的频率。发送端的基带信号频率搬移过程叫作调制，而接收端的反向操作则叫作解调。调制前和解调后的信号叫作调制信号，调制后和解调前的信号叫作已调信号，用于实现频率搬移的高频信号叫作载波。根据调制信号的不同，可将调制分为模拟调制和数字调制两类。由此可知，调制和解调总是成对出现的，它们是通信系统中极为重要的组成部分。它具有的功能或特点如下。

① 将低频调制信号搬移到较高频段，使之符合信道传输要求，使天线容易辐射。

② 为了更好地服务和管理信息通信网络，对无线通信频谱资源进行了严格划分，规定各种通信系统可以使用的频段，即对各系统的载波范围进行了限定。

③ 有利于实现信道复用，使多路信号可以共用一个信道进行传输，提高系统的传输有效性。

④ 可以减少噪声和干扰的影响，提高系统的传输可靠性。

2.2.1 模拟调制与解调

以货物运输为例，货物需要装载到交通工具（如飞机／轮船）的某个仓位上才可以运输；需要传输的信号就像货物，适合信道传输的高频信号（载波）就像交通工具，而调制就是把需要传输的信号（也称调制信号）搭载到适合信道传输的高频信号（载波）的某个参数上。解调是调制的逆过程，即从已调信号中恢复出初始信号。

模拟调制是指调制信号为模拟信号的调制。根据调制信号控制载波的参数不同把调制分为调幅、调频和调相。

1．调幅

调幅是指使载波的振幅随调制信号的变化而变化的调制方式，即用调制信号来改变载波的振幅大小，使得调制信号的信息包含到载波中，接收端通过分析已调信号的振幅变化情况，将调制信号解调出来，从而完成解调。

2．调频

调频是指使载波的频率随调制信号的变化而变化的调制方式，即用调制信号来改变载波的频率大小，使得调制信号的信息包含到载波中。与调幅信号不同，调频信号振幅保持不变，仅频率发生变化。

3．调相

调相是指使载波的相位的偏离值（相对于参考相位）随调制信号的瞬时值成比例变化的调制方式，即载波的相位随着调制信号的变化而变化。

图 2-3 以最基础的常规双边带（DSB）调制（通常也被称为调幅）为例来介绍模拟调制技术，其中，图 2-3（a）为调制信号；图 2-3（b）为载波；图 2-3（c）为已调信号。将图 2-3（c）中的已调信号的各极值点用曲线描出，就得到已调信号的包络，此包络与调制信号的波形完全相似，而已调信号的频率则与载波频率一致。进而可以看出，

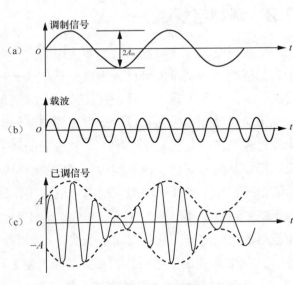

图2-3　常规双边带调制信号波形

已调信号的包络按照调制信号的幅度规律发生变化，即已调信号携带了调制信号的信息。

已调信号的解调通常有两种方式，一种方式是包络检波，即用非线性器件和滤波器分离提取调制信号的包络，获得所需的调制信号信息，这也被称为非相干检波，原理如图 2-4（a）所示。另一种方式是相干解调，即通过乘法器将收到的已调信号

与接收端产生的同频同相的本地载波相乘，再经过低通滤波，即可恢复调制信号，如图 2-4（b）所示。

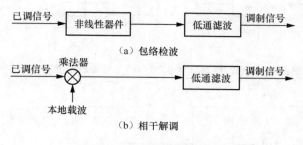

图2-4　已调信号的解调

常规双边带调制的最大优点是它的调制及解调电路都很简单，对设备的要求低。但该调制方式的抗干扰能力较差，调制效率低。

为弥补上述常规双边带调制的不足之处，人们先后提出了抑制载波的双边带调制、单边带（SSB）调制和残留边带（VSB）调制方式。

模拟调制技术主要应用于模拟电话网、模拟终端接入数字通信网和广播电视网等。目前，广播电视网还在使用，主要用于边缘地区的音频广播；模拟电话网在我国已全部退网；随着运营商"光进铜退"改造，模拟终端接入数字通信网仅用于模拟电话接入和部分企业的内部电话业务专网等场景。

2.2.2　数字调制与解调

数字调制的对象是数字基带信号。由于数字基带信号低频成分多，大多数信道不能直接传送数字基带信号，须将其调制到载波上，使载波的某个参数随该数字基带信号的变化而变化。数字调制与解调技术广泛应用于移动通信、无线局域网（WLAN）、卫星通信、数字广播电视网等领域中。

根据数字调制所用载波的参数不同，可将数字调制分为幅移键控（ASK）、频移键控（FSK）和相移键控（PSK）。

1. 幅移键控

幅移键控是载波的振幅随着数字基带信号变化而变化的调制。当基带信号为二进制时，则为二进制幅移键控（2ASK），如二进制 0，对应载波振幅为 0；二进制 1，对应载波振幅为 1。该调制技术简单，但是调制效率较低。

2ASK 信号的产生方法有相干调制法和键控法两种。如图 2-5 所示，$s(t)$ 为数字基带信号、$e_0(t)$ 表示 2ASK 信号、$\cos(\omega_c t)$ 表示载波。图 2-5（a）所示的是采用相干调制法产生 2ASK 信号的过程；图 2-5（b）所示为采用键控法产生 2ASK 信号的过程，通过 $s(t)$ 控制开关电路从而实现调制；图 2-5（c）所示为 $s(t)$ 及 $e_0(t)$ 的波形，即数字基带信号与 2ASK 信号波形。2ASK 信号由于始终有一个信号的状态为零，即处于断开状态，故常被称为通断键控（OOK）信号。

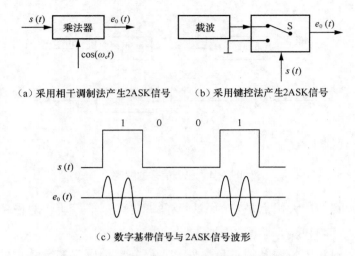

（a）采用相干调制法产生2ASK信号　　　（b）采用键控法产生2ASK信号

（c）数字基带信号与2ASK信号波形

图2-5　2ASK信号的产生与波形

2ASK 信号的解调方法也有非相干解调法（包络检波法）和相干解调法（同步检测法）两种，2ASK 信号接收系统如图 2-6 所示。与模拟调制信号的解调相比，2ASK 信号的解调增加了抽样判决器，该判决器用于判定输入样值和判决器门限电平的大小，从而决定输出"0"或者"1"。这对于提高数字信号的接收性能是十分必要的。

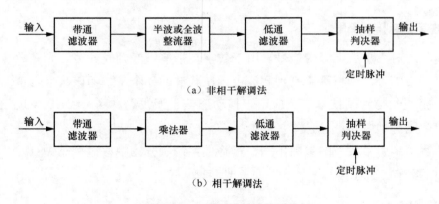

（a）非相干解调法

（b）相干解调法

图2-6　2ASK信号接收系统

2. 频移键控

频移键控是载波的频率随数字基带信号的变化而变化的调制。当基带信号为二进制时，为二进制频移键控（2FSK），如二进制 0 选择载波频率 f_1，而二进制 1 选择载波频率 f_2。

2FSK 信号的调制常用键控法实现，即利用受矩形脉冲控制的开关电路对两个不同频率的载波分别进行选通，如图 2-7 所示。图 2-7 中 $s(t)$ 代表基带信号序列，$f_1(t)$、$f_2(t)$ 是两路载波，$e_0(t)$ 就是输出的 2FSK 信号。

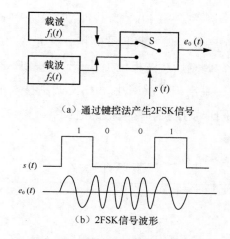

（a）通过键控法产生2FSK信号

（b）2FSK信号波形

图2-7　2FSK信号的产生与波形

　　2FSK 信号的解调主要采用图 2-8 所示的非相干检测法和相干检测法。这里的抽样判决器用来判定哪一个输入样值更大，而相应输出"0"或"1"，无须像图 2-6 中那样判定抽样判决器门限电平。

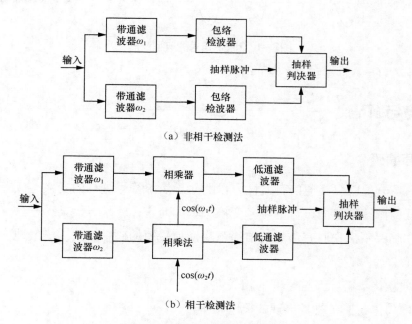

（a）非相干检测法

（b）相干检测法

图2-8　2FSK信号常用接收系统

　　此外，针对 2FSK 信号的解调，还有鉴频法、过零检测法及差分检波法等其他解调方式。FSK 调制技术的抗干扰性能好，但对带宽要求较高，在数字传输系统中使用较多。

3．相移键控

　　相移键控是载波信号的相位随基带信号码元的变化而改变的调制方式。当基带信号为二进制信号时，则为二进制相移键控（2PSK）。2PSK 信号的典型波形如图 2-9 所示，其中，图2-9（a）为基带信号，图2-9（b）为载波，图2-9（c）为2PSK调制信号。码元取"1"时，取0相位调制后载波与未调载波同相，码元取"0"时，取π相位调制后载波与未调载波反相，"0""1"调制后载波相位相差180°。2PSK的调制一般可以采用相干调制法和键控法，其解调一般采用相干解调法。PSK调制技术抗干扰性能最好，且相位的变化也可以作为定时信息来同步发送机和接收机的时钟。

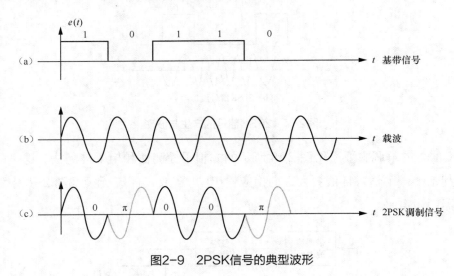

图2-9　2PSK信号的典型波形

2.3　编码与解码

2.3.1　信源编码

信源编码是一种以提高通信有效性为目的而对信源符号进行的变换，或者说，信源编码是为了降低信源冗余度而进行的符号变换。具体而言，就是寻找某种方法，把信源输出的符号序列在确保不丢失原有信息的前提下变换为最短的码字序列。一般地，这一过程分如下两步进行。

① 符号独立化：解除各符号间的相关性。

② 概率均匀化：使各符号出现的概率相等。

在讲述信源编码之前，先介绍两个关于信源的分类定义。

（1）弱记忆信源

信源输出的所有符号序列中，若每个符号都只与其相邻的少数几个符号相关，而和相距较远的符号相互独立或者它们之间的相关性可以忽略不计，该信源就叫作弱记忆信源或弱相关信源。

（2）强记忆信源

信源输出符号序列的各符号之间具有很强的相关性，以至于只要知道其中一部分符号就可以推知其余符号，这种信源被称为强记忆信源或强相关信源。

1. 符号独立化

符号独立化的实质就是解除信源输出符号序列的各符号间的相关性，使各个符号彼此独立。针对弱记忆信源和强记忆信源，我们分别采用延长法、预测法来完成符号独立化。

弱记忆信源输出符号序列中，由于每个符号仅与其紧邻的几个符号相关性较强，可以把紧邻的几个符号看成一个大符号。如此一来，整个符号序列就变成由各个大符号组成的，而这些大符号之间的相关性很小，可以视为统计独立。这就是延长法（或合并法）。

强记忆信源由于各符号之间强相关，知道其中一个或几个符号就可以大致推知其前后若干个符号，故传送时常常将那些可以被推知（或预测）的符号忽略不传，从而节省传输时间，提高传信效率。这就是预测法。

除了延长法和预测法，近几年也出现了一些效率较高的压缩信源、解除关联的方法，如声码器编码技术，变换编码技术及相关编码技术等。

2. 概率均匀化——最佳编码

在解除符号相关性后，若能使各符号出现的概率趋于均匀，就能进一步去除冗余，提高信源的平均信息量。如果将出现概率大的符号编成位数少的短码，将出现概率小的符号编成长码，则编码后各符号的出现概率就会接近，这就是概率均匀化的基本思路，其实现过程就是信源的有效编码。多种信源编码方案中，最著名的是香农－范诺（Shannon-Fano）编码法和霍夫曼（Huffman）编码法。

（1）香农－范诺编码法

香农－范诺编码法的基本思想是产生长度可变的编码。

设一个有限离散独立信源 X，可以输出 8 个独立的消息符号：A、B、C、D、E、F、G、H，各信息符号出现的概率 $P(X)$ 如表 2-1 所示。

表 2-1 信源与其输出各消息符号出现概率的对应关系

X	A	B	C	D	E	F	G	H
$P(X)$	0.01	0.27	0.09	0.14	0.05	0.12	0.03	0.29

利用香农－范诺编码法对该信源进行编码的步骤如下。

① 将各消息符号出现概率由大到小重新排列。

② 将重排的概率序列分成两组，每组的概率之和尽可能接近。然后，以同样的方法对每一组进行分组，使每一组分成的相应两组的概率之和尽可能相等，这时就得到 4 个分组。如此继续进行下去，直至每个消息符号都被单独分割出来为止。

③ 为每次划分出的第一组消息符号分配一个 0，第二组消息符号则分配一个 1。最后，每个消息符号的二元编码就由它分得的所有的 0、1 序列给定，如表 2-2 所示。

表 2-2　香农 – 范诺编码

消息符号	概率	第1次分组	第2次分组	第3次分组	第4次分组	第5次分组	所得码组	码组长度
H	0.29	0	0				00	2
B	0.27	0	1				01	2
D	0.14	1	0	0			100	3
F	0.12	1	0	1			101	3
C	0.09	1	1	0			110	3
E	0.05	1	1	1	0		1110	4
G	0.03	1	1	1	1	0	11110	5
A	0.01	1	1	1	1	1	11111	5

（2）霍夫曼编码法

霍夫曼编码法主要用于数据文件的压缩，它的主要思想是用较少的比特表示出现频率高的字符，用较多的比特表示出现频率低的字符，它的编码效率一般高于香农 – 范诺编码法。仍以表 2-2 中的信源为例，其采用霍夫曼编码法的编码步骤如下，过程如图 2-10 所示。

① 将信源输出的各消息符号按出现概率大小降序排列。

② 把排列后两个最小概率对应的消息符号分成一组，给其中概率小的（或者概率大的）消息符号分配 0，另一个分配 1，然后求出它们的概率和，并把这个新得到的概率与其他尚未处理过的概率再次由大到小重新排成一个新序列。

③ 反复重复步骤②，直到所有概率都已经被联合处理过为止。

从图 2-10 左边开始，沿着以这个消息符号为出发点的路线一直走到最右边，将遇到的二元数字依次由最低位写到最高位，所得的二元数字序列，就是最佳的二元霍夫曼编码，如表 2-3 所示。

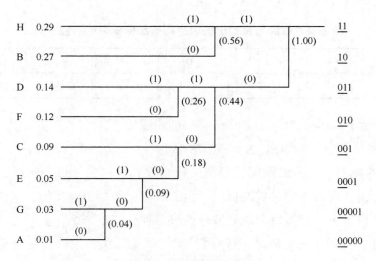

图2-10　霍夫曼编码法

表 2-3　二元霍夫曼编码

消息符号	A	B	C	D	E	F	G	H
代码	00000	10	001	011	0001	010	00001	11

2.3.2　信道编码与解码

数字信号在传输过程中，由于噪声干扰，在接收端会产生错码。为此，必须通过信道编码，按某种规则为要传输的信息码元加上监督码元后，使接收端在接收信息后可以用编码时所采用的规则去检验，如果满足规则，就认定没有错码，反之就有错码。

根据接收端在发现错码时能否确定错码所在位置并予以纠正，将差错控制编码分为检错码、纠错码和纠删码。按照监督码元和信息码元之间的关系是否能够用一组线性方程来表示，可将编码分为线性码和非线性码。按照对信息码元的不同处理方式，可将编码分为分组码和卷积码，分组码的监督码元仅由本码组的信息码元确定，而卷积码的监督码元则由本码组的信息码元与前几个码组的信息码元共同确定。

1.　检错码

最常见的检错码就是奇偶校验码，也称奇偶监督码，在 $n-1$ 位信息码元后面附加一位监督码元，使 n 位编码中码元 1 的个数保持为奇数或偶数。当码组中 1 的个数保持为奇数，检错码就是奇校验码，反之则称为偶校验码。

奇偶校验码广泛应用于计算机数据的传输，如标准 ASCII 码的传输，一般用高 7 位码元来表示 128 个 ASCII 字符，再加上 1 位奇偶校验码，构成一个 8 位的二元码组发送，接收端则根据收到的码组是否满足奇偶校验和的值（偶校验和为 0，奇校验和为 1）来判断接收的码元是否有误。表 2-4 表示 4 位 BCD 码（用 4 位二进制编码表示 1 位 0～9 的十进制数）对应的奇偶校验码。

表 2-4　4 位 BCD 码对应的奇偶校验码

BCD 码	奇校验位	偶校验位	奇校验码	偶校验码
0 0 0 0	1	0	0 0 0 0 1	0 0 0 0 0
0 0 0 1	0	1	0 0 0 1 0	0 0 0 1 1
0 0 1 0	0	1	0 0 1 0 0	0 0 1 0 1
0 0 1 1	1	0	0 0 1 1 1	0 0 1 1 0
0 1 0 0	0	1	0 1 0 0 0	0 1 0 0 1
0 1 0 1	1	0	0 1 0 1 1	0 1 0 1 0
0 1 1 0	1	0	0 1 1 0 1	0 1 1 0 0
0 1 1 1	0	1	0 1 1 1 0	0 1 1 1 1
1 0 0 0	0	1	1 0 0 0 0	1 0 0 0 1
1 0 0 1	1	0	1 0 0 1 1	1 0 0 1 0

奇偶校验码检错能力差。为了弥补这一不足，人们提出了水平奇偶监督码、垂直奇偶

监督码，这些检错码均取得了不错的效果，但都无法进行错码纠正。

2. 纠错码

纠错码是一种能够在接收端发现错误进而纠正错误的编码方式。构造纠错码时，一般将输入信息按 k 位一组进行编码，如果这 k 位信息码元与 r 位监督码元之间可以用一组线性方程来表示，且监督码元仅由本码组的 k 位信息码元确定，则称该编码为线性分组码，用符号 (n, k) 表示。其中，n 是编码后码组总长度，监督码元的数量 $r=n-k$。奇偶监督码就是一种线性分组码 $(n, n-1)$。纠错码主要用于卫星、数据存储等场合。下面以汉明码为例介绍。

汉明码是理查德·卫斯里·汉明于 1950 年提出的一种线性分组码。同样纠错能力下，汉明码所需的监督码元数量（r）最少、编码效率最高，但只能纠正一位错码。

下面将分析一个具体的汉明码。

设有一个（7，4）汉明码（其中 7 表示汉明码码长，4 表示信息码元码长），已知该汉明码每个码组的 3 位监督码元（c_2 c_1 c_0）与本码组 4 位信息码元（c_6 c_5 c_4 c_3）的关系如公式（2-1）所示，则相应的全部汉明码如表 2-5 所示。

$$\begin{cases} c_2 = c_6 + c_5 + c_4 \\ c_1 = c_5 + c_4 + c_3 \\ c_0 = c_6 + c_4 + c_3 \end{cases} \qquad (2\text{-}1)$$

表 2-5 按公式（2-1）产生的全部汉明码

编号	信息码元 c_6 c_5 c_4 c_3	汉明码元 c_6 c_5 c_4 c_3 c_2 c_1 c_0	编号	信息码元 c_6 c_5 c_4 c_3	汉明码元 c_6 c_5 c_4 c_3 c_2 c_1 c_0
1	0 0 0 0	0 0 0 0 0 0 0	9	1 0 0 0	1 0 0 0 1 0 1
2	0 0 0 1	0 0 0 1 0 1 1	10	1 0 0 1	1 0 0 1 1 1 0
3	0 0 1 0	0 0 1 0 1 1 1	11	1 0 1 0	1 0 1 0 0 1 0
4	0 0 1 1	0 0 1 1 1 0 0	12	1 0 1 1	1 0 1 1 0 0 1
5	0 1 0 0	0 1 0 0 1 1 0	13	1 1 0 0	1 1 0 0 0 1 1
6	0 1 0 1	0 1 0 1 1 0 1	14	1 1 0 1	1 1 0 1 0 0 0
7	0 1 1 0	0 1 1 0 0 0 1	15	1 1 1 0	1 1 1 0 1 0 0
8	0 1 1 1	0 1 1 1 0 1 0	16	1 1 1 1	1 1 1 1 1 1 1

接收端收到码组后，将根据公式（2-1）按校验和的方式来验证收到的码元是否符合编码规则，如果满足，则说明接收码组无误；否则，根据不满足的具体情况，确认错误码元位置，进而纠正错误。本例中的监督码元是 3 位，所以它的校验和就是 s_1、s_2、s_3，由公式（2-2）产生。

$$\begin{cases} s_3 = c_6 + c_5 + c_4 + c_2 \\ s_2 = c_5 + c_4 + c_3 + c_1 \\ s_1 = c_6 + c_4 + c_3 + c_0 \end{cases} \qquad (2\text{-}2)$$

校验和 s_3、s_2、s_1 只有取值为 0、0、0 时，说明接收的码组无误；反之，则表示出现了错码。码组出现错码的情况下，错一位码元的概率最大，因此只考虑出现了一位错码，根据 s_3、s_2、s_1 的取值，可以准确得知错码出现的位置，并进而进行处理。本例中，校验和与错码位置间的关系如表 2-6 所示。

表 2-6　校验和与错码位置间的关系

s_3	0	0	0	0	1	1	1	1
s_2	0	0	1	1	0	0	1	1
s_1	0	1	0	1	0	1	0	1
错码位置	无错	c_0	c_1	c_3	c_2	c_6	c_5	c_4

2.4　加密与解密

2.4.1　加解密的概念与目的

数据加密是计算机系统对信息进行保护的一种最可靠的办法，它利用密码技术对信息进行加密，实现信息隐蔽，从而起到保证信息安全的作用。数据加密技术是网络中最基本的安全技术。

加密是对原始数据（也称明文）进行特殊处理以隐藏其含义的操作。明文被加密设备（硬件或软件）和密钥加密而产生的经过编码的数据被称为密文。解密是指将密文还原为明文的过程，它是加密的反向处理，但解密者必须利用相同类型的加密设备和密钥对密文进行解密。

数据加密可在网络传输控制协议 / 互联网协议（TCP/IP）的多层上实现，从加密技术应用的逻辑位置看，数据加密有以下 3 种方式。

（1）链路加密

通常把网络层以下的加密叫作链路加密。链路加密主要用于保护通信节点间传输的数据，采用通信链路上的密码设备实现对数据的加密和解密。根据传递的数据的同步方式又可分为同步通信加密和异步通信加密两种，同步通信加密又包含字节同步通信加密和位同步通信加密。

（2）节点加密

节点加密是对链路加密的改进。节点加密在协议传输层上对数据进行加密，主要是对源节点和目标节点之间传输的数据进行加密保护。与链路加密类似，节点加密是基于数据链路层的加密，可在通信链路上为传输的消息提供安全保障，且这两种加密方式都需要在中间节点上对消息先解密后加密（因为不同链路上的加密密钥不一样）。但节点加密的加密功能是由节点自身的安全模块完成的（通常集中在网卡中），且消息在节点中处于加密状态，即节点加密在节点上安装了加密系统。这种加密方法弥补了采用链路加密方式时在节点处易遭非法窃取的缺点。

（3）端到端加密

在网络层以上的层进行的加密被称为端到端加密，又称应用层加密。端到端加密面向网络层主体，对应用层的数据信息进行加密，易于用软件实现，且成本低，但密钥管理困难，主要适合大型网络系统中信息在多个发送方和接收方之间传输的情况。

2.4.2　加密技术

1．对称密钥加密

对称密钥加密是一种比较传统的加密方式，其加密运算、解密运算使用的是同样的密钥，信息的发送方和信息的接收方在进行信息的传输与处理时，必须共同持有该密码（对称密码）。因此，通信双方都必须获得这把钥匙，并保守钥匙的秘密。通常，这种加密方式在应用中难以实施，因为用同一种安全方式共享密钥很难，如 RC4、RC2、数据加密标准（DES）和高级加密标准（AES）等加密算法。

2．非对称密钥加密

非对称密钥加密的密钥有公共密钥（以下简称"公钥"）和私密密钥（以下简称"私钥"）两种，它们是成对出现的，俗称密钥对。公钥从私钥中提取产生，可公开给所有人；私钥通过工具创建，使用者自己留存，必须保证其私密性；公钥部分放在发送设备中，而私钥部分放在接收设备中，加密时使用公钥，解密时使用私钥。公钥可以广泛地共享和透露。当需要用加密方式向服务器外部传送数据时，这种加密方式更方便。在这种系统中，用公钥加密的数据，只能用与之对应的私钥才能解密；用私钥加密的数据，只能用与之对应的公钥才能解密，如 RSA、数字签名算法（DSA）、ELGamal 等加密算法。

3．数字证书

数字证书是一种非对称密钥加密方式，基本原理是利用公钥和私钥实施加密和解密。私钥主要用于签名和解密，由用户自定义，只有用户自己知道；公钥用于签名验证和加密，可被多个用户共享。但是，一个组织可以使用数字证书并通过数字签名将一组公钥和私钥与其拥有者相关联。

在实际的生产生活中，这些加密和解密技术都是综合使用的，如 2G 鉴权三元组中的加密和解密、3G、4G、5G 的认证与密钥协商（AKA）机制中的加密和解密，区块链使用的非对称密钥加密，超文本传输安全协议（HTTPS）加密、解密，IP 安全协议

（IPSec）加密、解密等。

2.4.3　加密技术发展趋势

随着通信技术的不断发展，通信组件逐渐融合，人们在密文搜索、电子投票、移动代码和多方计算等方面的需求日益增加，对加密和解密技术的要求也越来越高。加密技术发展趋势可大致归为 3 个方向，具体如下。

（1）利用同态加密的数据加密

同态加密是指满足密文同态运算性质的加密算法，即原始数据经过同态加密后，对密文数据进行计算处理，得到的密文结果再进行对应的同态解密，解密后的计算结果相当于对原始数据直接进行同样的计算处理得到的结果，实现了数据的"可算不可见"。同态加密可用于保护存储在云中的数据或传输中的数据，使人们能够在使用数据（如对数据进行分析）的同时又不会损害数据的完整性。同态加密不是一项新技术，已有 30 多年的研究历史。虽然同态加密一直是计算密集型的技术，但近年的新突破使之可广泛用于各种商业应用中。

（2）利用自带密钥（BYOK）和自带加密（BYOE）的数据加密

BYOK 使终端用户（而不是云服务提供商或供应商）可以加密数据并保留对加密密钥的控制权和管理权。但是，某些 BYOK 计划将加密密钥上传到 CSP 基础结构中。在这种情况下，用户再次丧失了对其密钥的控制权。而 BYOE 是一种允许云计算用户使用个人加密软件，并管理个人加密密钥的云计算安全模型。对企业来说，降低数据泄露风险的最佳策略是同时利用 BYOK 和 BYOE。

（3）利用混合证书对抗量子计算的加密

量子计算时代的到来给数据加密带来了很大的挑战，很多用户开始接受抗量子安全加密技术。敏捷的加密解决方案可能需要实现混合证书，在使用常规非对称密钥加密进行签名的同时，要具备足够的灵活性，以便今后向抗量子加密平稳过渡，以应对量子计算的威胁。

更多关于通信安全的知识将在本书第 8 章中进行详细介绍。

2.5　复用与解复用

1. 复用与解复用概念

复用是指将若干个彼此独立的信号合并到同一信道上传输而使之互不干扰的通信方法，也称为多路复用。复用技术的本质是共享信道。复用能提高信道利用率。最常见的信道复用方式有 FDM、TDM、WDM、CDM 和空分复用（SDM）等方式。

解复用则是复用的逆过程，是指从多路复用的信号中分离出独立信号的过程。

2. 频分复用与解复用

随着通信技术的发展，频率资源日益紧张。而一般情况下，信道所能提供的带宽往往往都比要传送的某一路信号所需带宽宽得多，因此，一个信道只传送一路信号显然是非常浪费的。为了充分利用信道带宽，解决频率资源紧缺的问题，人们提出了频分复用技术，其基本原理如图 2-11 所示。

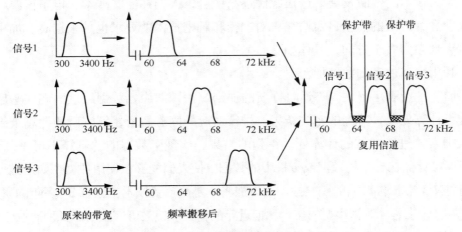

图2-11　频分复用技术的基本原理

图 2-11 中，发送端彼此独立的 3 个信号经过频率搬移后分别处于不同的频段，因此我们可以将 3 路信号合并在同一个信道上，用一个信道进行传输；根据不同的要求和系统具体情况，合并后的复用信号既可以直接在信道中传输，也可以再进行一次调制；接收端收到这一路复用信号后，通过分路设备（如带通滤波器、多路译码器等），将其再分割还原成 3 路信号，分别由相应的接收方接收。

由此可知，频分复用技术复用率高，允许复用的路数多，可以很方便地实现分路，广泛应用于移动通信系统、WLAN，以及有线通信中；但该技术容易因滤波器特性不够理想和信道的非线性而产生邻路干扰。

3．时分复用与解复用

时分复用技术以抽样定理为基础，取值连续的模拟信号通过抽样成为一系列离散的样值脉冲。这使同一路信号的各样值脉冲之间产生了时间空隙，从而使其他路信号的样值脉冲可以利用这个时间空隙进行传输，这样就在同一个信道中同时传送了若干路信号。显然，同一路信号的两个样值脉冲之间的时间空隙越大，每个样值脉冲持续的时间越短，则信道可以共用的信号路数就越多。当然，同一话路相邻的两个码元的时间间隔有一定的限制，以避免信号相互干扰。

多路时分复用的原理如图 2-12 所示，这是一个三路时分复用通信的示意图。两地共有 3 对用户要同时通话，可线路却只有一条，于是在收、发双方各加了一对旋转频率相同的快捷旋转电子开关 S1 和 S2。开始时，S1 和 S2 停留在用户对 A（用户 A 与用户 A′）之间，经过时间 $t1$ 后旋转到用户对 B（用户 B 与用户 B′）之间，再经过 $t1$ 后又转到用户对 C（用户 C 与用户 C′）之间，再经过 $t1$ 后又转回用户对 A 之间，如此往返，则实现了 3 对用户利用同一信道同时通话。

实际上，上述过程的关键是收、发双方同步动作，即 S1 和 S2 必须同时转向用户对 A、B 或 C，否则通信将无法正常进行。这两个开关实际上就是一组抽样门和分路门。

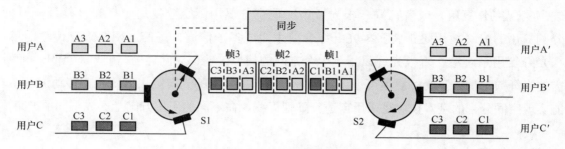

图2-12　多路时分复用原理

将上述情况推广开来，可以得到 N 路信号进行时分复用的概念，时隙分配如图 2-13 所示。上述开关转换的固定时间间隔 $t1$ 叫作时隙。图 2-13 中，时隙 1 分配给第一路；时隙 2 分配给第二路，……，时隙 N 分配给第 N 路。

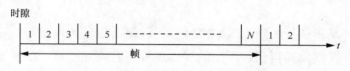

图2-13　N 路时分复用信号的时隙分配

这种复用信号通过信道后，在接收端通过与发送端完全同步的 S2，分别接向相应的信号通路，使 N 路信号分离。分离后的各路信号还可以通过低通滤波器，滤除高频干扰分量，以便更好地恢复出该路原始信号。

目前数字语音通信一般采用多路时分复用方式进行远距离传输，执行标准是 CCITT 推荐的两种系列，一是欧洲，以及我国使用的 PCM30/32 路系列；二是北美，以及日本使用的 PCM24 路系列。其中，PCM30/32 系统表示基群帧结构复用路数为 32，30 代表的是复用的语音路数，另有两路用于传送同步信息和信令等。

4．码分复用、波分复用与空分复用

码分复用与 FDM、TDM 不同，它既共享信道的频率，也共享时间，是一种真正的动态复用技术。每个用户可在同一时间使用同样的频带进行通信，但使用的是基于码型的分割信道的方法，即每个用户分配一个地址码，各个地址码互不重叠，通信各方不会相互干扰，且抗干扰能力强。由 CDM 延伸形成的码分多址（CDMA）技术主要用于无线通信系统，特别是移动通信系统。它不仅可以提高通信的语音质量和数据传输的可靠性、减少干扰的影响，而且增大了通信系统的容量。

波分复用是指将两种或多种不同波长的光载波信号（携带各种信息）在发送端经复用器（合波器）汇合在一起，并耦合到光线路的同一根光纤中进行传输的技术。在接收端，

经解复用器（分波器或去复用器）将各种不同波长的光载波信号分离，然后由光接收机进行进一步处理以恢复原信号。

空分复用（SDM）技术是指利用空间的分割实现复用的一种方式，将多根光纤组合成束实现空分复用，或者在同一根光纤中实现空分复用。空分复用包括光纤复用和波面分割复用。光纤复用是指将多根光纤组合成束组成多个信道，各信道相互独立传输信息。在光纤复用系统中，每根光纤只用于一个方向的信号传输，双向通信需要一对光纤，即所需的光纤数量加倍。光纤复用可以认为是最早的和最简单的光波复用方式。在移动通信中，能实现空间分割的基本技术是采用自适应阵列天线，在不同的用户方向上形成不同的波束。

2.6 本章小结

1. 模拟信号是信号强度（如电压或电流）取值随时间变化而连续变化的信号，数字信号是信号的因变量和自变量取值都处于离散状态的信号。

2. 模拟通信系统传送和处理的都是模拟信号，数字通信系统传送和处理的都是数字信号。

3. 在发送端将基带信号的频率搬移至适合于远距离信道传输的某个较高频率范围，这个过程叫作调制；在接收端再通过相反的操作过程将它恢复至原来的频率，这个过程叫作解调。常用的模拟调制方式有调幅、调频和调相；常用的数字调制方式有幅移键控、频移键控和相移键控。

4. 信源编码是一种以提高通信有效性为目的而对信源符号进行的变换，或者说，信源编码是为了降低信源冗余度而进行的符号变换。主要的信源编码方法有香农－范诺编码法和霍夫曼编码法。

5. 信道编码是为了提高系统的可靠性而采用增加冗余码元的方式进行的符号变换。常用的检错码是奇偶校验码，常见的纠错码是汉明码。

6. 数据加密技术是网络中最基本的安全技术，主要是通过对网络中传输的信息进行数据加密来保障其安全性。常见加密技术有对称密钥加密、非对称密钥加密、数字证书等。

7. 复用指将若干个彼此独立的信号合并起来，在同一信道上进行传输的技术。常见的信道复用有频分复用、时分复用、波分复用、码分复用和空分复用等技术。

2.7 思考与练习

2-1 通信系统由哪些部分组成？

2-2 什么是模拟调制？常见的模拟调制方式有哪些？

2-3 什么是数字调制？常见的数字调制方式有哪些？

2-4 为什么要进行信道编码？信道编码与信源编码的主要差别是什么？

2-5 信道复用的目的是什么？常见的复用方式有哪些？

第3章

传输与接入网

03

（1）了解光纤通信的特点；

（2）了解光纤的结构和分类，掌握光纤的工作原理；

（3）掌握光纤的传输特性；

（4）了解光纤的类型与光缆；

（5）掌握光纤通信系统的组成，以及各组成部分的功能和特性；

（6）了解常见的传输网技术；

（7）了解常见的接入网技术。

3.1 光纤通信的特点

光纤通信是以光波为载波，以光纤为传输介质的通信方式。与其他通信方式相比，光纤通信具有许多优点，因此在传输网中目前主要采用光纤通信的方式。具体来说，光纤通信的特点如下。

① 通信容量大。光纤通信中所用光波的频率很高，大约是微波频率的 10000 倍，所以理论上其通信容量是微波通信容量的 10000 倍。光纤通信可以提供的频带很宽，尤其适合高速宽带信息传输。

② 中继距离长。光纤的损耗极低，在 1550nm 波长附近，损耗已经低至 0.15dB/km，接近理论极限值。极低的损耗可以增加通信的距离，光纤通信技术与光放大等技术结合，非常适合长距离的通信。

③ 保密性能好。光波只在光纤的纤芯中传输，光纤之间的串扰很小，通信质量高，同时由于光能量基本上被束缚在纤芯中，因此光纤通信的保密性也非常好。

④ 抗电磁干扰。光纤由非金属材料制成，因此光纤通信不受电磁干扰，同时也不会产生火花，适用于有强电干扰、有电磁辐射和有防爆要求的场合。

⑤ 尺寸小、重量轻，便于运输和敷设。与金属导线相比，光纤的尺寸小、重量轻，运输和敷设施工都相对方便。

⑥ 原材料资源丰富。制作光纤的原材料是二氧化硅，其在地球上的蕴藏量巨大。

3.2 光纤与光缆

光纤是用来传导光信号的介质波导，全称为光导纤维。本节将介绍光纤的结构与类型、光纤的传输特性和通信用的光缆。

3.2.1　光纤的结构

光纤有多层结构，从内到外依次为纤芯、包层和涂覆层 3 个部分，如图 3-1 所示。

① 纤芯。纤芯位于光纤的最内层，其功能主要是束缚光信号，以便长距离传输光信号。纤芯主要成分是二氧化硅，同时会掺杂少量的其他材料（如二氧化锗），其目的是提高纤芯的折射率。单模光纤纤芯的直径一般为 8 ~ 10μm，而多模光纤纤芯直径约为 50μm 或 62.5μm。

② 包层。包层位于纤芯的外侧，其主要功能是与纤芯一起利用波导效应，将光信号的传输限制在纤芯中。制作包层的材料也是二氧化硅，但是其折射率略低于纤芯的折射率。包层的直径约为 125μm。

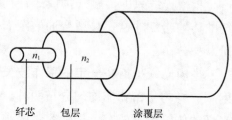

图3-1　光纤结构

③ 涂覆层。光纤的最外层为涂覆层，其主要功能是保护纤芯和包层，并且提升光纤的柔韧性。涂覆层通常由环氧树脂、硅橡胶等高分子材料制成，外径约为 250μm。

3.2.2　光纤的分类

1. 按光纤截面的折射率分布分类

按光纤截面的折射率分布，光纤被分为阶跃型光纤和渐变型光纤，其光纤截面的折射率分布如图 3-2 所示。

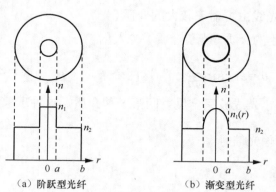

（a）阶跃型光纤　　　　　（b）渐变型光纤

图3-2　光纤截面的折射率分布

阶跃型光纤中，纤芯和包层的折射率都为固定值。如图 3-2（a）所示，纤芯的折射率为 n_1，包层的折射率为 n_2，在纤芯与包层的交界处折射率发生突变。实际大多数的光纤属于阶跃型光纤。

渐变型光纤纤芯的折射率则不是固定值，其折射率 n_1 随着半径 r 的变化而变化。轴心处的折射率最大，随着 r 的增大，折射率逐渐减小，纤芯和包层交界处的折射率与包层

的折射率 n_2 大小一样，如图 3-2（b）所示。渐变型光纤主要用于多模光纤中，相对于阶跃型多模光纤，其传输能力更强，多用于数据网设备的局内互联等场景。

2. 按光纤中传输的模式数量分类

光纤的模式本质上是指电磁场在光纤中的分布状态，不同的模式对应于电磁场在光纤中的不同分布状态。按光纤中传输的模式数量，可以将光纤分为单模光纤和多模光纤。

单模光纤只能传输一种模式，其余的高次模全部截止，不存在模间时延，因此单模光纤的传输带宽非常宽，适合通信距离长、容量大的光纤通信系统。单模光纤折射率一般呈阶跃型分布。

多模光纤是指在一定的工作波长下有多个模式在光纤中传输的光纤。多模光纤截面折射率有均匀分布和非均匀分布两种。由于多模光纤纤芯的直径较大，传输模式较多，这种光纤的传输带宽较窄、传输容量较小、传输特性较差。

3.2.3 光纤的传输特性

1. 全反射

光在一种均匀介质（折射率为 n_1）中传播而遇到另一种介质（折射率为 n_2）时，将在两种介质的分界面上产生反射和折射现象，如图 3-3 所示。此时将有一部分光返回原来的介质，另一部分光进入第二种介质，且满足反射定律和折射定律。

当入射光线满足"光线由折射率较大的介质（光密介质）射向折射率较小的介质（光疏介质）""入射角大于临界角（临界角 $\theta_c = \arcsin\dfrac{n_2}{n_1}$）"这两个条

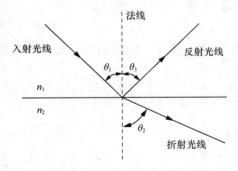

图3-3　光的反射和折射

件时，折射光线会消失，光线被完全反射回第一种介质。这种现象称为全反射现象，光纤基于光的全反射原理传输光信号。

2. 光纤中光的传输

光在光纤中的传输如图 3-4 所示，这里以经过光纤中心轴线的子午光线，即光线 1 和光线 2 为例来分析。为了保证光线能在光纤中长距离传输，要求入射角 θ 要足够小，这样可以保证光线在纤芯和包层的交界面上能够发生全反射，光线 2 满足以上条件，可以长距离传输，而光线 1 则不能。

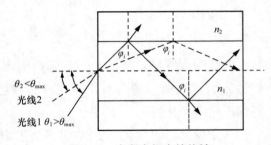

图3-4　光在光纤中的传输

当光线从纤芯到包层的入射角 φ_i 刚好为临界入射角时，对应的入射光线与光纤中心轴线的夹角为允许的最大角度，该角度称为光纤的最大接收角 θ_{max}，只有当入射光线与光纤中心轴线的夹角小于 θ_{max} 时，光线才能够在光纤中长距离传输。因此，数值孔径的概念被引入，数值孔径对应于光纤的最大接收角 θ_{max} 的正弦值，其定义如下。

$$NA = \sin\theta_{max} = \sqrt{n_1^2 - n_2^2} = n_1\sqrt{2\Delta} \tag{3-1}$$

其中，n_1 和 n_2 分别是纤芯和包层折射率，$\Delta = \dfrac{n_1^2 - n_2^2}{2n_1^2}$ 为相对折射率差，一般的光纤的 Δ 值较小，称为弱导光纤。数值孔径代表光纤端面从一个光源收集光的能力，数值孔径越大，表示光纤接收光线的能力越强。但为了保证光纤能够在单模状态下工作，数值孔径又不能太大，一般为 $0.18 \sim 0.23$。

3．单模光纤

光纤中模式的数量与光纤的归一化频率有关，具体关系如下。

$$V = \frac{2\pi a}{\lambda}\sqrt{n_1^2 - n_2^2} = \frac{2\pi a n_1}{\lambda}\sqrt{2\Delta} \tag{3-2}$$

其中，a 是纤芯半径，λ 是光纤工作波长，n_1 和 n_2 分别是纤芯和包层折射率。归一化频率是一种无量纲的量，其值越大，则模式的数量也越多。当 $V < 2.40483$ 时，可以保证光纤中只存在一个模式，也就是处于单模传输状态。单模光纤不涉及模式色散的情况，传输带宽远宽于多模光纤的传输带宽，因此通常应用于通信距离长、速率高的光纤通信系统中。

4．光纤的传输特性

光纤最主要的传输特性有两个：损耗特性和色散特性。损耗直接影响光纤通信系统的传输距离，而色散对光纤通信系统的通信容量和传输距离至关重要。

（1）光纤的损耗特性

光在光纤中传输时，随着传输距离的增加，光信号的功率会逐渐下降，下降的功率就是光信号在光纤中的传输损耗，传输损耗用衰减系数来表示。衰减系数的定义如下。

$$\alpha = -\frac{10}{L}\lg\frac{P_0}{P_1} \tag{3-3}$$

其中，P_0 和 P_1 分别为输出光功率和输入光功率，L 是光纤的长度，通常以 km 为单位。

光纤损耗包括光纤本身的损耗、光纤弯曲引起的损耗，以及光纤之间的连接损耗等。这里主要介绍光纤本身的损耗，主要包括吸收损耗和散射损耗。

① 吸收损耗

吸收损耗是指光信号通过光纤时，有一部分光能变成热能造成光功率的损失。吸收损耗主要包括本征吸收导致的损耗和杂质吸收导致的损耗。

光纤的本征吸收导致的损耗是指光纤材料（二氧化硅）本身对光功率的吸收导致的损耗。本征吸收导致的损耗决定了光纤的吸收损耗的下限。光纤的杂质吸收导致的损耗是光纤中的有害杂质引起的。光纤中的有害杂质主要包括铁、钴、镍、铜、锰等过渡金属离子和氢氧根离子（OH^-）。这些杂质离子会吸收电磁波的能量，从而引起损耗。由于过渡金属离子比较容易清除，目前对光纤通信的影响比较小，而光纤材料中的氢氧根离子的吸收峰对光纤通信的影响较大。

② 散射损耗

光纤的材料、形状等存在缺陷或者折射率不均匀，导致光在光纤中传输时发生散射，由此而形成的损耗称为散射损耗。在散射损耗中，瑞利散射损耗和波导散射损耗对光纤通信的影响比较大。

瑞利散射是由光纤材料的折射率随机变化引起的，而光纤材料的折射率变化是光纤材料密度不均匀或者内部应力分布不均匀产生的。瑞利散射损耗与波长有关，波长越小，损耗越大。波导散射损耗是光纤制造过程中光纤结构上的缺陷引起的，这种损耗与波长无关。

除了光纤本身引起的损耗，光纤的弯曲也会导致光纤损耗。当光纤弯曲到一定程度时，光线在光纤中的传输不再满足全反射条件，光能量泄漏到光纤外部，引起光能量的损耗。

光纤的损耗与波长的关系如图 3-5 所示。光纤的 3 个常用低损耗窗口分别为 850nm、1310nm 和 1550nm。其中 850nm 附近的低损耗窗口是 20 世纪 70 年代初确定的，它和当时生产的半导体激光器的工作波长相一致，主要用于多模光纤传输。在单模光纤大量普及的现代，850nm 窗口逐渐停用。目前常用的是 1310nm 和 1550nm 两个低损耗窗口。光纤在 1550nm 处损耗可以降至 0.15dB/km，接近光纤损耗的理论极限值。此外，2000 年以后，随着光纤制造工艺不断改进，1380nm 附近的 OH^- 吸收峰已经普遍较小，这进一步拓宽了低损耗的窗口。

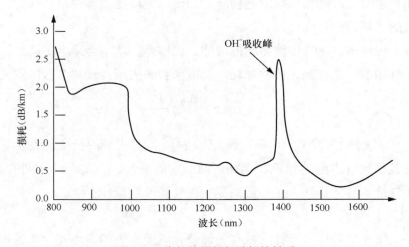

图3-5　光纤的损耗与波长的关系

（2）光纤的色散特性

光信号的不同频率成分或不同模式成分在光纤中的传输速度不同，经过光纤传输一段距离后，不同成分到达终点的时间不同，从而引起信号畸变，这种现象称为光纤的色散，如图 3-6 所示。光纤的色散会引起光脉冲展宽，严重时前后光脉冲将相互重叠，形成码间干扰，增加误码率，影响光纤的传输带宽，限制光纤通信系统的传输容量和中继距离。

图3-6 光纤的色散特性

从光纤色散的产生原理来划分，光纤色散包括模式色散、材料色散、波导色散和偏振模色散。

① 模式色散

模式色散一般存在于多模光纤中，由于在多模光纤中同时存在多个模式，不同模式沿光纤轴向的传输速度不同，光脉冲有先有后地到达终端，从而引起脉冲展宽。

② 材料色散

光纤材料的折射率随光波长的变化而变化，从而引起光脉冲展宽的现象称为材料色散。在光纤通信系统中，实际使用的光源发出的光并不是单一波长的光，而是具有一定谱线宽度的光。光在光纤中的传输速度也随波长的变化而变化。当具有一定谱线宽度的光源发出的光脉冲入射光纤时，不同波长的成分将有不同的传输速度，先后到达出射端面，从而导致光脉冲展宽。

③ 波导色散

光脉冲进入光纤之后，光的电磁波能量在光纤的纤芯和包层间分布，其主要部分在纤芯中传输，剩余部分在包层中传输。处在纤芯和包层中的光脉冲有不同的传输速度，从而导致光脉冲展宽，这就是波导色散。

材料色散和波导色散是不同波长的光以不同速度在光纤中传输引起不同的时延而产生的，色度色散包括二者。色度色散计算公式如下。

$$\Delta\tau = D\Delta\lambda L \qquad （3-4）$$

其中，$\Delta\tau$ 是输出光脉冲展宽，D 是光纤的色度色散系数，$\Delta\lambda$ 是光源的光谱宽度，L 是光纤的长度。单模光纤的色度色散系数大小如图 3-7 所示。单模光纤的色度色散系数在波长 1310nm 附近，

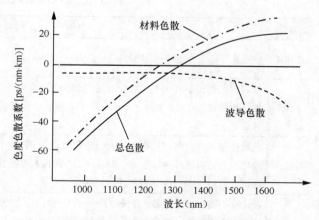

图3-7 单模光纤的色度色散系数

接近于 0。

④ 偏振模色散

单模光纤中只有一个基模，但是基模包括两个相互正交的偏振模式（偏振模），如图 3-8 所示。如果这个光纤是完美的，则两个偏振模会以同样速度传输并且同时到达光纤终端，相互之间不存在时延差。但是，如果光纤几何结构或光纤环应力分布不对称，则会导致两个偏振模以不同的速度传输，先后到达出射端面，导致光脉冲展宽，这就是偏振模色散的原理。在高速通信系统中，偏振模色散的影响较大。

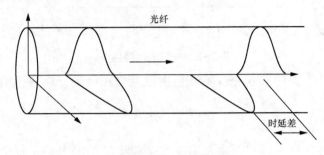

图3-8　偏振模色散示意

总之，多模光纤中存在模式色散、材料色散、波导色散和偏振模色散。而在单模光纤中只有基模传输，因此不存在模式色散，只有材料色散、波导色散和偏振模色散。偏振模色散相对来说影响较小，单模光纤的总色散通常只考虑材料色散和波导色散的共同影响即可。

色散补偿技术可以减小色散对光纤通信的影响，目前色散补偿技术已经比较成熟并且已商用，包括色散补偿光纤、光纤布拉格光栅等技术。

3.2.4　ITU-T 规定的光纤类型

目前，ITU-T 分别对 G.651、G.652、G.653、G.654、G.655、G.656、G.657 光纤的主要参数特性进行了标准化，具体如表 3-1 所示。

表 3-1　ITU-T 规定的光纤类型

类型	特性	实际应用情况
G.651	多模光纤。工作距离通常在 100m 以内	主要应用于数据中心内部的短距离光互联
G.652	常规单模光纤。在波长 1310nm 处色散为 0；在波长 1550nm 处损耗最小，但是色散值为 17ps/(nm·km)。用于高速光纤通信系统时，需要进行色散补偿	目前使用最多的光纤
G.653	色散位移光纤。在波长 1550nm 处色散为 0，损耗最小。适用于单波长的高速率、长距离光纤通信系统。但是由于四波混频非线性效应的存在，其在密集波分复用（DWDM）系统中的应用受到限制	仅早期在日本有一定应用
G.654	截止波长位移光纤，其截止波长大于一般单模光纤，通常在 1530nm 以下。以前主要用于海底通信，现已新增用于陆地通信系统的 G.654.E 新子类	用于长距离光纤通信系统

续表

类型	特性	实际应用情况
G.655	非零色散位移光纤，是一种改进的色散位移光纤。在波长 1550nm 处，该光纤的色散比较小，但是不为 0。这样可以在光纤的 1550nm 窗口实现低损耗和较小色散的通信，同时抑制了四波混频非线性效应的影响	目前在新建系统中不再使用
G.656	用于宽带光传送的非零色散位移光纤。与 G.652 光纤比较，G.656 光纤能支持更小的色散系数；与 G.655 光纤比较，G.656 光纤能支持更大的工作波长	使用较少
G.657	ITU-T 于 2006 年 11 月发布了相应的标准。这类光纤具有优异的耐弯曲特性，其弯曲半径可达到 5mm	主要用于光纤到户

3.2.5　光缆

在实际的光纤通信系统中，基于应用环境的需求会将光纤制成不同结构的光缆，这是因为光纤本身脆弱，且容易断裂，直接和外界接触容易损伤甚至折断。光缆一般由缆芯、护层和加强元件等组成。

（1）缆芯

缆芯由光纤芯线组成，其作用是传输光波信息，可分为单芯型和多芯型两种。单芯型缆芯由经过二次涂覆处理的单根光纤组成，多芯型缆芯由经过二次涂覆处理的多根光纤组成。

（2）护层

护层对已成缆的光纤芯线起保护作用，避免其受外界机械力和环境影响而损坏。护层可分为内护层和外护层，内护层一般采用聚乙烯或聚氯乙烯等材料制成，外护层一般由铝带和聚乙烯构成的外护套和钢丝铠装层组成。

（3）加强元件

由于光纤材料比较脆，容易断裂，为了使光纤能够承受安装施工时所加的外力，需要在光缆中心或者四周增加一个或多个加强元件。加强元件一般用钢丝、芳纶丝或者玻璃、增强塑料等材料制成。

按照不同的分类标准，光缆可以分为不同的类型。按照结构来分，光缆可以分为层绞式光缆、中心束管式光缆、带状光缆和骨架式光缆等，如图 3-9 所示；按照敷设方式来分，光缆可以分为架空光缆、管道光缆、直埋光缆、水底光缆和海底光缆等。

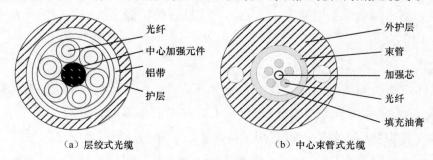

（a）层绞式光缆　　　　　　　　　（b）中心束管式光缆

图3-9　光缆的结构

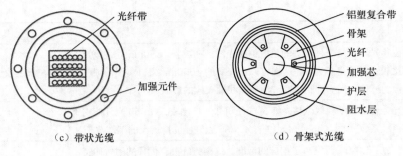

（c）带状光缆　　　　　　　　　（d）骨架式光缆

图3-9　光缆的结构（续）

3.3　光纤通信系统

　　实际的光纤通信系统可以分为光纤直驱系统和光传输系统。光纤直驱系统是指终端设备间直接使用光纤进行信号传输而不经过光传输设备复用和中继的系统；而光传输系统则是由光传输设备与光纤光缆组成的系统。两种系统虽然有差别，但是都包括电端机、光发射机、光纤、中继器与光接收机，如图3-10所示。电端机将需要传送的声音、图像等信息转化为电信号送入光发射机。光发射机用电信号调制光源，将电信号转化成光信号，并将光信号耦合进光纤传输。在接收端，光接收机将收到的光信号还原成电信号，并通过电端机将电信号还原成原来的声音、图像等信息。由于光信号在光纤中传输时会发生衰减和畸变，因此需要用中继器对

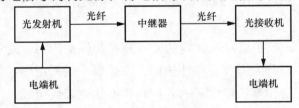

图3-10　光纤通信系统

光信号进行放大和整形，实现光信号的长距离传输。在实际系统中，光模块就是比较典型的光发射机和光接收机。

3.3.1　光发射机

　　光发射机的作用是对从电端机送来的电信号进行编码、调制，之后将其加载到光源输出的光波上，并送入光纤。光源是光发射机的核心元件，但还需要配合其他辅助模块，如调制电路、监测电路、保护电路等，才能实现光发射的功能。比较典型的光发射机工作原理如图3-11所示。

　　（1）光源

　　光源是光发射机的核心元件，其作用是发出光信号。光纤通信中使用的光源主要包括激光二极管（LD）和发光二极管（LED）。LD发出的是激光，具有光谱窄、方向性好、耦合效率高和输出功率大等特点，适用于高速率、长距离通信的光纤通信系统。LED发出的是荧光，发光特性不如LD，但是由于成本低、寿命长、温度特性好，在中、低速率、短距离通信的光纤数字通信系统和光纤模拟通信系统中得到了广泛应用。

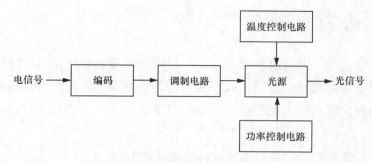

图3-11 光发射机工作原理

（2）编码

电信号需要经过码型变换、扰码和编码，才能成为适合在光纤中传输的光信号。

（3）调制电路

经过编码的数字信号通过调制电路对光源进行调制，让光源发出的光强随经过编码的信码流的变化而变化，形成相应的光脉冲并将其送入光纤。调制包括直接调制和外调制，直接调制是用电信号直接调制光源，使光源发出的光功率随电信号的变化而变化。直接调制简单、经济、容易实现，但调制速率受限。外调制是让光源输出的连续光载波通过光调制器，基于电光、磁光、声光效应，利用电信号控制调制器实现对光载波的调制。外调制方式结构复杂，成本高，适合高速率光通信系统。

3.3.2 光接收机

数字光接收机的组成如图 3-12 所示，主要包括光检测器、前置放大器、主放大器、均衡器、判决器、时钟提取电路，以及自动增益控制（AGC）电路等。

（1）前端

光检测器和前置放大器合起来叫作光接收机的前端，其性能是决定光接收机灵敏度的主要因素。其中，光检测器的主要作用是将接收的光信号变换成电信号，目前普遍使用的光检测器是光电二极管（PD）、PIN 光电二极管和雪崩光电二极管（APD）。前置放大器的主要作用是使噪声系数达到最小值。

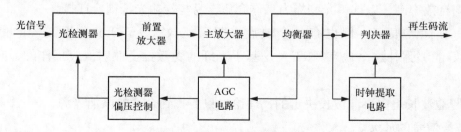

图3-12 数字光接收机的组成

（2）主放大器

主放大器的主要作用是提供足够的增益，同时增益还受 AGC 电路控制，使输入光信号在一定范围内变化时，输出的电信号保持恒定。

（3）均衡器

经过光纤传输、光/电转换和放大后已产生畸变的电信号需要进行整形和补偿，均衡器的作用是采用低通滤波这个滤波方式和将信号波形变换成无码间干扰的信号波形，使输出的波形适合判决，以消除码间干扰，减小误码率。

（4）判决器

判决器的作用是将接收的信号恢复成标准数字信号。

（5）AGC 电路

AGC 电路的主要作用是稳定光接收机输出的信号幅度，它利用反馈环路来控制主放大器的增益。

3.3.3　中继器

光纤通信系统中的中继器有两种，一种是电再生中继器，另一种是光放大器。

（1）电再生中继器

电再生中继器通过光检测器将衰减和畸变的光脉冲转换为电信号，然后对其进行放大、判决和再生定时等处理，再用处理后的电信号调制激光器的光源，输出光脉冲信号，实现光脉冲的整形和放大。

（2）光放大器

光放大器可以对衰减的光信号进行放大，不需要经过光—电—光的转换。常用的光放大器包括掺铒光纤放大器（EDFA）和拉曼光纤放大器（RFA），能够实现光信号的长距离传输。

EDFA 是光纤通信系统中的核心器件之一，其工作原理是通过受激辐射，实现光信号的放大。EDFA 具有如下特点。

① 增益波段在 1530 ～ 1565nm，刚好与光纤的 1550nm 低损耗窗口重合。

② 增益高、噪声系数较低、输出功率大。

③ 能量转换效率高。

④ 耦合效率高，以掺铒光纤作为工作介质，易与传输光纤耦合连接。

EDFA 优点很多，但也有一个缺点，即只能放大 1550nm 附近波段的信号。而 RFA 刚好能够弥补这个缺点。RFA 是基于光纤的受激拉曼散射效应工作的，其具有如下特点。

① 增益波长是由泵浦波长决定的，理论上只要找到合适的泵浦光源，RFA 就可以实现任意波段信号的放大。

② 噪声系数低。

③ 可以以传输光纤本身作为增益介质，实现分布式放大。

目前在实际应用中，通常可以将 EDFA 和 RFA 结合起来使用。

3.4　传输网技术

传输网处于通信网的底层，为上层的业务提供高质量的信息传输通道。主流的传输网技术包括同步数字系列（SDH）、MSTP、PTN、SPN、密集波分复用（DWDM）、OTN等。

3.4.1　同步数字系列与多业务传送平台

同步数字系列（SDH）是一种传输的体制，定义了一整套可进行同步数字传输、复用和交叉连接的标准化数字信号的等级结构，规范了数字信号的帧结构、复用方式、传输速率等级和接口码型等特性。

1. SDH 技术

（1）SDH 的特点

① SDH 的电接口有一套标准的传输速率等级。SDH 的光接口采用世界统一标准规范，能够实现横向的兼容。同时，SDH 也可以容纳原有的 PDH 等其他体制的业务。

② SDH 采用字节间插复用的方式实现低速 SDH 信号到高速 SDH 信号的复用，简化了信号的复接和分接，使 SDH 适用于高速率、大容量的光纤通信系统。另外，采用同步复用方式和灵活的映射结构，可将 PDH 低速支路信号复用进 SDH 信号，简化网络结构和设备，使数字交叉连接功能更易于实现。

③ SDH 信号的帧结构中安排了丰富的用于网络操作维护管理（OAM）功能的开销字节，使网络的性能大幅提升且状态监测功能大大加强，维护的自动化程度大大提高。

（2）SDH 的传输速率等级

SDH 有统一的传输速率等级，对应同步传输模块（STM-N），其中，N 为 4 的倍数，可以为 1、4、16、64、256 等。STM-1 是 SDH 最基本的模块信号，传输速率为155.52Mbit/s。SDH 的传输速率等级如表 3-2 所示。

表 3-2　SDH 的传输速率等级

STM-N	STM-1	STM-4	STM-16	STM-64	STM-256
速率（Mbit/s）	155.52	622.08	2488.32	9953.28	39813.12

（3）SDH 的帧结构

SDH 的帧结构如图 3-13 所示，STM-N 的帧是以字节（每字节为 8 位）为单位的 9 行 × 270×N 列的矩形块状帧结构。此处的 N 与 STM-N 的 N 一致，取值可为 1、4、16、64、256 等，表示此信号由 N 个 STM-1 信号通过字节间插复用而成。STM-N 帧的帧频是 8000 帧 / 秒。STM-N 的帧结构由 3 个部分组成，即信息净负荷（Payload）、段开销（SOH）、管理单元指针（AU-PTR）。信息净负荷用于存放需要传送的各种信息。SOH 是为了保证信息净负荷正常、灵活传送必须附加的供网络 OAM 使用的字节，包括

现代通信技术导论

再生段开销（RSOH）和复用段开销（MSOH）。AU-PTR 是用来指示信息净负荷的第一
个字节在 STM-N 帧内的准确位置的指示符，以便接收端能根据这个位置指示符的值正
确分离信息净负荷。

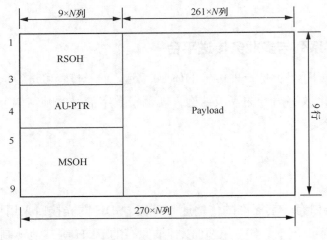

图3-13　SDH的帧结构

2. MSTP 技术

SDH 最初是用来传输 TDM 业务的，但是随着时代的发展和技术的进步，传输网承
载的业务逐渐以 IP 业务为主，MSTP 就是在这种背景下出现的。MSTP 技术是一种基于
SDH 的技术，能够实现 TDM 业务、ATM 业务、以太网业务等多种业务的接入、处理和
传输，提供统一网络管理的 MSTP。MSTP 继承了 SDH 的优点，具有良好的网络保护倒
换性能，对 TDM 业务的支持能力较好，可以进行二层数据报文的转发，并且可以根据业
务和用户的实时带宽需求利用级联技术实现动态带宽分配和链路配置、维护与管理。

MSTP 的核心技术如下。

（1）级联技术

MSTP 采用级联技术，把多个虚容器（VC）组合起来，形成一个传输容量更大的容
器，可以实现更大的传输带宽。级联技术有两种：相邻级联和虚级联。

（2）链路容量调整机制（LCAS）技术

链路容量调整机制技术是为了满足带宽需求，在虚级联的源和宿适配功能之间提供一种
无损伤地增加或者减少线路容量的控制机制。LCAS 技术可以实现 MSTP 虚级联链路带宽的
动态调整，提高虚级联的可靠性。

（3）封装技术

MSTP 的封装主要是将不同格式的数据映射到虚容器中。目前，主要用到的封装协
议是通用成帧协议（GFP）。

MSTP 技术在实际应用中通常组成环网，实现自愈保护，也就是说当网络出现故障

时，在没有外界因素介入的情况下，利用 MSTP 技术可以自动恢复所承载的业务。MSTP 技术的典型应用如图 3-14 所示。MSTP 设备工作于网络的边缘，如城域网和接入网，用于处理语音业务、以太网业务和 ATM 业务等业务。

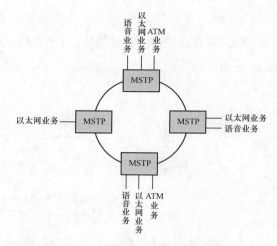

图3-14　MSTP 技术的典型应用

3.4.2　分组传送网

随着 IP 化的发展趋势，传输网技术从 SDH 发展到 MSTP，但 MSTP 仍以时隙交叉、同步传输为主，不能适应业务发展，因此产生了以包交换、以太网传输为主的分组传送网（PTN）技术。PTN 是一种基于分组交换、面向连接的多业务统一传送技术。PTN 设备的核心是分组交换，提供"软通道"，而非 SDH 提供的以时隙为单位的"硬通道"，延续了 SDH/MSTP 的分层、保护恢复等概念。

PTN 的特点如下。汲取了 IP 技术与 MSTP 技术的优势，去掉了与 IP 相关的功能，取消多协议标签交换（MPLS）信令，简化了 MPLS 数据平面，降低了运维复杂性；利用 MPLS，建立端到端连接，引入传送网较强的 OAM 功能；可以运行在各种物理层技术上，具备 MSTP 的多业务传送能力和透明性，着重于客户层的以太网业务，也可以处理其他业务。

PTN 的关键技术包括以下几种。

（1）PWE3 技术

端到端的伪线仿真（PWE3）是一种业务仿真机制，将传统通信网与现有分组交换网结合起来，能够在分组交换网中真实地模仿 ATM 业务、帧中继业务、以太网业务、低速 TDM 业务和 SDH 业务等业务的基本行为和特征。通过在分组交换网上搭建一个通道，实现各种业务的传输。通过 PWE3 技术可以将传统的网络与分组交换网相互连接，从而实现资源的共享和网络的拓展。

（2）QoS 技术

PTN 支持不同服务质量（QoS）要求的业务，根据通道不同，可以有不同的优先级别，并可设置有保障的承诺信息速率（CIR）和非保证的峰值信息速率（PIR），某个通道的 CIR 带宽没有被占用时，其他通道的 PIR 可以占用这部分带宽，这样可以提高带宽利用率。

（3）OAM 技术

OAM 技术用于 PTN 的运维管理，可以有效检测、识别和定位 PTN 的故障，在链路出现缺陷或发生故障时迅速进行保护倒换。

目前 PTN 广泛应用于城域网的各层级和长途干线，实现多业务的承载，包括无线基站回传，以及企事业单位和家庭用户的以太网业务等。PTN 应用于汇聚层和接入层拓扑图如图 3-15 所示。

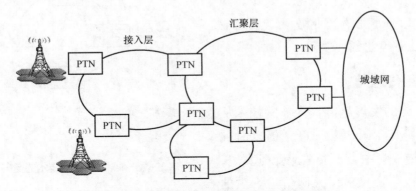

图3-15　PTN应用于汇聚层和接入层拓扑图

3.4.3　切片分组网

切片分组网（SPN）采用了 ITU-T 网络模型，基于以太网技术，引入新的基于 66B 编码块的 TDM 交叉技术，实现了分组和 TDM 的有效融合，将多层网络功能融为一体，能够满足大带宽、低时延、网络切片、超高精度时间同步等新需求，同时能支持多业务的综合承载。

5G 的新应用场景给传送网带来新挑战，5G 传送网的基础资源、架构、带宽、时延、同步等需求发生很大变化，传送网需要重构。因此，在承载 3G/4G 回传的 PTN 技术基础上，面向 5G 业务承载需求，新一代 PTN 技术方案被提出。PTN 和 SPN 在 5G 初期协同组网架构如图 3-16 所示。

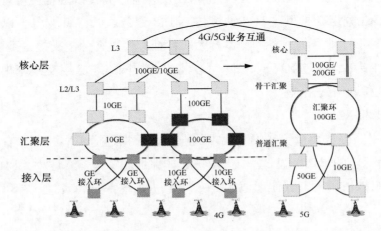

图3-16　PTN和SPN在5G初期协同组网架构

SPN 具备如下几种技术特征。

（1）大带宽技术

基于以太网，采用新型的光层技术，可以支持低成本大带宽。在接入层采用高速的 PAM4 调制技术满足大带宽接入需求。在核心层和汇聚层引入彩光方案和灵活以太网（FLexE）通道绑定技术，采用"灵活以太网 +DWDM"技术，实现 10Tbit/s 级别容量和数百千米的大容量长距组网应用。

（2）低时延技术

传送网时延主要由传输设备处理时延和设备间光纤传输时延两部分组成。基于 IEEE 802.1 时间敏感网络（TSN）低时延转发新技术和 FLexE 物理层交叉及带宽隔离技术，可以降低设备处理时延。同时通过优化网络架构、智能管控路由查找、缩短光纤链路的长度，从而降低设备间光纤传输时延。

（3）灵活连接技术

分段路由（SR）支持基站间及基站与核心网之间接口的灵活连接。同时，SR 技术与 SDN 集中控制无缝衔接，协同满足 5G 云化网络动态连接的要求。

（4）网络切片技术

基于 FLexE 技术的以太网业务的速率既可以是现有的固定速率，也可以是以 5Gbit/s 为颗粒的任意整数倍的速率。通过引入这种速率灵活的以太网技术，既可以实现大带宽的捆绑，又可以采用通道化的方式实现子通道的隔离，从而大大扩展以太网的应用范围。

（5）超高精度时间同步技术

SPN 通过引入 IEEE 1588v2 协议，并严格控制设备内部同步时间戳和芯片时延处理，实现超高精度时间同步。

（6）智能化管控技术

SDN 是 5G 传送网的基础架构，可以实现网络能力开放、传输与无线协同、集中化智能调度、业务场景按需适配，满足业务差异化需求。同时通过简化路由转发技术和控制技术可以实现业务的灵活部署，提高业务运维效率。

3.4.4 密集波分复用

随着信息技术的快速发展，传输网传输的数据量也急剧增加，各种复用技术也被应用到传输网中。波分复用（WDM）技术就是目前一种主流的传输网容量提升技术。

1. WDM 的工作原理和特点

WDM 是指将两种或多种不同波长的光载波信号在发送端经波分复用器汇合，并耦合到光线路的同一根光纤中进行传输；在接收端，经波分解复用器分离为各种波长的光载波，然后由光接收机进一步处理以恢复原信号。这种在同一根光纤中同时传输两个或多个不同波长光信号的技术被称为 WDM 技术。WDM 系统的工作原理如图 3-17 所示。

按照 WDM 系统中相邻波长之间间隔的不同，可以将 WDM 技术细分为密集波分复用（DWDM）和粗波分复用（CWDM）。通常所说的 WDM 系统主要指 DWDM 系统，

DWDM 的信道间隔从 0.2nm 到 1.2nm，其光通路数量在 C 波段（1530 ～ 1565nm）通常分为 32/40 通路和 80 通路，也可以选用上述通道的部分通道或增加部分扩展通道。CWDM 的信道间隔为 20nm，主要用于网络边缘，通常分为 4 通路、8 通路或 16 通路，基本原理和 DWDM 相同，主要应用于接入网中。

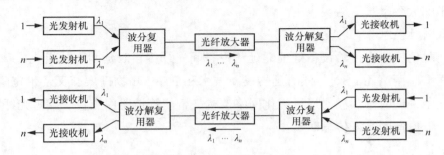

图3-17　WDM系统的工作原理

DWDM 具有一系列非常突出的优点，即能够充分利用光纤的巨大带宽资源；能够透传不同类型、不同传输速率的信号；能够节省线路投资，平滑升级网络。

2. DWDM 的关键技术

DWDM 技术发展至今，其容量也在不断提升。一方面，单波长速率从之前的 10Gbit/s 演变为 100Gbit/s，且目前已开始少量部署 200Gbit/s 的系统，将来单波长速率还将进一步提升到 400Gbit/s，甚至 800Gbit/s。另一方面，单光纤复用的波长数也在增加，目前在 C 波段可以实现 80、96、120 个波长的复用，还可以扩展到其他的波段，如 L 波段（1565 ～ 1625nm）。要实现 DWDM 技术，需要用到以下几种关键技术。

（1）光发射和接收技术

DWDM 系统中一般采用单纵模半导体激光器，这样输出的波长光谱窄、稳定。同时采用外调制技术，也就是在激光输出线路上加一个调制器，如电光调制器、声光调制器和波导调制器等，实现超高速率的调制信号输出。在接收端解调并还原出电信号。

（2）波分复用器和波分解复用器

波分复用器件包括波分复用器和波分解复用器（有时也称合波器和分波器），是 DWDM 系统的核心部件。波分复用器的功能是将多种波长的光信号合在一根光纤中传输；波分解复用器的功能是将在一根光纤中传输的多种波长的光信号分离。

（3）光纤放大器

光纤有一定的损耗，为了补偿光信号的衰减，需要对光信号进行放大。目前，广泛采用的是光纤放大器。通常使用的光纤放大器包括 EDFA 和 RFA，具体可参见 3.3.3 节。

（4）光监控技术

DWDM 系统将一个波长信道作为光监控信道，对系统进行管理。该监控信道一般位于 EDFA 的增益区外，我国采用 1510nm 波长。按照 ITU-T 的建议，光监控信道与主信道完全独立。在整个光信号的传送过程中，监控信道没有参与光信号的放大，在进入 EDFA 之前被取出，在 EDFA 之后被插入。

3.4.5　光传送网

在实际应用中，随着业务传输需求的日益增长，SDH 和 DWDM 技术逐渐呈现一些局限性。SDH 技术基于 VC 进行调度，对于大颗粒的分组业务封装的效率低，不能满足骨干网的 Tbit/s 量级的大容量业务调度需求。DWDM 技术的管理能力不强，组网能力弱，网络保护方式不完善。光传送网（OTN）结合了 SDH 和 WDM 的优点，在物理层仍然采用 WDM 技术，引入了开销管理和交叉连接能力。同时，引入了带外前向纠错（FEC）技术，提升了线路的容错性。

1. OTN 的特点

OTN 具有以下特点。

① 支持更高的传输速率，给大颗粒带宽业务提供了非常有效的解决方案，可扩展性强，交叉容量可扩展到几十太比特每秒。

② 透明传送各种客户数据。

③ 异步映射取消了对全网同步的限制，FEC 技术有效地保证了线路传送性能。

④ 基于 OAM 提供有效的监管能力和网络生存性。

⑤ 具有灵活的光层和电层调度能力，以及灵活的组网能力。

2. OTN 的体系结构

按照 ITU-T G.709 的定义，OTN 体系结构包括两种光传送模块，如图 3-18 所示。一种是完全功能光传送模块 OTM-$n.m$，另一种是简化功能光传送模块 OTM-0.m 和 OTM-$nr.m$。OTM-$nr.m$ 与 OTM-$n.m$ 的电层信号结构相同，但 OTM-$nr.m$ 在光层信号方面不支持非随路开销，没有光监控信道，因此被称为简化功能的 OTM 接口。在光层信号中，n 表示在波长支持的比特率最低的情况下，接口所能支持的最大波长数量，n 为 0，表示 1 个波长。m 表示接口支持的比特率或比特率集合。r 表示简化功能。

在体系结构中，OTUk（光通道传送单元）、ODUk（光通道数据单元）、OPUk（光通道净荷单元）均为电信号，分别对数据进行不同层次的封装，而 OCh 及更高层次则为光信号，它们构成了一种特定传输速率的帧。在 OTUk 电信号中，不同的 k 值对应不同的 OTU 速率，如表 3-3 所示。

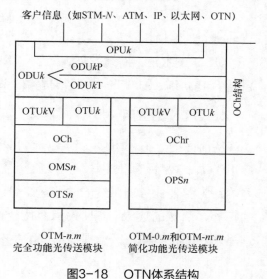

图3-18　OTN体系结构

表 3-3　OTU 速率

OTU 类型	OTU 标称比特率	OTU 比特率容限
OTU1	255/238 × 2488320 kbit/s	
OTU2	255/237 × 9953280 kbit/s	
OTU3	255/236 × 39813120 kbit/s	
OTU4	255/227 × 99532800 kbit/s	$\pm 20 \times 10^{-6}$
OTUCn	n × 239/226 × 99532800 kbit/s	
OTU25	61677/58112 × 24883200 kbit/s	
OTU50	61677/58112 × 49766400 kbit/s	

3. OTN 的帧结构

OTN 的帧结构如图 3-19 所示，它与 SDH 帧结构非常相似。OTN 帧中存在 OPUk 开销、ODUk 开销和 OTUk 开销 3 个开销区域。OTN 帧中提供了丰富的开销字节，这些开销字节可以提供强大的路径和路段的性能监测、告警指示、通信和保护倒换能力。此外，OTN 帧中还有一个 FEC 部分，它可以提供 FEC 功能，降低接收端对入射信号信噪比的要求。与 SDH 不同，不同速率等级的 OTU，虽对应的帧的发送速率不同，但是对应固定的帧结构。

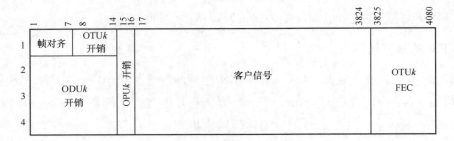

图3-19　OTN的帧结构

OTN 技术正不断地发展，除了 OTU1/2/3/4 的速率等级，已经规范了数据传输速率超过 100Gbit/s 的 OTN 的帧结构和体系架构，为更高等级速率的传输奠定了基础。

4. OTN 的应用

从前面的介绍中可以看到，OTN 能够有效地支持大颗粒业务的调度和传送，主要可应用于主干线路和城域网核心等场合，包括省际干线传送网、省内干线传送网和城域传送网等，为各种业务提供统一的传送平台。图 3-20 所示为 OTN 应用于省际干线传送组网的拓扑，两侧的边缘 OTN 站点有两个光接口，其他的 OTN 站点有两个以上的光接口，这里采用网状结构组网，提高网络的生存保护能力。

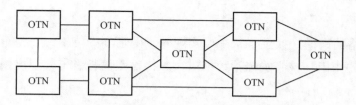

图3-20　OTN应用于省际干线传送组网的拓扑

3.4.6　可重构光分插复用器

随着DWDM技术的广泛应用，传输系统的带宽问题逐步得到解决，但是传输节点的数据管理和调度能力仍有待提高，且OTN侧重在电层的汇聚、交叉和调度，以小颗粒业务为主。

可重构光分插复用器（ROADM）则是一种能够在波长层面控制光信号分插复用的设备，可以在光层直接实现大颗粒的交叉调度。

ROADM具有如下特点。

① 相对于其他的交换技术，ROADM成本低、效率高。

② 支持线形、环形和网状等多种拓扑结构。

③ 基于波长进行调度，支持任意波长和方向的调度。

④ 有利于传输网的网络规划，便于维护，降低网络运营成本。

3.5　接入网技术

3.5.1　接入网概述

根据网络规模，一个城市的电信网可分为核心层、汇聚层、接入层，如图3-21所示。

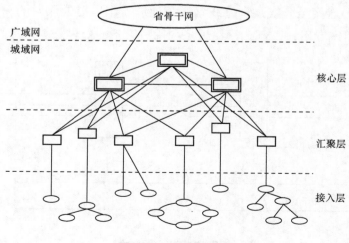

图3-21　电信网分层

（1）核心层

核心层是网络的高速交换主干，主要实现骨干网之间的传输，在整个网络的连通过程中起到至关重要的作用。核心层传输数据量大、传输距离长、传输速度快，对传输的安全性有很高的要求。

（2）汇聚层

汇聚层负责提供基于策略的连接，是网络接入层和核心层的"中介"，为接入层提供数据的汇聚、传输、交换、管理、分发处理等服务。汇聚层处理来自接入层设备的所有通信，并提供到核心层的连接链路。

（3）接入层

接入层是网络中直接面向用户连接或访问的部分。接入层传输数据量较小，传输距离较短，但接入方式多，能够根据用户具体情况进行灵活接入。接入层的作用是允许终端用户连接到网络，因此接入层设备具有低成本和高连接密度特性。

ITU-T 在针对电信接入网架构的 G.902 标准中定义，接入网是由位于 SNI 和与之相关联的各用户–网络接口（UNI）之间的，为电信业务提供必需的传送承载能力的一系列实体（如线缆装置、传输设施等）所构成的系统，并通过 Q3 接口进行配置和网络管理。ITU-T 在针对 IP 接入网的 Y.1231 标准中定义，接入网是由网络实体组成提供所需接入能力的一个实施系统，用于在 IP 用户和 IP 服务者之间提供承载 IP 业务所需的承载能力。

传统的接入网一般包括电信局端与用户终端之间的所有设备，其线路长度一般为数百米到数千米。由于核心网一般采用光纤结构，传输速度快，因此，接入网便成了整个网络系统的瓶颈。

最初的接入网将用户话机连接到电信局端的程控交换机上，如图 3-22 所示。具体方式是电信局端本地程控交换机的主配线架经大线径、大对数的馈线电缆（数百至数千对）连接至分路点（交接箱），从而再转向不同方向；交接箱经较小线径、较小对数的配线电缆（每组几十对）连接至分线盒；分线盒通常通过若干单对或双对的双绞线直接与 UNI 相连。引入线为用户专用，UNI 为网络设备和用户设备的分界点。

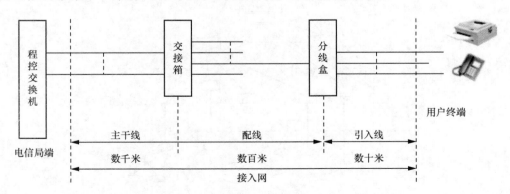

图3-22　接入网结构

根据接入网框架和体制要求，接入网的重要特征可以归纳为以下几点。

① 接入网为所接入的业务提供承载能力，实现多种不同业务的接入。接入网应通过有限的标准化接口与业务节点相连。

② 接入网对用户信令是透明的，除一些用户信令格式转换外，信令和业务处理的功能依然在业务节点中。

③ 接入网有独立于业务节点的网络管理系统，该系统通过标准化的接口连接电信管理网（TMN），TMN 实施对接入网的操作、维护和管理。

3.5.2　接入网的分类

按照通信线路划分，接入网可分为有线接入网和无线接入网两大类，如图 3-23 所示。有线接入网可细分为铜线接入网、光纤接入网和混合光纤/同轴电缆接入网。无线接入网可细分为固定无线接入网和移动无线接入网。随着"光进铜退"改造，有线接入网逐渐过渡到以光纤接入网为主；无线接入网的接入方式主要有移动通信无线接入、物联网短距离接入和 Wi-Fi 接入。

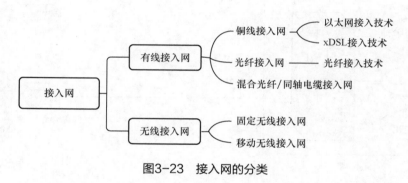

图3-23　接入网的分类

光纤接入网以光纤作为传输介质，利用光网络单元（ONU）提供用户侧接口。光纤接入网在技术上要比铜线接入网优越，抗干扰能力、传输距离、传输速率均优于铜线接入网，具有非常大的发展潜力。光纤接入网结构如图 3-24 所示。

目前应用最广泛的光纤接入技术为无源光网络（PON）技术。PON 是指在光线路终端（OLT）和 ONU 之间的光分配网（ODN）不包含任何有源电子设备，主要采用无源分光器进行网络连接。由于 PON 是一种纯介质网络，消除了中心局端与用户端之间的有源设备，因此它能避免外部设备的电磁干扰和雷电影响，减少线路和外部设备出现的故障，提高系统可靠性，同时可节省维护成本。PON 的业务透明性较好，原则上可适用于任何制式和速率的信号。

PON 由 OLT、ODN 和 ONU 组成，一般采用树状拓扑结构。OLT 放置在中心局端，用于分配和控制信道的连接，并有实时监控、管理及维护功能。ONU 放置在用户端，OLT 与 ONU 之间通过 ODN 连接，如图 3-25 所示。

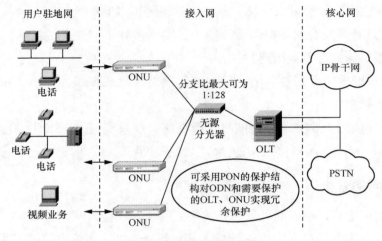

图3-24 光纤接入网结构

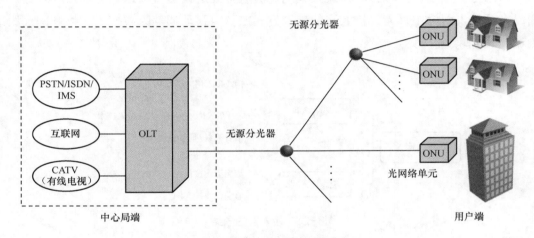

图3-25 无源光网络结构

（1）OLT

OLT 位于 ODN 与核心网之间，实现核心网与用户间不同业务的传输，通常安装在服务提供端的机房中。它可以区分交换和非交换业务，管理来自 ONU 的信令和监控信息，并向网元管理系统提供网管接口，完成接口适配、复用和传输。同一个 OLT 可连接一个或多个 ODN，为 ODN 提供网络接口。OLT 可以直接设置在本地交换机接口处，也可以设置在远端，与远端集线器或复用器连接。OLT 在物理上可以是独立设备，也可以与其他功能集成在同一个设备内。OLT 提供与中心局设备的接口（光电转换、物理接口）、与 ODN 的光接口，能分离不同的业务，并对众多的 ONU 进行管理和指配。OLT 设备如图 3-26 所示。

（2）ODN

ODN 位于 ONU 和 OLT 之间，为 OLT 与 ONU 提供光传输手段，完成光信号的传输和功率分配任务。通常 ODN 是由光连接器、无源分光器、波分复用器、光衰减器、光滤波器等无源光器件和光纤光缆组成的无源 ODN，呈树状分支结构。ODN 主要负责完成光信号功率的分配及光信号的分接和复接。ODN 设备如图 3-27 所示。

风扇框

挂耳

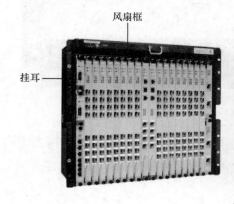

图3-26　OLT设备

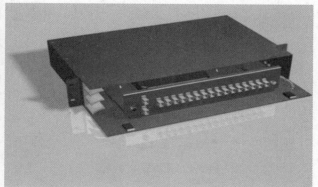

图3-27　ODN设备

（3）ONU

ONU 位于用户端，提供用户侧接口，主要功能是终结来自 ODN 的光纤、处理光信号，并为多个小型企业、事业单位用户和居民住宅用户提供业务接口。ONU 的网络侧是光接口，用户侧是电接口，因此 ONU 需要有光／电转换和电／光转换功能，还要完成对语音信号的数／模转换（D／A）和模／数转换（A／D）、复用、信令处理和维护管理。ONU 设备如图 3-28 所示。

ONU 设备通常放在距离用户较近的地方，其安装位置具有很高的灵活性。ONU 提供用户端与 PON 之间的接口，并将其接收的光信号转换成用户需要的模式。ONU 主要提供用户与接入网的接口（光电转换、物理接口）及用户业务适配功能（速率适配、信令转换）。

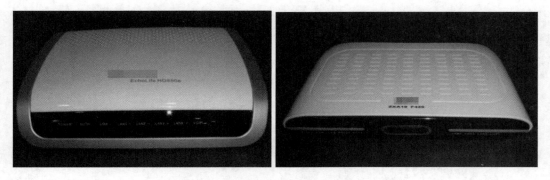

图3-28 ONU设备

　　PON 系统的组网方式多样，其中最常见的是树状拓扑。因此，PON 系统采用典型的点对多点（P2MP）的拓扑结构。PON 系统的组网方式如图 3-29 所示。

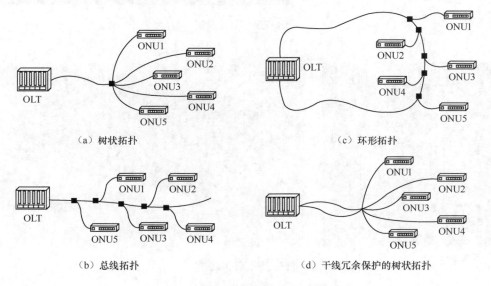

（a）树状拓扑　　　　　　　　　　　　（c）环形拓扑

（b）总线拓扑　　　　　　　　　　（d）干线冗余保护的树状拓扑

图3-29 PON系统的组网方式

　　由于ONU 设备的安装位置有很高的灵活性，既可以设置在路边，又可以放在建筑物、办公室或居民住宅内，因此按照 ONU 在用户接入网中所处的位置，可以将光纤接入网划分为光纤到路边（FTTC）、光纤到大楼（FTTB）、光纤到办公室（FTTO）和光纤到户（FTTH）。对于 FTTC 或 FTTB 网络，ODN 仅仅分布到路边或楼道，再通过电话线、双绞线（局域网）、同轴电缆等入户，对于 FTTO 或 FTTH 网络，ODN 直接分布到办公室或居民住宅内，具体如图 3-30 所示。

　　对于 FTTC，ONU 设置在交接箱处，用户与 ONU 仍用双绞线或同轴电缆连接。FTTC 通常为点到点或点到多点结构，一个 ONU 可为一个或多个用户提供接入服务。FTTC 是一种介质混合结构，通常采用"FTTC+xDSL"技术或"FTTC+HFC"技术。从目前来看，FTTC 提供速率在 2Mbit/s 以下的窄带业务。

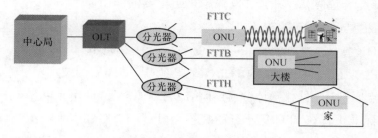

图3-30　FTTx系统结构

对于 FTTB，ONU 设在办公楼或居民住宅楼内的某个公共地方，用户与 ONU 用超五类非屏蔽双绞线（或更高等级线）连接。FTTB 为点到多点结构，一个 ONU 为多个用户提供接入服务。FTTB 通常采用"FTTB+ 以太网"接入技术，适用于高密度及需提供窄带和宽带综合业务的用户区。

对于 FTTH/FTTO/ 光纤到房间（FTTR），ONU 直接放在用户家里 / 办公室 / 房间中，中心局与用户之间采用光连接和光传输，接入网内无任何有源设备，是一个真正的透明网络。FTTH/FTTO/FTTR 是一种真正意义上的宽带接入技术，是用户接入网的长远发展目标。

注意：FTTH 与 FTTO 的应用场合不同，FTTH 和 FTTR 更适合分散的个人用户的接入；FTTB、FTTO 更适合单位和密集小区用户的接入。FTTH 与 FTTR 涉及的每一个用户都需要专用的 ONU 和光纤进行接入，因此成本较高。

3.5.3　接入网发展趋势

当今，宽带网络是国家最为重要的基础设施之一。随着技术的进步及全社会信息化进程的加快，宽带网络作为信息化发展的基础性资源，其影响力早已超越了传统信息通信行业，成为社会政治、经济、文化、金融等活动的基石。随着"宽带中国"战略的进一步部署，通信服务的种类越来越多，而且相应的质量要求越来越高。

我国接入网的发展方向主要在以下方面。

① 宽带化。高带宽的消耗业务逐步涌现，宽带提速成为迫切需求。

② 业务接入综合化。各种传统网络技术的业务接入逐步走向融合，向多业务承载方向发展。这不仅要求接入网能够实现各种接入技术，更需要以统一的 IP 作为所有业务的接入平台，在很好地承载各类业务的同时，保证业务质量。

③ 无线化及移动化。根据场合的不同，对无线 / 移动的技术要求也不同，相应技术对业务的支持能力也不同，提供了接入方便性。

④ 光纤化。随着光纤在长途网、城域网乃至接入网主干段的大量应用，光接入技术将成为接入网主要采用的技术之一，最终实现光纤到用户。

随着无线通信特别是移动通信技术的迅速发展，宽带技术和移动通信技术结合而诞生的宽带无线接入技术日益受到重视。可以预见，在下一代宽带接入技术中，宽带无线接入将成为宽带光接入网的有效补充，并发挥越来越重要的作用。

下面介绍两种具体的宽带接入技术。

（1）50G PON 接入技术

目前 10G PON 已规模商用，50G PON 是 10G PON 后的技术发展方向，2023 年首批 50G PON 试点项目已上线，预计 2024 年将成为 50G PON 商用元年。2021 年 4 月 23 日，50G PON 国际标准正式在 ITU 第十五研究组（ITU-T SG15）大会上决议通过，这标志着 50G PON 已经完成基础功能的标准化，为下一步的产品研发和解决方案落地奠定了基础。50G PON 和 10G PON 技术的关键功能性能对比如表 3-4 所示。

表 3-4 50G PON 和 10G PON 技术的关键功能性能对比

条目	50G PON	10G PON
线路速率（下行）	49.7664Gbit/s	9.95328Gbit/s
线路速率（上行）	9.95328/12.4416/24.8832/49.7664Gbit/s	2.48832/9.95328Gbit/s
线路编码	NRZ	NRZ
FEC	LDPC（17280，14592）	RS（248，216）
静默窗口	支持在 DAW 上开放	仅在业务波长上开放
CO-DBA	支持	不支持
每 T-CONT 每 125μs 最大突发帧	16	4
ODN 共存	与 10G PON 共存	与 GPON 共存
通道绑定	支持传输汇聚（TC）层通道绑定	支持业务层通道绑定
切片	支持	不支持

（2）可见光无线通信技术

可见光无线通信技术又称"光保真"（LiFi）技术，是一种利用可见光（如灯泡发出的光）进行数据传输的全新无线传输技术，即利用电信号控制 LED 发出的肉眼看不到的高速闪烁信号来传输信息，如图 3-31 所示。

图3-31 可见光通信技术

▌拓展阅读

通信行业作为未来智能世界的基石，通过影响人们的工作、生活方式，深刻地改变了世界。

根据 GeSI 发布的 *SMAR Ter 2030* 报告的预测，通过持续提升 ICT 设备能效，ICT 行业的碳排放量占全球碳排放量的百分比将不断降低。广泛地部署 ICT，可以助力其他行业大幅减少碳排放量，预计到 2030 年，减少的碳排放总量将达到 ICT 行业自身碳排放量的 1/10 左右，这个预测非常鼓舞人心。节能减排目标的实现，离不开所有具有社会责任感的运营商与设备供应商的共同努力。

光纤是一种绿色介质，相比铜缆，可以节省 60% ~ 75% 的能耗，光背板技术把超过 1000 根光纤印刷到一张 A4 纸大小的光背板上。全光交叉系列产品可节省 90% 的机房空间，降低 60% 的功耗。

3.6 本章小结

1. 传输网位于通信网的底层，是通信网的重要组成部分。传输网主要负责信息的传输，类似于现实社会中的高速公路，其发展水平往往限制了上层业务网的发展。但上层业务网的迅速发展，也对传输网提出了更高的要求，推动了传输网技术的快速进步。

2. 光纤从内到外依次为纤芯、包层和涂覆层。按照不同的分类标准可以分为不同的光纤种类，如按照光纤中传输的模式数量可以分为单模光纤和多模光纤。

3. 光纤基于光的全反射原理传输光信号。单模光纤的传输特性优于多模光纤。

4. 光纤的传输特性主要包括损耗特性和色散特性。光纤损耗直接影响光纤通信系统的传输距离，而色散对光纤通信系统的通信容量和传输距离至关重要。

5. 光纤通信系统由电端机、光发射机、光纤、中继器与光接收机组成。光发射机将电信号转化成光信号，并耦合进光纤传输。在接收端，光接收机将收到的光信号还原成电信号。中继器对光信号进行放大和整形，实现光信号的长距离传输。光纤则承载光信号。

6. SDH 是一种传输的体制，定义了一整套可进行同步数字传输、复用和交叉连接的标准化数字信号的等级结构，规范了数字信号的帧结构、复用方式、传输速率等级和接口码型等特性。

7. MSTP 技术是一种基于 SDH 的技术，能够实现 TDM 业务、ATM 业务、以太网业务等多种业务的接入、处理和传输，提供统一网络管理的 MSTP。

8. PTN 是 IP/MPLS、以太网和传送网技术相结合的传输技术，以分组作为传输单位，以承载电信级的以太网业务为主，兼容 TDM 业务、ATM 业务和快速以太网业务。

9. DWDM 能够实现在一根光纤中传输多个波长的光信号，从而实现通信容量成倍地增加，是目前一种主要的扩容技术。

10. OTN 是一种全新的光传送技术，结合了 SDH 和 WDM 两种技术的优势，以 WDM 技术为基础，借鉴了 SDH 的开销思想，引入丰富的开销，使 OTN 真正具有 OAM 和网络保护的能力，同时引入了带外 FEC 技术，提升了线路的容错性。

11. ITU-T 针对电信接入网和 IP 接入网提出了两种关于接入网的定义。接入网按通信线路分为有线接入网和无线接入网两大类。有线接入网广泛应用 PON 接入技术。PON 由 OLT、ODN 和 ONU 组成。

3.7 思考与练习

3-1 请说明光纤的基本结构，以及各部分的功能。

3-2 色散对光纤通信系统有哪些影响？

3-3 光纤通信的定义是什么？

3-4 光纤通信的优点是什么？

3-5 光纤通信系统由哪些部分组成，并说明各自的功能。

3-6 DWDM 的优点有哪些？

3-7 OTN 支持哪些速率等级？是如何规定的？

3-8 请列举出几种目前最常见的接入网技术。

第4章
电话网与IMS技术

04

（1）了解交换的基本概念；

（2）掌握主要的交换技术；

（3）了解电话网的基本概念和编号计划；

（4）理解电话网的网络结构；

（5）掌握电话网的路由选择；

（6）认识现代通信支撑网，理解同步网及其工作方式，了解信令网和网管网；

（7）了解软交换与IMS的区别；

（8）了解IMS的体系架构、编号和流程。

4.1 现代交换技术

4.1.1 交换的基本概念

1. 交换概念的引入

亚历山大·贝尔通过电话传出第一句话，掀开了人类通信史的全新篇章。为满足不同的通信需求，人们采用各不相同的通信方式和多种多样的通信手段，传输丰富多彩的通信内容。

最简单的通信方式即点到点的通信，但是人们希望与所有其他的用户实现多用户之间的自由通信。而要想实现互联，最直接的方法就是在用户终端之间采用网状网的组网方式，如图 4-1 所示。网状网是一种比较复杂的组网方式，当用户终端数量较多或通信距离较远时，则需要大量的线路来保证通信，这会耗费巨大的投资，经济性变差，且在现有用户终端数量的基础上再增加 1 个用户终端，则需要额外增设 N 条线路并同时配置这些线路的接口，大大提升了扩容与维护的难度。

鉴于以上弊端，网状网组网方式仅适用于用户终端数量较少、地理位置相对集中且对可靠性要求高的场景。当用户终端增多时，就需要引入具有交换功能的设备（交换设备）——交换机。如图 4-2 所示，各个用户终端不再两两互连，而是与交换机直接相连，并由交换机控制通信电路连接。交换机被视为具备交换功能的开关，并在通信的过程中，实现了任意两个用户终端间的通信线路的连通（接续）和断开（拆除）。在引入交换设备后，网状网结构变为 T 形结构，在实现任意用户终端之间通信的同时，节省了线路投资，提高了组网的灵活性。

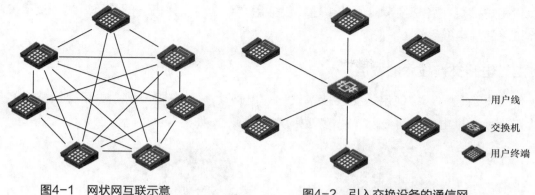

图4-1　网状网互联示意

图4-2　引入交换设备的通信网

（图例）用户线　交换机　用户终端

2. 具有交换节点的通信网络

在引入交换设备之后，用户之间的通信不再是点到点的通信，而是形成了多点协作的通信网。当用户分布较广时，需要增加交换设备，并将这些交换设备组成网络，来实现多用户终端的接入，而每一个交换设备可视为通信网的一个交换节点，具有交换节点的通信网构成如图 4-3 所示。

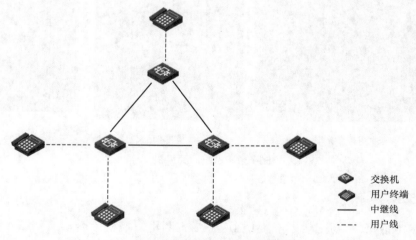

（图例）交换机　用户终端　中继线　用户线

图4-3　具有交换节点的通信网构成

由此可见，通信网是一种使用交换设备和传输设备将分散在各地的用户终端互相连接起来，从而实现通信和信息交换的系统。因此终端设备、交换设备和传输设备共同构成了通信网硬件系统。

终端设备是通信网的外围设备，是通信网中的信源和信宿，其主要功能是实现信息的转换与匹配。交换设备是通信网的核心设备，是组网的关键。常见的交换设备有电话通信网中的电话交换机、以太网中的以太网交换机、互联网中的路由器、蜂窝移动通信网中的移动交换中心等。交换设备主要负责路由选择和接续控制，其根据信息发送端的要求，选择正确、合理、高效的传输路径，并把信息从发送端传送到接收端。传输设备主要负责用户信息在各交换节点间的传输，包括用户终端与交换机之间的用户线、交换机和交换机之间的中继线等。

4.1.2　电路交换技术的发展

传统电话通信网中使用的交换技术被称为电路交换（CS）技术，电路交换技术经历了人工交换、机电式自动交换、程控交换等几个阶段，如图 4-4 所示。

（a）磁石式电话交换机

（b）共电式电话交换机

（c）步进制电话交换机

（d）纵横制电话交换机

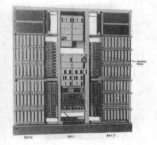
（e）No.1 ESS程控交换机

图4-4　各阶段交换机

1．人工交换

每个用户电话机均通过塞线与塞孔相连，当主叫用户摘机后会形成回路，指示灯亮可直接与话务员通话。话务员则根据主叫用户的需求将双方通过一对线路连接起来实现通信。根据不同的电源供给方式，人工电话交换机可分为磁石式电话交换机和共电式电话交换机两种。磁石式电话交换机将干电池作为通话电源，需要通过手摇发电机发送呼叫或拆线信号。共电式电话交换机可为用户电话机统一提供通话时所需要的电源，用户电话机通过直流环路的闭合向交换机发送呼叫信号。人工电话交换机由于采用人工接线，接续速度慢、效率低，适合早期业务量较小的通信场景。

2．机电式自动交换

机电式自动交换经历了从步进制交换到纵横制交换的发展历程。步进制自动电话交换机的用户通过电话机拨号盘发送直流脉冲信号来控制交换机中的选择器，从而实现电话的自动接续。纵横制自动电话交换机采用纵横制接线器，有杂音小、通话质量好、寿命长、易维护等特点。此外，纵横制自动电话交换机采用公共控制方式，将控制功能与语音业务相分离。这样，可以独立设计公共控制部分，功能增强且接续速度快，灵活性高，便于进行汇接和路由选择，易于实现长途电话的交换自动化，它是程序控制方式交换的萌芽。

3. 程控交换

把电话接续过程预先编成程序存入计算机，再用计算机运行程序控制电话的接续，这就是存储程序控制交换机，简称"程控交换机"。1965 年，美国贝尔电话电报公司研制出了世界上第一台程控交换机"No.1 ESS"，它是交换技术发展中又一个里程碑式的转折点。1970 年，法国开通了首台数字交换机"E-10"，从此进入了数字交换的新时代。

程控交换机比机电式自动交换机的灵活度高、适应性强，能够提供多种依靠软件才能实现的服务，如呼叫等待、呼叫转移、短号、电话会议等。控制和业务的分离，使得在某一数据链路上集中传送若干话路的信令信息成为现实，大幅提高了信令传输和处理的效率，提高了交换的能力。由于使用了软件技术，硬件设备的监测与诊断、话务数据的统计和分析、用户数据和局数据的配置和修改等一系列的操作及管理更容易实现自动化。

程控交换机有两类功能：第一类是语音功能；第二类是透明承载功能，如传真、拨号上网等。

程控交换机主要由话路系统和控制系统两大部分组成，如图 4-5 所示。其中话路系统包括用户电路、用户集线器、数字中继器，提供控制信息的信令设备等部件，以及实现交换功能的数字交换网络和用户处理机等。

话路系统分为用户级和选组级两个部分。其中用户电路和用户集线器统称为程控交换机的用户级。用户电路是用户线与交换机的接口电路，通过用户线连接用户终端。用户电路具备七大功能，分别是馈电、过电压保护、振铃控制、监控、编译码和滤波、二 / 四线混合电路、电路测试，将这些功能的英文首字母组合起来，即"BORSCHT"。若每个用户都占用交换机的一条话路，则资源利用率会比较低。因此，为了提高传输效率，采用用户集线器来集中话务。数字交换网络是整个话路系统的核心设备，用于提供连接及信号的交换功能。

控制系统则由中央处理系统、运维管理系统和 I/O 接口组成。中央处理系统主要负责存储各种控制程序和一些动态数据，并对这些数据进行分析和处理。同时，还会向话路系统及各个设备发送控制指令。该系统主要包括中央处理器、存储器、维护处理机等设备。

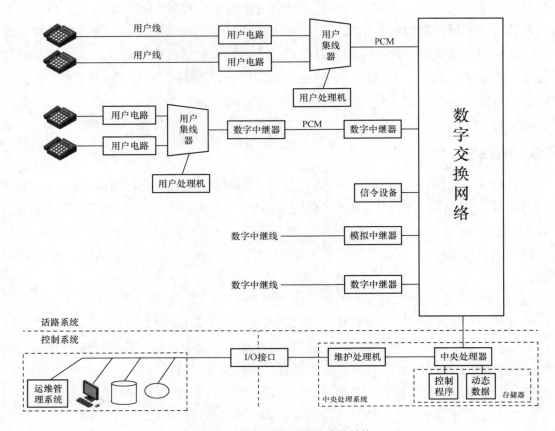

图4-5 程控交换机总体功能结构

▌拓展阅读

　　1986 年，中国集合了全国优秀的 15 名计算机方面的科研人才。历经多年辛勤工作，他们在 1991 年成功研制出程控交换机。该交换机采取逐级分布式控制体制和全分散复制式 T 形交换网络两大体系，在技术上属世界首创。中国掌握了程控交换机技术之后，那些依靠该项技术形成的贸易壁垒逐渐被打破。

4.1.3　主要的交换技术

1. 电路交换

（1）电路交换

　　电路交换是现代通信网中最早出现的一种交换形式。电路用于在通信过程中承载用户业务，它可以是实实在在的物理线路，也可以是抽象的物理信道，如一个频段或者时分复用链路上的一个时隙。人工电话交换机最早采用这种方式实现用户信息交换，机电式自动交换机和程控交换机同样基于此方式实现用户信息交换。

　　电路交换是一种实时交换，它需要通过在通信双方之间建立起一条专用的传输通道来完成双方的信息交互。如果没有空闲的电路，将不能建立呼叫连接，从而导致呼叫失败。为了保证良好的服务质量和用户体验，需要配备足够的连接电路，使呼损率控制在服务质量所要求的范围内。图 4-6 中以模拟电话用户 A 与 B 之间通话过程，以及 C 与 D 之间通话过程为例，描述了电路交换的基本过程所包括的 3 个阶段，即连接建立阶段、数据传输阶段和连接释放阶段。

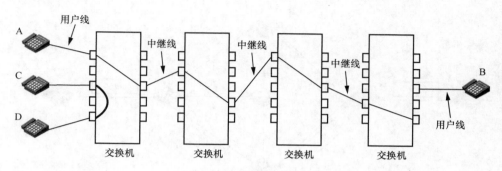

图4-6　电路交换

　　通信双方之间的连接一旦建立起来，该连接将被这两个用户独自占用，即便通信空闲（通话暂时停顿或者数据暂时停止传输），物理连接也必须保持，且不被其他用户使用，这种状态将持续到通信结束、连接释放。可见，电路交换的电路利用率较低，连接建立存在一定时延，但在连接建立成功后，信息可实时传送，传输时延可忽略不计，并且在信息传输的过程中无额外的差错控制措施。因此，电路交换多被用于电话通信、文件传送、高速传真等业务，而不适合突发或对差错敏感的数据业务。

　　（2）多速率电路交换

　　多速率电路交换（MRCS）对传统电路交换进行了进一步的改进，它通过交换网络设置基本速率和倍数为业务提供差异化的服务。由于基本速率较难确定，且只能选择基本速率的整数倍的速率，与传统电路交换相比，它只带来了一定程度上的灵活性，但它又对硬件的要求较高且不能满足突发业务的要求，因此应用并不广泛。

　　（3）快速电路交换

　　快速电路交换（FCS）是为了弥补传统电路交换中分配固定带宽的缺点和提高灵活性而提出的。在呼叫建立时，快速电路交换根据用户请求信息确定通信所需要的带宽和路由编号，并将这些内容填入对应的交换机中。此时只是建立了一个虚电路，只有当用户真正开始传输信息时，才会激活虚电路建立物理连接，分配资源。因此有可能存在资源不足而无法激活虚电路的情况。

2．分组交换

　　为了解决电路交换中各类终端的互通问题和改正通信电路利用率低等缺点，人们提出了利用存储－转发机制的报文交换思想。在该交换方式下，交换机通过对电路的速率和编码格式等进行适配，以确保各类终端之间的通信顺利进行。另外，在信息传送的过程中，报文交换不需要建立连接，也不会在空闲状态下占用电路资源，因此电路利用率较高。在报文交换过程中，信息是报文，它包括报头、正文和报尾 3 个部分。报头存储地址；正文存储用户信息；报尾则提示报文结束，且可省略。当报文较大时，对交换机的处理能力和存储能力提出了更高的要求。报文交换如图 4-7 所示（报文交换仅用于电报通信）。

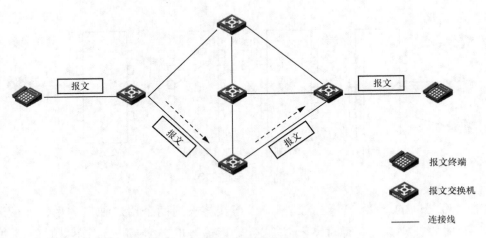

图4-7　报文交换

为了解决报文交换中的存储和实时性问题，引入了分组交换，如图 4-8 所示。分组交换同样采用存储－转发机制，传输的信息是报文，且被划分为格式统一的分组数据包。具体实现是发送端将需要传送的信息分成标好序号的若干分组，并令这些分组在网络中独立进行存储－转发，在接收端，再将收到的分组按照标记的序号重新按顺序组装，还原成原始信息。分组格式统一且分组长度短小，便于交换机进行快速存储－转发。

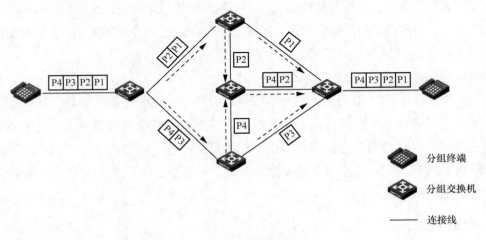

图4-8　分组交换

分组交换有虚电路和数据报两种工作模式。虚电路类似于电路交换，属于面向连接的方式。终端在传输数据之前，必须建立虚拟的逻辑连接，然后顺序发送数据，分组数据在接收端无须重新排序，通信完成后用户要清除连接，在同一条物理链路上可以建立多个逻辑虚电路，以实现资源共享和提高线路利用率。数据报类似于报文交换方式，把每个分组当作一个报文来传输，分组交换机根据每一个分组中包含的目的地址信息独立寻址选择路由。这种选择会导致各个分组沿不同路径无序传输，这样的好处是每个分组数据历经的路由是不同的，它们所经过的信道的衰落特性也不同，相当于获得了分集的效果，提高了抗干扰的性能。但是由于分组数据是无序传输的，也需要在接收端按照发送时的标号重新对各个分组进行排序。虚电路和数据报两种工作模式对比如表 4-1 所示。

表 4-1　虚电路和数据报两种工作模式对比

对比项目	虚电路	数据报
连接	需要建立	不需要建立
目的地址	仅在建立连接阶段使用，之后使用短的虚电路号	每个分组都有完整的目的地址
路由选择	同一条虚电路的分组沿同一路由转发	独立进行路由选择和转发
分组到达顺序	保证分组有序到达	不保证分组有序到达
故障适应性	所有经过故障节点的虚电路均不能正常工作	如在故障节点丢失分组，可以选择其他路径实现正常传输
流量控制、差错控制	由交换网负责	由用户主机负责

与电路交换相比，分组交换的主要特点具体如下。

① 分组交换采用统计时分复用的方式，进一步提高了传输通道的共享程度和复用率，并且能够为上层应用提供灵活的可变速率带宽，更适用于视频等业务。

② 分组进入交换机后，快速排队处理，确定下一条路由，这种存储－转发机制需要的时间很短，传输的总体时延基本能满足绝大多数场景的实时性要求。

③ 分组交换引入了逐段差错控制和流量控制，对于实时性要求不高的业务，可以有效提高传输效率、提升业务体验。

3. 快速分组交换

随着光纤逐渐成为通信传输的主要媒介，光纤的误码率较低和容量较大的特性使得光传输网络不需要再过多关注复杂的差错控制和流量控制，而将精力放在实现高速率、高吞吐量、低时延等核心功能上。在此背景下，以帧中继、ATM 交换、IP 交换为代表的快速分组交换技术应运而生。

（1）帧中继

帧中继技术对 X.25 分组交换技术进行简化和改进后主要被用于局域网的高速互联业务中。为了解决分组协议中逐段的差错控制和流量控制带来的时延变大、传输效率变低等问题，针对帧中继提出了如下设计理念。

① 将 X.25 分组协议中的差错控制和流量控制的功能去除。网络只负责差错检测，发

现差错直接丢弃，不再重发。

② 将 X.25 分组协议的三层功能简化为两层，并在第二层实现复用和传送。

③ 将用户面与控制面分离，并在各自独立的虚电路上传递对应的分组信息，以提高网络传输效率。

（2）ATM 交换

ATM 交换也属于快速分组交换技术，其最大的特点是它的交换数据单元（信元）长度是固定的，因此又被称为信元交换。由于信元长度固定且较短，因此在交换过程中，控制、交换、缓冲区管理等容易实现，且时延更小、交换效率更高。另外，ATM 交换还结合了分组交换中统计复用和虚电路的技术优势，当网络允许建立虚连接时，可请求预留资源，以保证实时业务的服务质量。ATM 交换引入了适配层，与特定业务相关的功能均在该层实现，以此来支持区分业务的能力，这成了基于 ATM 交换技术的网络与其他面向单业务的网络间的重要区别。

基于上述的特点，ATM 交换技术被认为是早期宽带综合业务数字网的首选技术。但在同时期，以 IP 交换技术为核心的互联网发展快速，特别是以太网技术的高速发展，其接口速率迅速达到甚至超过了 ATM 提供的标准宽带速率，而且以太网用户数量众多，ATM 交换技术并未在公众网中得到大范围的直接应用。但 ATM 交换技术因其独特的技术优势，在一些特殊的专网中仍然在发挥作用。

（3）IP 交换

IP 交换技术将 ATM 交换技术与 IP 技术相融合，利用第三层协议中的信息来加强第二层协议的交换功能。IP 交换主要有叠加模型和集成模型两大类。

在叠加模型中，IP 层运行在 ATM 层之上，其采用 ATM 和 IP 的两套地址、两套选路协议及地址解析功能，来完成 IP 地址到 ATM 地址的映射，这种模型的地址和路由功能重复，资源占用多，分组传送效率低。

集成模型主要有 IP 交换、Tag 交换和 MPLS。集成模型将 IP 技术和 ATM 技术结合，只使用 IP 地址和 IP 选路协议，不再需要进行地址解析，也不再涉及 ATM 信令，但需要专用的控制协议来实现三层选路到二层直通交换设备的映射。

这两种模型的本质都是结合 IP 选路的灵活性、鲁棒性及 ATM 的大带宽、高速率等特点来实现交换效率的提升。

4.2 固定电话通信网

4.2.1 电话网的基本概念

公用电话交换网（PSTN）是一种用于全球语音通信的电路交换网。公用电话交换网是实现固定电话用户间通信的传统网络。

1. 电话网的构成

一个完整的电话网包含用户终端、交换系统、传输系统等硬件部分，以及实现网络信息控制的信令系统。

用户终端的主要功能是完成信息的转换与匹配，即声电转换。用户终端将发送的声音等信息转换成适合在信道上传输的电信号，将接收的电信号还原为用户的声音等信息。用户终端除了发送用户信息，还要发送和接收相应的信令以完成一系列控制，确保信息的有效、准确传输。电话网中的用户终端设备一般是模拟电话机、数字电话机或传真机等。

交换系统主要负责路由选择和接续控制等交换工作。电话网中的交换设备一般是电话交换机，它通过分析主叫终端发出的被叫号码来选择合适的路由，为主、被叫终端建立连接以完成接续，并在通信结束后完成链路释放和拆除等工作。因此交换系统需要具备发现用户摘机、用户挂机、接收识别用户号码、流量监控、计费等管理和控制功能。

传输系统主要负责将用户信息以光信号或电信号的形式，在各交换节点间传输。传输设备是连接网络节点（包括网络中具有发送或接收信息功能的终端设备、交换设备等）的媒介，能够将终端设备和交换设备连接起来形成通信网络。电话网中的传输系统一般包括用户线、中继线和传输设备，用户线负责电话机和交换机之间的信息传递，而中继线则负责交换机之间的信息传递。

用户终端（电话机）通过交换机接入网络，并经传输系统与其他终端相连，构成电话网的硬件系统。为了使电话网中的终端能真正实现信息的交互，并保持高效准确的通信，还需要进行软件系统控制，如电话网中各个节点设备运行必须遵循约定的规则和协议。电话网中的信令系统为用户间的通信提供了以呼叫建立、释放为主的各种控制信号，确保了在电话网中有效、准确地传输信息。

图 4-9 展示了一个简单的电话网，在电话中直接连接电话机或终端的交换机被称为市话交换机，相应的交换局被称为端局或市话局；当交换的范围较大时，即使增加多个交换节点也无法构建完全网状结构，此时就需要引入汇接交换节点，即汇聚交换机。汇聚交换机与其他交换机连接。当两个交换机之间相距较远，须用长途线路连接时，此时汇聚交换机又被称为长途交换机，交换机之间的线路被称为中继线。在一般情况下，长途电话网中的汇接交换节点也会分级，以便逐级向上汇接，形成交换网络。

2. 电话网分类

电话网按照不同的分类依据，有如下两种分类。

① 按照业务范围不同，电话网可分为公用电话网、专用电话网。

② 按照所覆盖的地理范围不同，电话网可分为本地网、长途网（国内长途网和国际长途网）。

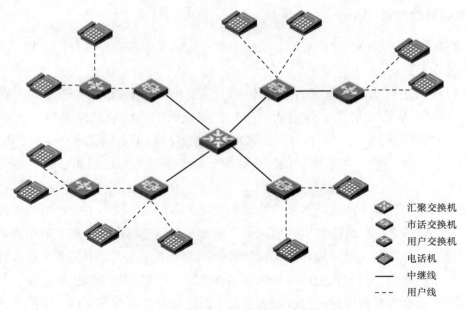

图中图例：
- 汇聚交换机
- 市话交换机
- 用户交换机
- 电话机
- —— 中继线
- ---- 用户线

图4-9 典型的电话网构成

4.2.2 电话网的网络结构

1. 电话网等级结构

电话网分为多级汇接的等级网和无级网两种网络。在等级网中，每个交换中心都有一定的等级，不同等级的交换中心采用不同的连接方式，低等级的交换中心需要逐步向高等级的交换中心汇聚，形成多级辐射的星形网络，而最高级的交换中心则直接互联，形成网状网，等级网一般是复合网。而在无级网中，每个交换中心都处于相同的等级，各个交换中心之间采用网状结构相连，根据对网络鲁棒性的需求，这种网状结构可以是完全网状网也可以是不完全网状网。

我国电话网采用等级网。在等级网的建设中，一般需要关注各个交换中心的话务流量、服务质量、建网费用等。在电话网建设初期，长途的话务流量与行政管理的从属关系一致，大部分话务流量在同区的上下级间，呈纵向特点。因此，我国电话网的网络等级被分为五级，由两大网组成。其中长途电话网由一、二、三、四级长途交换中心组成，本地电话网由第五级长途交换中心和汇接局组成，其结构如图 4-10 所示。

根据话务流量和行政区域，全国被划分为若干个大区，每一个大区设一个一级长途交换中心 C1。截

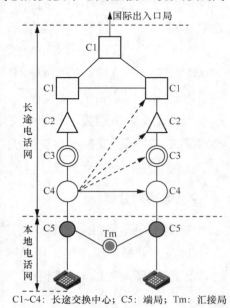

C1~C4：长途交换中心；C5：端局；Tm：汇接局

图4-10 五级电话网结构

止到 1992 年年底，北京、沈阳、上海、南京、广州、武汉、西安和成都 8 个核心城市设置了 C1；北京、上海和广州 3 个一线城市设置了国际出入口局。在此架构之下，依次设置省（区）的二级长途交换中心 C2，地区（市）的三级长途交换中心 C3，四级长途交换中心 C4。而本地电话网则设置了汇接局 Tm 和五级长途交换中心 C5（端局）两个等级的交换中心，由于汇接局 Tm 主要负责集散当地电话业务，根据需要也可以汇接本汇接区内的长途电话业务，此时它在等级上相当于四级长途交换中心。当话务流量较小且只有较少的长途话务流量时，可只设置端局 C5。端局 C5 通过用户线与用户直接相连，汇聚本局用户的去话业务和分配他局的来话业务。

这种结构可以实现从人工到自动化，从模拟到数字系统的快速过渡。但是也会引发一些问题，如层级太多导致接续时间过长、汇接局业务量大、接通率下降，当某个节点出现问题，极易造成局部的拥塞。同时，随着非纵向话务流量的逐渐增多，C1 和 C2 的直达电路增多，C1 的转接作用逐步减小，因此将 C1 与 C2 合并为一级长途交换中心 DC1。C3 覆盖区域不断增大形成扩大本地电话网，C4 的长途汇聚作用逐渐消失，将 C3 与 C4 合并为二级长途交换中心 DC2，本地电话网与五级电话网类似，由端局 DL（LS）和汇接局 Tm 组成。最终形成"两部分三级结构"的电话网结构，其中，"两部分"是指长途电话网和本地电话网，"三级"是指 DC1、DC2 和 DL（LS），如图 4-11 所示。

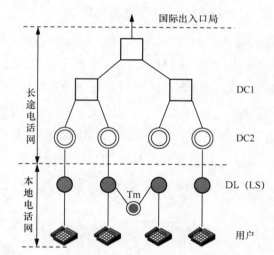

图4-11　"两部分三级结构"的电话网结构

DC1、DC2：长途交换中心；　DL（LS）：端局；　Tm：汇接局

2. 长途电话网

长途电话网简称"长途网"，国内长途网的任务是在全国范围内提供各个城市之间的长话业务，与本地网相比，长途网要求更高的稳定性和可靠性。为保证网络的鲁棒性，将长途网的网络结构设计为两层双平面结构，分别由 DC1 和 DC2 两级长途交换中心组成，二级长途网网络结构如图 4-12 所示。其中，DC1 为一级长途交换中心，主要完成汇接

所在省（自治区、直辖市）的省际长途来去话务和其所在本地网的长途终端话务的工作。DC1 之间以网状结构相连，形成高平面，即省际平面。DC1 与本省内的各二级长途交换中心 DC2 以星形结构相连，DC2 主要完成汇接其所在本地网的长途终端话务的工作，本省内的 DC2 则以网状结构或者不完全网状结构相连，形成低平面，又被称为省内平面。根据话务流量和流向，DC2 可以与非从属的 DC1 建立直达路由。在一些话务较少的地区，DC1 可以同时具备 DC1、DC2 的交换功能，而略去对 DC2 的建设。

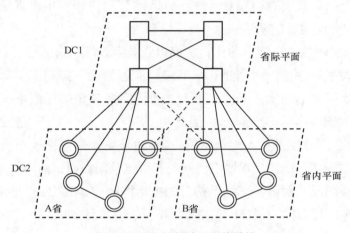

图4-12　二级长途网网络结构

国际长途网的任务是提供国家之间的电话业务，由国际交换中心和局间长途电路组成。国际长途网中的节点被称为国际电话局（国际局），一般每个国家都会设置几个国际局。用户的国际电话通过国际局来完成，国际局之间的电路称为国际电路。国际长途网的网络结构如图 4-13 所示。国际交换中心分为 CT1、CT2、CT3 这 3 个层次。CT1 之间均有直达路由，呈网状分布。CT1 到其所属的 CT2、CT2 到其所属的 CT3 也均有直达路由，这些路由呈星形分布，因此构成了国际长途网的复合型基干网络结构。CT1 和 CT2 只连接国际电路，在一般情况下，CT1 负责一个洲或者洲内一部分国家的话务和接续，数量极少，

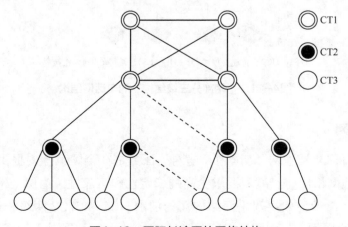

图4-13　国际长途网的网络结构

一般设在该区域内的业务量较大的国家或地区。由 CT1 负责的国家，若其汇接的国际业务量较大，则可以设置 CT2。其他国家设置 CT3 即可。CT3 作为国际出入口局（国际接口局），用于连接国际和国内电路，它是国内和国际长途电话的桥梁。每个国家可设一个或者多个 CT3，我国由于幅员辽阔、人口众多、业务量大，在北京、上海、广州等地都设有 CT3。

3．本地电话网

本地电话网简称"本地网"，是指在同一个长途编号区范围内，由所有的终端设备、传输设备、交换设备等组成的电话网。在该长途编号区内任意两个用户之间的电话业务，用户只需要按照本地区的统一编号拨打被叫号码即可实现，不需要加拨长途区号，这样可以方便用户使用，节约号码资源。

根据用户的规模和端局的数量，本地网的结构可以分为网状结构和二级网结构。

网状结构适用于用户规模较小的情景，在网络中仅设置端局，各个端局之间呈完全网状连接结构，如图 4-14 所示。当本地网的容量达到百万级时，分局的数量将达到几十个、上百个，这些分局若还采用完全网状连接结构，局间中继线数量和长度都将呈指数级增加，成本急剧上升。因此需要将本地网内分区，采用二级网结构，如图 4-15 所示。

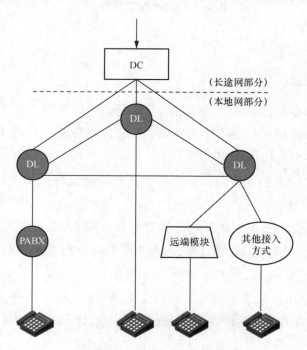

图4-14　本地网网状结构

在二级网结构中，本地网设置端局 DL 和汇接局 Tm 两个等级的交换中心。本地网被划分成若干个汇接区，在汇接区内设置汇接局，各个汇接局之间呈网状结构相连。在汇接区内的汇接局下设置若干个端局（又称为分局），汇接局与其所属的端局之间呈星形网结构相连。若业务量较大，则可以在任意一个汇接局与非本汇接区内的端局之间，或者在本汇接区内的端局与端局之间设置直达的电路群。同时，也可以根据用户的业务需求，在端局以下设置远端模块、用户集线器或者用户交换机等。但这些设备只能和其所属的端局之间建立直达中继电路群。

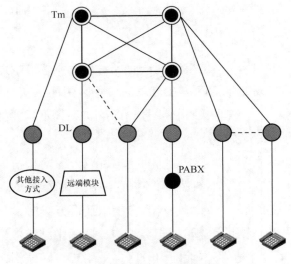

图4-15　本地网二级网结构

4.2.3　路由选择

1. 路由的基本概念

在电话网中，路由是指从源节点到目的节点的一条信息传送通路。它可以由单段链路组成，也可以由多段链路经交换中心串接而成。而链路是指两个长途交换中心之间的一条直达电路或电路群，又称中继线路。

长途交换中心之间的局间电路根据不同的呼损指标进行分类。根据呼损指标的不同，可将路由分为低呼损路由和高效直达路由。其中，低呼损路由包括基干路由和低呼损直达路由。根据路由的选择顺序，路由又可分为首选路由和迂回路由。

① 基干路由根据具有上下级汇接关系的相邻等级长途交换中心之间及长途网和本地网的最高等级长途交换中心之间的低呼损电路群组成。

② 低呼损直达路由由任意两个等级的长途交换中心之间的低呼损直达电路组成。

③ 高效直达路由由任意两个等级的长途交换中心之间的高效直达电路组成。由于没有呼损指标，因此高效直达路由的话务量可以溢出至其他路由。

④ 当一个长途交换中心呼叫另一个长途交换中心时，对目标局可以选择多个路由。其中，第一次选择的路由被称为首选路由，当首选路由遇忙时，就迂回到第二路由或者第三路由。此时，第二路由或第三路由被称为首选路由的迂回路由。由于高效直达路由的话务量可以溢出，因此其必须有迂回路由。

2．路由选择一般概念

路由选择的过程又被称为选路，是指长途交换中心根据呼叫请求在多个路由中选择一条最优的路径。对某一次电话呼叫而言，直到选到了可达目标局的路由，路由选择才算结束。

电话网的路由选择有等级制选路和无级选路两种。等级制选路是指在进行路由选择的过程中，对于从源节点到目的节点的一组路由，依照一定的次序进行选择，而不管这些路由是否已经被占用。无级选路是指在进行路由选择的过程中，被选路由无先后选择顺序，且可以相互溢出。

在进行路由选择时，有固定路由选择计划和动态路由选择计划两种方式。固定路由选择计划是指交换机的路由表一旦生成，在一段时间内保持不变，交换机按照路由表内指定的路由进行选择。若要改变路由表，必须进行人工修改。而动态路由选择计划是指交换机的路由表可以动态变化，如根据不同时间、状态或事件等动态变化。变化的原则可以预先设置，也可以根据实际情况适时调整。

3．路由选择原则

在分级电话网中，一般采用固定路由选择计划和等级制选路，即固定等级制选路。下面以我国电话网为例，介绍长途网和本地网的路由选择原则。

（1）长途网的路由选择原则

① 在任一长途交换中心呼叫其他长途交换中心时所选路由最多为 3 个。

② 路由选择顺序：先选直达路由，再选迂回路由，最后选最终路由。

③ 在选择迂回路由时，先选择直接到受话区的直达路由，后选经过发话区的迂回路由。选择迂回路由的顺序是先"自远而近"，后在主叫端"自上而下"。

④ 在经济合理的条件下，应使同一汇接区的主要话务在该汇接区内疏通，当在路由选择过程中遇低呼损路由时，不再溢出至其他路由，路由选择结束。

（2）本地网的路由选择原则

① 先选直达路由，遇忙再选迂回路由，最后选基干路由。需要注意的是当遇到低呼损路由时，不允许再溢出到其他路由，路由选择结束。

② 在本地网中，原则上端到端呼叫最多经过两次汇接，即串接电路总数不超过 3 段。当汇接局间不能互相连接时，端到端的最大串接电路数可放宽到 4 段。

③ 任何一次网内呼叫接续选择不超过 3 个路由。

图 4-16 所示为在跨两个 DC1 大区的端局之间进行路由选择示意。假设交换局 A 和交换局 B 之间有高效直达路由 L1。当交换局 A 用户要呼叫交换局 B 用户时，应先选高效直达路由 L1，当 L1 全忙时，按上述原则应依次选 L2、L3、L4 和 L5。这样的选择是为了能够充分利用高效直达路由，尽量减少转接次数及尽量少占用长途线路。

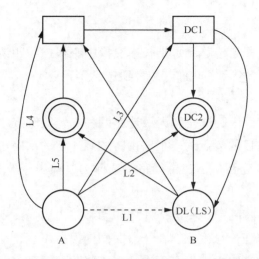

图4-16　在跨两个DC1大区的端局之间进行路由选择示意

4.2.4　编号计划

编号计划是指为本地网、国内长途网、国际长途网，以及一些特种业务、新业务的各种呼叫规定的号码编排规程。编号计划是电话网正常运行的一个重要规程，也是确保各类交换设备能满足各种接续的编号要求。电话网编号计划应遵循ITU-T E.164的建议，在编号时，应合理安排，充分利用号码资源，同时要为后期的发展留有余地，以应对在用户容量增加时号码位数的变动带来的影响，确保编号的稳定性。目前，国际号码最长为15位，我国国内有效电话号码最长可达13位。目前我国采用的是11位的编号计划，其具体编号原则如下。

1. 首位号码编号方案

① "0" 为国内长途全自动冠号。

② "00" 为国际长途全自动冠号。

③ "1" 为特种业务号码，包括紧急呼叫号码（110、119、120、122 等）、政府服务号码（12345、12315 等）和运营商客户服务号码（114、112、10000、10086 等）。

④ "2 ~ 9" 为本地电话首位号码，其中，"200" "300" "400" "500" "600" "700" "800" 为智能网业务号码，"9" 开头的是企、事业单位客户服务的号码（格式如 "95×××" "96×××"）。

2. 本地网编号方案

在一个本地网内应采用统一的编号规则，一般采用等位制编号，号码长度根据本地网规划的容量来确定，我国规定本地网号码加上长途区号的总位数不应超过11。本地网的用户号码包括局号和用户号两部分。其中局号为 1 ~ 4 位，用户号为 4 位，因此，可以将本地用户号码表示为 "PQRS（局号）+ABCD（用户号）"。在同一本地网范围内，用户之间相互呼叫时可直拨本地用户号码，即直接拨打"PQRSABCD"。

3．长途网编号方案

（1）长途号码组成

不同本地网用户之间的呼叫称为长途呼叫。在呼叫时需要在被叫本地电话网号码前加拨长途字冠"0"和长途区号，即长途号码的构成为"0 + 长途区号 + 本地电话网号码"。按照我国规定，除去长途字冠"0"，长途区号加上本地电话网号码的总位数不超过 11。

（2）长途区号编排

长途区号编排是将全国划分为若干个长途编号区，为每个长途编号区分配一个固定的编号。长途区号编排可采用等位制或者不等位制。我国幅员辽阔，各地区通信发展不平衡，每个区域的业务量、容量不尽相同，因此采用不等位制编号可以提高编号的效率，具体编排的规则如下。

① 北京的区号为"10"，其本地网号码最长只可以为 9 位。

② 大区中心城市及直辖市的区号为 2 位，其中，"20"为广州、"21"为上海、"22"为天津、"23"为重庆、"24"为沈阳、"25"为南京、"27"为武汉、"28"为成都、"29"为西安等，"26"为预留。同样，这些城市的本地网号码位数最多可为 9。

③ 除上述城市以外的其他省中心城市、省辖市及地区中心城市，区号为 3 位，编号为"$\times 1 \times 2 \times 3$"。全国的 7 个编号区用区号的首位"$\times 1$"表示，取值为"3 ～ 9"，"6"为台湾省；区号的第 2 位"$\times 2$"代表编号区内的省，取值为"0 ～ 9"；区号的第 3 位"$\times 3$"，省会为"1"，地市为"2 ～ 9"，如郑州区号为"371"、深圳区号为"755"。这些城市本地网号码位数最多为 8。

④ 长途区号"60""61"预留给台湾省。其余首位为"6"的号码为"$62\times \sim 69\times$"，共 80 个，可作为 3 位区号使用。

4．国际长途电话编号方案

在进行国际长途呼叫时，需要在国内电话号码前加拨国际长途字冠和国家号码，具体格式为"国际长途字冠 + 国际长途区号（国家码）+ 国内电话号码"。

① 大部分国家的国际长途字冠为"00"，如中国、印度、越南、德国等，美国和加拿大则使用"011"作为国际长途字冠，日本、韩国等使用"001"作为国际长途字冠，英国使用"00"作为国际长途字冠。由于各个国家的国际长途前缀不一致，因此增设了"+"作为全球通用的国际长途字冠。

② 国家码由 1 ～ 3 位数字组成，长度不等。根据 ITU－T 的规定，全球共分为 9 个编号区，我国属于第 8 个编号区，即东亚区，我国国家码为"86"。

③ 国内电话号码一般由国内长途区号和本地号码构成，具体由各个国家自行规定。

例如，号码为"84119999"的广州用户拨打美国某用户的号码"（201）437-2560"，则需要拨打"00-1-201-4372560"或拨打"+1-201-4372560"；反之，美国用户拨打该广州用户的电话号码，则需要拨打"011-86-20-84119999"或拨打"+86-20-84119999"。

4.3 电信支撑网

支撑网是保证网络业务正常运行所必不可少的网络，包括同步网和信令网。

4.3.1 同步网

同步网包括时钟同步网和时间同步网。

1. 时钟同步网

采用同步数字传送方式通信的两个设备之间，若发送方发送和接收方接收比特的频率不一致，则会出现码元丢失（快发慢收）或者码元重复（慢发快收）的情况，即滑码，影响通信质量。对于语音通信，若滑码不严重，则听者会听到"咯咯"的噪声；若滑码严重，则语音会严重失真，听者几乎完全听不清楚语音。

时钟同步是为了保证通信双方采用相同的工作频率进行信息的发送和接收，因此，也可称为"频率同步"。时钟同步网结构如图 4-17 所示。

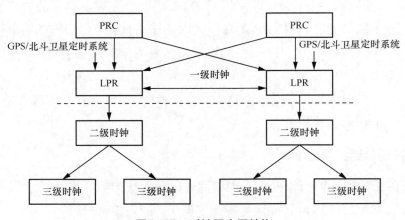

图4-17 时钟同步网结构

① 时钟节点：共分为 3 级，全国基准时钟（PRC）和区域基准时钟（LPR）为一级时钟，其中全国集中设置 PRC，分省设置 LPR；在本地设置二级时钟节点和三级时钟节点。

② PRC 节点：目前，以 GPS/ 北斗卫星定时系统为主用；在卫星定时系统不可用时，采用自身的双铯钟作为"时钟源"；PRC 是全网同步基准的根本保障。

③ LPR（每个省为 1 个区域）节点：目前，以 GPS/ 北斗卫星定时系统为主用；在卫星定时系统不可用时，同步于上级的主、备用两个 PRC；同时，LPR 内置双铷钟。在

PRC 与 LPR 之间通过省际传送网传送定时信号。

④ 二级时钟节点：同步于本省的 LPR，并内置双铷钟或高稳晶体钟；在上级 LPR 不可用时，将自身的双铷钟作为"时钟源"；在 LPR 与二级时钟节点之间通过省内传送网传送定时信号。

⑤ 三级时钟节点：同步于本地的二级时钟节点，在具备条件的情况下，也可直接同步于本省的 LPR，并将二级时钟节点作为备用；三级时钟节点也内置双铷钟、高稳晶体钟或晶体钟；在上级 LPR、二级时钟节点不可用时，采用自身的钟作为"时钟源"。在二级时钟节点与三级时钟节点间通过省内传送网传送定时信号。

时钟同步的典型应用场景：配置 TDM 中继电路的网元及采用 TDM 七号信令的信令点（SP）和信令转接点（STP）设备时需要接入时钟同步网，以获取时钟同步信号；采用同步传输模式（STM）的 SDH 设备时，需要接入时钟同步网，以获取时钟同步信号。

2．时间同步网

时间同步是为了使所有网元工作在一个相同的时间上。时间同步的应用场景有很多，时间同步可用在产生计费话单的核心网网元（如电话交换机、软交换机、IMS 网中的 IMS AS 等）；也可用于时分双工（TDD）无线网（TD-SCDMA、TD-LTE 等）中，使无线时隙对齐；还可用于网管中，使各网元生成网管数据的时间一致；在信令监测系统中，时间同步可用于信令采集设备，将采集到的信令消息打上"时间戳"。时间同步网如图 4-18 所示，由时间源、时间同步服务器、时间分配链路及需要时间同步的网元组成。

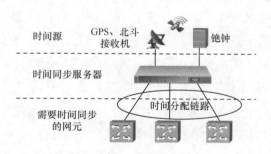

图4-18　时间同步网

时间同步网各组成部分的介绍如下。

（1）时间同步服务器，从时间源获得高精度时间信息，时间源通常为 GPS、北斗接收机等，当其不可用时，采用铯钟。

① 全球采用统一的"世界时"。

② 通常要求精度为纳秒级。

（2）可分级设置时间同步服务器，高等级的时间同步服务器将时间信息传送给低等级的时间同步服务器。

（3）时间同步服务器将时间信息通过时间分配链路传送给需要接收时间信号的网元。

（4）需要时间同步的网元，自主调控设备时间——仅当自身时间与接收到的时间信息偏差达到门限值时，才将自己的时间调整到基准时间。

业务网元获得的时间同步信号不仅会受时间源的影响，还会受传送方式的影响。

▎拓展阅读

1964 年，中国第一颗原子弹爆炸成功后，发射第一颗人造卫星就被提上日程。面对国外的技术封锁，我国老一辈科学家不畏艰难，协作攻克了一个个技术难关，先后自主研制生产了短波授时台和长波授时台的所有关键设备，国产化率达到了 100%。此后，长短波授时系统又经多次改造升级，始终保持着国际先进水平。

4.3.2　信令网

在通信网中，除了传递业务信息，还有一部分信息在网上流动，这部分信息不是传递给用户的声音、图像或文字等与具体业务有关的信号，而是在通信设备之间传递的控制信号，如占用、释放、设备忙闲状态、被叫用户号码等，这些都属于控制信号。信令就是通信设备之间传递的除用户信息以外的控制信号。信令网就是传输这些控制信号的网络。

1. 信令的分类

按用途可将信令分为用户信令和局间信令两类。用户信令作用于用户终端设备（如电话机）和电话局的交换机之间；局间信令就是在交换节点之间交互的信息，在固定电话中主要作用于具有中继连接关系的交换机之间，为用户建立电路连接。

信令网指的是局间信令的组网。不仅固定电话网需要信令网，智能网、移动通信网的电路域和分组域、IMS 网等也需要信令网。在各网络中的网元之间采用相应的信令协议完成信息交换，需要相应的信令网。固定电话网、移动核心网电路域和分组域及智能网采用七号信令协议；软交换网采用 H.248 信令协议、与承载无关的呼叫控制协议（BICC）或 SIP-T 信令协议；4G 移动核心网采用 Diameter 信令协议；IMS 网采用会话起始协议（SIP）信令协议和 Diameter 信令协议；5G 移动核心网采用 HTTP 信令协议。

2. 信令网的组成

电话网中的七号信令、2G 与 3G 移动核心网中的七号信令、4G 移动核心网中的 Diameter 信令、5G 移动核心网中的 HTTP 信令、IMS 网中的 Diameter 信令，既可以采用在相关网元（可称之为 SP）之间直接发送和接收的方式（直联方式）工作，也可以采用在相关网元之间通过信令转接点转发的方式（准直联方式）工作。准直联信令网通常由信令点、信令转接点和信令链路组成。根据转接的信令不同，准直联信令网可以分为七号信令准直联网、Diameter 准直联信令网、HTTP 准直联信令网。

（1）信令点

电话网中发送和接收信令并对信令进行业务处理的节点称为 SP，SP 包括源 SP 和目的 SP，通常把产生信息的 SP 称作源 SP，目的 SP 则为信令消息最终到达的 SP。

（2）信令转接点

具有信令转发功能，将信令消息从一条信令链路转发到另一条信令链路上的 SP 称作信令转接点。信令转接点有两种类型，一种是与交换设备结合在一起的综合型信令转接点，另一种是与交换设备分离的独立信令转接点。

（3）信令链路

在信令点之间、信令点与信令转接点之间、信令转接点之间传送信令消息的链路称作信令链路。

3．我国七号信令准直联网网络结构

我国的七号信令准直联网采用三级结构，如图 4-19 所示。第 1 级是高级信令转接点（HSTP），第 2 级是低级信令转接点（LSTP），第 3 级为 SP。信令点由各种交换局和特种服务中心（业务控制点、网管中心等）组成。原则上，一个省、自治区或直辖市为一个主信令区，在一个主信令区内，根据业务需求设置一对或者数对 HSTP，汇接所属 LSTP 和 SP 的信令消息。原则上一个地级市为一个分信令区，在一个分信令区内，一般设置一对 LSTP，汇接所属 SP 的信令消息。七号信令链路的底层最初采用的是基于 TDM 的速率为 64kbit/s 或 2Mbit/s 的链路，随着技术发展已逐步演进为 IP 方式，底层采用的是 SCTP/IP 协议栈。

与我国七号信令准直联网网络架构不同，在七号信令网之后发展的软交换技术采用了 BICC 信令和 H.248 信令、SIP 信令，以及移动通信网中无线接入网与核心网之间的信令，它们均采用在相关节点间直接通信的方式，不需要构建准直联信令网。

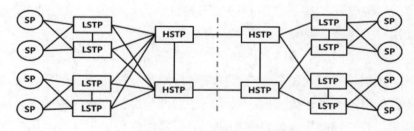

图4-19　七号信令准直联网结构

4．Diameter 信令准直联网和 HTTP 信令准直联网

Diameter 信令主要采用准直联方式组网，可采用与七号信令准直联网相同的网络架构，其中的信令转接点为 Diameter 路由代理，底层采用的是 SCTP/IP 协议栈。

5GC（5G）在 R15 版本中定义的网络仓储功能（NRF）网元为相关网元提供网络资源信息，相关网元查询网络资源库后通过直联 HTTP 链路与对端网元完成信令交互，由于 HTTP 信令底层采用的是 TCP 传输层协议，一方面网元之间维持大量的 TCP 连接需要消耗较多的设备资源，另一方面由于存在"流耗尽"，需要重建 HTTP/TCP 链路，进一步增加了对设备资源的占用，因此，3GPP 在 R16 版本中引入了服务通信代理（SCP）网元，使 5GC 的信令网也可采用准直联组网模式，即由 NRF/SCP 充当信令转接点的角色。HTTP 信令底层采用的是 TCP/IP 协议栈。

七号信令、Diameter 信令和 HTTP 信令均可映射为开放系统互连（OSI）七层协议栈。其中，Diameter 信令底层采用 SCTP/IP 协议栈；HTTP 信令底层采用 TCP/IP 协议栈；七号信令底层最初采用速率为 64kbit/s 或 2Mbit/s 的 TDM 传送方式，现已逐步演进至底层采用 SCTP/IP 协议栈。

4.4　IMS

4.4.1　IMS 的由来

1. NGN 的提出和软交换的局限性

IMS 往往会和另外一个很火的概念"纠缠"在一起，即下一代网络（NGN）。NGN 是一个用于区别现有网络的泛指概念，是一种能够提供综合电信业务的基于分组技术的融合网络，其最突出的特点是采用分层的体系架构进行网络搭建，层与层之间的分离使得组网更灵活，能够快速、有效地实现新业务，使网络具有高度可运营性和可管理性，且可以将网络资源的管理、分配和使用安全完全掌握在运营商手中。基于软交换技术的 NGN 和基于 IP 多媒体子系统（IMS）技术的 NGN 是 NGN 发展的两个关键阶段。其中，基于软交换技术的 NGN 实现了业务、控制与承载的分离，以及核心网 IP 承载，而基于 IMS 技术的 NGN 实现了固定移动接入在核心网层面的统一，运营商可以通过统一的 IMS 网络为固定和移动用户提供音 / 视频等多媒体业务。

软交换的概念最早起源于美国。当时企业为降低成本，希望用户采用基于以太网的电话，并采用呼叫控制软件替代用户级交换机来实现电路交换功能。这样，可以直接使用共享的局域网传输信息而无须建设专网，对网络的管理与维护也进一步减少。这种将传统的交换设备部件化为呼叫控制与媒体处理模块，并采用纯软件进行处理的思想很快被人们所接受，于是，软交换技术应运而生。其核心思想就是将呼叫控制功能、媒体承载功能和业务功能分离。软交换机不再处理媒体流和具体业务，只负责基本的呼叫控制，用户的接入由各个用户网关实现。

国际软交换联盟提出了广义软交换的概念，即软交换是指以软交换设备为控制核心的软交换网。软交换网分为接入层、传输层、控制层、应用层 4 个功能层次，图 4-20 所示。

其中，应用层在控制层的基础上向终端客户提供各类新业务，以及业务和网络的管理功能；控制层利用控制软件将呼叫控制功能与业务功能和媒体承载功能分开，实现功能的相互独立；传输层基于 IP 分组传送网为各种不同的业务和流媒体提供公共传输平台，并依靠该平台高效、准确地将数据传送到客户端；接入层则满足不同客户、各种类型终端的接入需求。

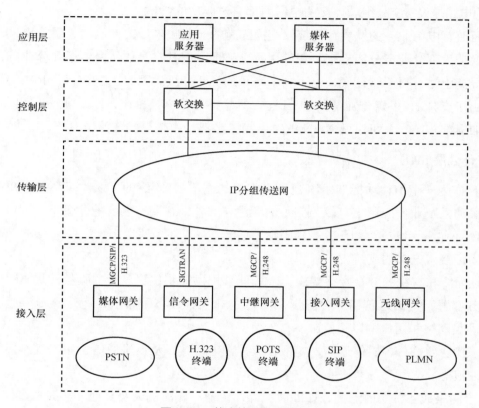

图4-20　软交换网的网络架构

与传统的电路交换网的集中控制结构相比，软交换网将呼叫控制功能分离出来，这就是软交换与传统的电路交换之间最明显的区别与优势，这种优势的具体体现如下。

（1）开放的网络架构

软交换采用开放的平台，将传统的交换机功能模块分离成独立的网络部件并可以利用普通 PC 实现，成本大幅降低。同时，网络部件之间可以采用标准协议，因此网络部件功能可独立发展。这种开放性和标准化有利于让多个厂家共同参与进来，以推动产业的快速发展；运营商也能更方便地根据业务需求选择不同厂家的优秀产品来组建网络，实现异构网络的互联互通，满足各种终端的接入需求。

（2）高效灵活的配置

在软交换网中，业务功能、呼叫控制功能和媒体承载功能实现了分离，业务提供与用户接入也实现了分离。这些分离使用户可以自行配置和定义自己的业务特征，而不需要关注传输网络和接入终端，同时也更方便第三方开发、提供灵活的应用和业务。

（3）基于分组网络

软交换网中的信令和媒体的传输均基于 IP 分组网络，传输网并不关心接入方式和业务特性。这样可以简化传输网络平台，更易于实现多种业务网的融合。

软交换技术的出现，使现有网络得以进一步向 NGN 演进。运营商在固定电话网、2G 和 3G 的电路域及 4G 分组域外接的电话网都有过成功的尝试。

然而随着电信业务的发展，传统软交换固有的一些缺陷日益被放大、暴露出来，如虽然软交换把大部分业务分离出来放在应用层上实现，但其本身依然保留了部分业务，在业务层的分离上进行得不够彻底，也不利于网元的灵活升级。因此，在 3GPP Release 5 版本中提出了支持 IP 多媒体业务的 IMS 这一概念，与软交换相比，IMS 的分层更加彻底，网络更加标准和统一，可以说 NGN 的发展趋势必然是由软交换过渡至 IMS。

2. 什么是 IMS

IMS 作为一个由移动标准组织 3GPP 提出的基于 IP 网络的多媒体子系统，在提出之初就在移动性及业务应用上有较为完善的考虑。此外，在网络融合的背景下，ETSI 下属的 TISPAN 委员会也把 IMS 引入其固定电话网 NGN 体系架构中，在 3GPP 的基础上增加了对固定接入方式的支持。

跨越无线和有线的融合网络架构，IMS 能够提供模块化、灵活的服务，并能够快速地实现业务部署，帮助运营商向服务提供商转变。IMS 被寄予厚望，运营商希望通过部署 IMS 来满足网络和用户的以下要求。

① 提供实时 IP 多媒体通信，如语音或视频电话，以及人机通信，如游戏、视频点播和网上冲浪等。

② 全面集成各种实时通信，如即时流媒体传输、即时聊天及其他非实时多媒体传输。

③ 支持多种服务和应用的互动，如视频会议或者实时视频。

④ 改善用户的通信会话体验，如通过"单击"将即时通信会话转变为语音会话。

IMS 基于 IP 承载为用户提供文本、语音、视频、图片等不同的 IP 多媒体业务，主要包括以下内容。

① IP= 基于 IP 传输 + 基于 IP 会话控制 + 基于 IP 业务实现。

② Multimedia= 语音、视频、图片、文本等多种媒体的组合 + 在多种接入基础上具有不同能力的终端组合。

③ Subsystem= 依赖于现有移动网络技术并将网络设备作为承载系统 + 固定网络把基于固定 IP 接入系统的网络作为承载网络。

因此，IMS 是在 IP 网络的基础上构建的一个分层、开放、融合的核心网控制架构，是一个可运营、可管理、可拓展、可计费的系统。

3. IMS 体系架构

3GPP 所定义的 IMS 体系架构如图 4-21 所示。由上至下，一般可以将 IMS 系统结构分为如下 3 个层次。

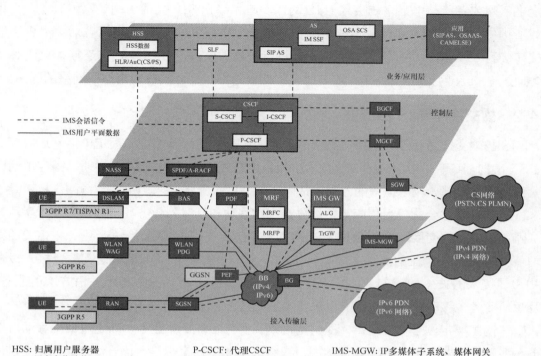

HSS: 归属用户服务器
SLF: 用户定位功能
AS: 应用服务器
OSA SCS: 开放业务平台-业务能力服务器
IM SSF: IP多媒体业务交换功能
CSCF: 呼叫会话控制功能
S-CSCF: 服务CSCF

P-CSCF: 代理CSCF
I-CSCF: 问询CSCF
BGCF: 出口网关控制功能
MGCF: 媒体网关控制功能
PDF: 策略决策功能
MRFC: 多媒体资源控制器
MRFP: 多媒体资源处理器
SGW: 信令网关

IMS-MGW: IP多媒体子系统、媒体网关
PEF: 策略执行功能
BAS: 宽带接入服务器
TISPAN: 电信和互联网融合业务及高级网络协议
DSLAM: 数字用户线路接入复用器
NASS: 网络附着子系统
A-RACF: 接入资源准入控制功能

图4-21 IMS体系架构

① 业务／应用层部署各类应用服务器（AS），可以为用户提供需要的增值服务和第三方业务。

② 控制层负责呼叫及会话的管理，其核心功能为呼叫会话控制功能（CSCF），可实现呼叫网关功能、呼叫业务触发及路由接续功能，利用 SIP 完成与业务／应用层应用服务器间的交互；将归属用户服务器（HSS）作为全局性网元，负责存储、管理终端用户的业务数据；多媒体资源控制器（MRFC）与多媒体资源处理器（MRFP）构成媒体资源功能，MRFC 使用媒体网关控制协议（H.248）指令来控制 MRFP；媒体网关控制功能（MGCF）通过分析被叫号码选择相应的 CSCF，并完成 IMS 网与 PSTN 之间呼叫控制协议的转换，实现 IMS 用户与 CS 用户之间的通信；出口网关控制功能（BGCF）负责为呼叫选择合适的 PSTN 入口点，实现自 IMS 到 PSTN 的呼叫路由功能。

③ 接入传输层支持固定和移动融合的多种接入方式，包括无线接入、数字用户线接入复用器（DSLAM）、无线局域网（WLAN）、无源光网络（xPON）等。用户可以通过各种终端设备（计算机、手机和数字电话等）利用 IP 网络（WLAN、ADSL、FTTx）、固定电话网或者移动电话系统接入 IMS 网，发起和终止 SIP 会话访问多媒体服务。利用承载所提供的媒体通道完成数据的传输。其他类型的设备（如传统模拟电话）尽管不能直接连接到 IP 网络，但能够通过网关设备进行协议转换后与 IMS 网建立连接，允许 IMS 设备通过 PSTN 网关呼叫 PSTN 或其他电路交换网络，并且接收来自这些网络的呼叫。

4.4.2　软交换向 IMS 的演进

IMS 与软交换是互补、承接、融合的关系。固定电话网软交换是固定电话网运营商实现 PSTN 向 NGN 平滑演进的有效技术手段，也是在 IMS 尚未成熟的时期，固定电话网运营商为满足一部分较为迫切的固定电话网多媒体数据业务需求、抢占市场的先机重要手段。IMS 则是发挥全业务运营商竞争优势，应对移动和互联网业务冲击的有效技术手段。

固定电话网软交换网主要定位于 PSTN 的改造，以提供窄带域语音业务和相关的语音增值业务为主，覆盖的终端主要是传统的窄带接入终端［POTS 电话、综合接入设备（IAD）、接入网关（AG）］。移动软交换网主要提供窄带语音业务和相关语音增值业务，以及短信业务，移动软交换涵盖的用户终端主要是 2G/3G 移动终端。

IMS 网主要定位于宽带用户，提供宽带语音业务和多媒体业务、固定电话网移动融合业务和多网协同业务等。IMS 网涵盖的用户终端主要包括宽带接入语音终端、SIP 多媒体终端（硬终端、软终端、移动终端）。随着多媒体终端和业务的普及，大部分固定电话网用户已经从软交换网迁移到 IMS 网，固定电话网软交换将逐步被 IMS 网替代，开启固定电话网和移动终端均由 IMS 提供音、视频等实时通信业务的时代。

表 4-2 对 IMS 与软交换的技术要点进行了简单对比。

表 4-2　IMS 与软交换的技术要点对比表

对比内容	软交换	IMS
产生原因	针对固定电话网提出，实现 TDM 向 IP 的演进	针对移动网络提出，实现电信网与互联网的业务融合
网络协议	H.248、SIGTRAN、BICC 及 SIP-T 等	SIP、Diameter
网络架构	核心网为 IP 架构，业务与控制分离不彻底	端到端 IP 架构，业务与控制完全分离
固定移动融合（FMC）支持	不支持（协议无法统一）	支持（协议统一）
安全认证	基础设备鉴权	完整双向鉴权
QoS 保障	简单	完善的 QoS 机制

由表 4-2 可看出，IMS 与软交换相比，有更好的网络融合性，且具有与接入无关、面向未来的特点。IMS 作为固移融合的全业务目标网络的终极解决方案在整个业界已经达

成了统一。

经过多年的探索、试验及商用部署的经验积累，IMS 网已经基本完成 PSTN 的改造和对软交换网的替代，在新业务发展，包括富通信套件（RCS）、高清视频会议，以及长期演进语音承载（VoLTE）、新空口语音承载（VoNR）的实践中逐渐发挥了越来越核心的作用。

4.4.3　IMS 的编号及标识

1. IMS 的归属网络域名

有别于传统的电话网络，IMS 网采用类似互联网获得域名的方式来对用户和网络进行标识并进行路由。每个 IMS 用户都有自己的归属网络，用户的业务由归属网络提供。归属网络域名用于标识用户所归属的 IMS 网，其格式遵循标准的互联网域名格式。

以中国电信 IMS 网为例，其采用以省为单位分配归属网络域名的方式，将各省 IMS 网归属网络域名的格式设为"省份标签 .ctcims.cn"（ctcims.cn 域名为中国电信 IMS 网标识），如上海 IMS 域的归属网络域名为"sh.ctcims.cn"、四川 IMS 域的归属网络域名为"sc.ctcims.cn"；全国层面 IMS 网的归属网络域名不含省份标签，格式为"ctcims.cn"。

2. IMS 网的用户标识

IMS 网的用户标识包括 IP 多媒体公共用户标识和 IP 多媒体私有用户标识。IP 多媒体私有用户标识是运营商分配的唯一标识用户的身份标识，用于用户接入 IMS 网的注册、认证、计费和签约管理，不用于呼叫的寻址和路由，不对外公布，一般只在用户终端和用户的归属网络中存有该标识。IP 多媒体公共用户标识是用户对外公布的标识，用来实现对用户的寻址。每个用户都可以有多个标识，每个标识也可以签约不同的业务。

IP 多媒体公共用户标识的编号格式可以采用 SIP URI 格式和 TEL URI 格式这两种格式。TEL URI 用来表示 IMS 用户的 E.164 格式的号码，可以用于 IMS 用户和传统电话网（PSTN、软交换网和 CS 域）的互通。例如"tel：+8610×××""tel：+86189×××"。

IMS 网内部不能基于 TEL URI 进行路由，因此要为每个 IMS 用户分配 SIP URI 格式的编号，以方便业务的路由。SIP URI 的格式为"sip：用户名 @ 归属网络域名"，其中的用户名部分可以为 E.164 格式的号码，也可以为个性化的字母组合，如"sip：+8610×××@bj.ctcims.cn""sip：+86186×××@gd.ctcims.cn""sip：nick@bj.ctcims.cn"。

对于 IMS 用户，通常会为其分配一个 TEL URI 格式的 IP 多媒体公共用户标识、一个将该 TEL URI 作为用户名的 SIP URI 格式的 IP 多媒体公共用户标识。

3. IMS 网的网元标识

IMS 网的网元标识用于标识 IMS 网元，对于 BGCF、CSCF、MGCF、AS 等网元，需要分配 SIP URI 来进行标识，并且根据标识进行网元间逐跳的 SIP 消息路由及寻址，将这些 SIP URI 用在 SIP 消息的消息头字段中以标识这些网络节点。IMS 网元可以通过 DNS 查询 SIP 消息的下一跳网元的网元标识对应的 IP 地址（也可以通过静态配置的方式得到该 IP 地址），这样就能够进行逐跳的 SIP 消息路由。

4. 什么是 ENUM

电子号码（ENUM）实际上是一个协议，通过将 E.164 格式的用户电话号码转换为 SIP URI，以用于 CSCF 进行后续呼叫接续，从而实现将 E.164 格式的电话号码转换为域名形式并放在 DNS 服务器的数据库中。每个由 E.164 格式的电话号码转换的域名均可以对应一系列的 URI，从而使国际统一的 E.164 格式的电话号码成为可以在互联网中使用的网络地址资源。E.164 格式的电话号码是在传统电信网中使用的重要资源，DNS 是互联网的重要基础，其基本任务是将网络中的各种域名转换成可以被识别的 IP 地址，而 ENUM 能够将两者结合起来，有益于传统电信服务向互联网的方向发展，ENUM 是对促进两网最终融合具有重要意义的技术。ENUM 服务器在 IMS 网中负责完成自 TEL URI 到 SIP URI 的转换。

虽然 ENUM 和 DNS 的功能不同，但是 ENUM 是构建在 DNS 技术之上的一种服务，因此 ENUM 和 DNS 在物理实体上可以是合设的，它可以同时为多个 IMS 域提供号码查询和域名解析服务。为避免单一 ENUM/DNS 服务器查询负荷过重，或基于对适应维护管理架构的考虑，在幅员辽阔的国家或地区建设 IMS 网，ENUM/DNS 服务器可采用分级部署方式。

4.4.4 IMS 业务基本流程介绍

IMS 网主要负责 SIP 消息的路由、多媒体会话的控制，以及 IMS 用户签约信息的存储与访问支持。鉴于 IMS 系统架构的复杂性，IMS 各业务的基本流程可以帮助我们进一步理解、掌握 IMS 网的各个网元的主要功能及整体的体系概念。下面以 IMS 用户注册及会话建立的基本流程为例进行说明。

1. IMS 用户注册的基本流程

IMS 用户注册的基本流程是支持 IMS 用户移动性的关键。IMS 用户注册的目的是将用户登记到归属网络的 S-CSCF 中。这样无论 IMS 用户移动、漫游到何处，都能够享受服务。IMS 用户注册的基本流程分别如图 4-22 和图 4-23 所示。

在图 4-22 中，第③、④、⑥、⑦步采用的是 Diameter 信令，其他步骤采用的是 SIP 信令。在本例中，对 IMS 用户注册的基本流程的解析具体如下。

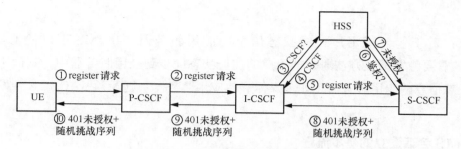

图4-22　IMS用户注册的基本流程1

第①步：UE（用户设备）通过 DHCP DNS 的机制来发现 P-CSCF 并发起 register（注册）请求（UE 通过 DHCP 请求可以得到一个 P-CSCF 的列表，然后通过 DNS 服务器查询获取一个 P-CSCF 的 IP 地址）。

第②步：P-CSCF 收到 UE 的注册请求后，通过注册请求消息中归属域的域名向 DNS 服务器查询，得到 I-CSCF 的 IP 地址后转发 UE 的注册请求。

第③步：查询（S-CSCF）。

第④步：I-CSCF 通过查询 HSS 得到 S-CSCF 的 IP 地址。在这里，HSS 返回的有可能是 S-CSCF 的 IP 地址（用户非首次注册）或 S-CSCF 的能力集。

第⑤步：注册。

第⑥步：S-CSCF 向 HSS 索取鉴权数据。

第⑦步：HSS 向 S-CSCF 返回用户鉴权数据（鉴权向量）。

第⑧～⑩步：在 S-CSCF 收到 I-CSCF 转发的 UE 注册请求后，如果需要认证，则根据下载的认证信息计算出随机挑战响应并且通过一个 401 响应返回给用户。

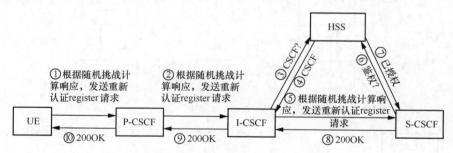

图4-23　IMS用户注册的基本流程2

在图 4-23 中，第③、④、⑥、⑦步采用的是 Diameter 信令，其他步骤采用的是 SIP 信令。在本例中，对 IMS 用户注册的基本流程的解析具体如下。

第①～⑤步：用户根据随机挑战计算响应，再发送重新认证 register 请求。

第⑥步：S-CSCF 对用户进行鉴权，鉴权通过后，向 HSS 索取用户 IMS 签约数据。

第⑦步：HSS 向 S-CSCF 返回用户 IMS 签约数据。

第⑧～⑩步：S-CSCF 经过 HSS 验证后确认用户合法身份，返回注册成功的 200OK

消息。

注意：对于包含了用户在线状态信息的应用服务器，在IMS用户注册流程中，S-CSCF需要触发第三方注册，把用户的注册状态同步到应用服务器中，其他不包含用户在线状态信息的应用服务器（如多媒体彩铃应用服务器）则无须S-CSCF触发第三方注册。

2. IMS会话建立的基本流程

用户在经过上述注册流程后，身份的合法性已经得到了网络的认证。接下来就可以发起IMS会话业务。图4-24给出了一个完整的端到端的IMS会话建立基本流程。

在图4-24中，查询和响应消息采用的是Diameter信令，其他消息采用的是SIP信令。

对IMS会话建立的基本流程的描述具体如下。

第①步：主叫UE向P-CSCF发送SIP invite请求。

第②步：P-CSCF根据注册时记录的为主叫用户提供服务的S-CSCF信息，将请求消息路由到S-CSCF。

第③、④步：根据用户的业务订购情况，主叫S-CSCF触发相应的AS，执行主叫用户业务。

第⑤、⑥步：主叫S-CSCF查询被叫归属域入口（I-CSCF），若被叫号码为Tel号码，则应请求ENUM将Tel号码翻译为SIP URI，从而获得被叫归属域的域名，进而找到被叫归属域的I-CSCF主机名，并将消息转发给I-CSCF。I-CSCF通过SLF定位到HSS获得当前注册的被叫S-CSCF，并将消息转发给被叫S-CSCF。

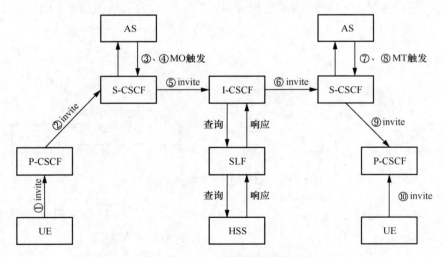

图4-24　IMS会话建立的基本流程

第⑦、⑧步：根据被叫用户的业务订购情况，被叫S-CSCF触发相应的AS，执行被叫用户业务。

第⑨、⑩步：被叫 S-CSCF 将消息转发给 P-CSCF 的接续被叫 UE，完成主被叫 IMS 会话建立。

4.4.5　IMS 未来展望

传统的视频会议产品，如硬件型基于 H.323 的视频会议系统，存在操作复杂、使用门槛高，终端覆盖面窄、会议场所固定、融合度不够、面向客户群单一等问题。而软件型的视频会议系统在操作简便性、降低使用门槛的能力等方面都得到了提升，但不同的软件往往使用不同的协议，专属性较强，软件间互通性较差，因此用户的覆盖面也有限。

基于 IMS 技术的融合视频会议系统恰恰具备满足上述需求的各项技术特点和优势，基于 IMS 技术的融合视频会议系统借助 IMS 核心网的业务控制能力和综合接入能力，通过在 IMS 业务 / 应用层部署融合视频会议系统，实现对各类用户的统一管理和接入，具体业务如下。

① 多终端接入融合：基于 IMS 技术的融合视频会议系统支持具备各种能力的终端综合接入。

② 多会议类型融合：基于 IMS 技术的融合视频会议系统在同一个会场中同时支持语音会议、数据会议、视频会议等多种会议类型。

③ 多媒体格式融合：在同一个会场中支持多种媒体格式共存，支持不同速率和格式的媒体间的转换。

④ 多会议接入方式融合：基于 IMS 技术的融合视频会议系统支持多种会议接入方式。

⑤ 便利的会场管理：基于 IMS 统一的核心控制，主持人可以轻松完成会议过程的管理。

⑥ 互通功能融合：基于 IMS 技术的融合视频会议系统支持与现有基于 H.323 的视频会议系统的互通。

上述视频会议业务只是 IMS 固移融合演进过程中所支持的众多多媒体业务的一个缩影，目前除了多媒体会话业务，IMS 还在增值业务平台、企业融合通信、应急指挥调度系统等领域中有广泛使用。IMS 基于 IP 网络搭建的体系架构及赋予的多媒体能力，是企业信息化、数字化、智能化转型的基本出发点，也是企业数字化转型有力的助推器。

从本质上来看，实现全业务运营是运营商推动固移融合的内在驱动力。而基于 IMS 的融合网络以控制的共性支撑业务的差异性，特别是与接入无关的这一特点，通过核心控制层的一致性，保证了用户业务体验的统一性。运营商可以通过 IMS 实现全业务运营，为用户提供差异化与多样化的服务。IMS 网具备更加扁平化的结构，是运营商实现固移融合部署的基础，也是业务控制统一的有力支撑。IMS 具备全球统一的技术标准规范，是业界达成共识的核心网主流技术标准，是现代通信网不可或缺的核心构成部分。

4.5 本章小结

1. 电路交换经历了人工交换、机电式自动交换、程控交换等几个阶段。

2. 程控交换是把电话接续过程预先编成程序存入计算机中，再用计算机运行程序控制电话的接续。

3. 电路交换需要通过在通信双方之间建立一条专用的传输通道来完成双方的信息交互。

4. 分组交换的核心思想是利用存储－转发机制。分组交换有虚电路和数据报两种工作模式。

5. 分组交换采用统计时分复用的方式来提高传输通道的共享程度和复用率。通过逐段差错控制和流量控制，对实时性要求不高的业务，可以有效提高传输速率、提升业务体验。

6. ATM 交换属于快速分组交换技术之一，其特点是交换数据单元（信元）长度是固定的。

7. IP 交换技术将 ATM 技术与 IP 技术相融合，利用第三层协议中的信息来加强第二层协议的交换功能。IP 交换主要有叠加模型和集成模型两大类。

8. 电话网由用户终端、交换系统、传输系统等硬件部分及网络信令控制的信令系统组成。

9. 电话网分为多级汇接的等级网和无级网两种结构，我国早期电话网采用五级结构等级网。

10. 我国长途电话网设计为两层双平面结构，DC1 之间以网状结构相连，形成高平面，被称为省际平面。DC2 以完全网状或者不完全网状的结构相连，形成低平面，被称为省内平面。

11. 根据用户的规模和端局的数量，本地电话网的结构可以分为网状结构和二级网结构。

12. 根据呼损指标的不同，路由可分为低呼损路由和高效直达路由；按照路由选择顺序的不同，路由可分为首选路由和迂回路由。

13. 我国本地电话网采编号用等位制，号码长度根据本地电话网规划的容量来确定。我国长途电话网编号采用不等位制，可以提高编号效率。

14. 在进行国际长途电话呼叫时，需要在国内电话号码前加拨国际长途字冠和国家号码，具体格式为"国际长途字冠＋国际长途区号（国家码）＋国内电话号码"。

15. 电信支撑网由同步网和信令网组成。同步网是为电信网内数字设备提供同步统一的时钟（频率）控制信号的网络。信令网是传输通信控制信号的网络，由信令点、信令转接点、信令链路组成。信令按用途分为用户信令和局间信令。

16. NGN 是一个用于区别于现有网络的泛指概念，是一种能够提供综合电信业务的基于分组技术的融合网络，其最突出的特点是采用分层的体系架构进行网络搭建。

17. 广义软交换是指以软交换设备为控制核心的软交换网，软交换机不再处理媒体流和业务，只负责基本的呼叫控制，用户的接入由各个用户网关实现。

18. 在软交换的基础上，在 3GPP Release 5 版本中提出了支持 IMS 的概念，与软交换相比，IMS 的分层更加彻底，网络更加标准和统一。

19. IMS 与软交换是互补、承接、融合的关系。固定电话网软交换网主要定位于 PSTN 的改造，IMS 网主要定位于宽带用户和提供宽带语音业务和相关语音增值业务、固定电话网移动融合业务和多网协同业务等。

4.6　思考与练习

4-1　分组交换的核心思想是什么？有哪些工作模式？

4-2　简述分组交换的主要特点。

4-3　电话网由哪几个部分组成？

4-4　电话网可以分为多级汇接的哪些结构，我国早期电话网采用什么结构？

4-5　我国本地电话网和长途电话网如何编号？各自有什么好处？

4-6　号码为"12345678"的广州用户，拨打美国纽约（长途区号为"212"）号码为"1234567"的用户，应如何拨号？

4-7　画图简述 IMS 的体系架构。

4-8　IMS 网采用什么方式来对用户和网络进行标识并选择路由？

4-9　IMS 网的用户标识即 IP 多媒体公共用户标识和 IP 多媒体私有用户标识有什么区别？

4-10　IMS 网的网元标识的作用是什么？

4-11　什么是 ENUM？

4-12　请简述 IMS 用户在呼叫 IMS 用户或 CS 域用户的过程中，ENUM/DNS 服务器所起的作用。

第5章
移动通信

05

5.1 移动通信概述

5.1.1 移动通信的概念与特点

1. 移动通信定义

移动通信最初是为了摆脱固定电话网中用户终端与电话交换机之间的有线连接的束缚，以无线替代有线，使用户能够在移动过程中使用电话业务。这里的"移动"有两层含义，一是用户在通话过程中可以移动，二是无论用户移动到任意地方均可以使用运营商提供的电话业务；即以移动电话网替代固定电话网，其用户可被称为"移动用户"。移动电话网最初为移动用户提供的服务仅限于包括紧急呼叫、特服业务在内的能够与固定电话用户互通的基础语音业务和呼叫转移等补充业务，且仅是语音业务，随着技术的发展，移动电话网逐步增加了短消息业务、视频电话业务、移动互联网业务、移动专线等数据业务；移动用户也从"人"扩展到了"物"，通过在物体上增加移动通信终端模组可实现"人与物""物与物"之间的通信。"物"既可以是移动的"物"（如各类交通工具、智能手表等可穿戴设备），也可以是固定不动的"物"（如监控摄像头等）。

移动通信指通信双方或至少一方可处于移动过程中的通信。移动通信网由移动台（MS）、无线电接入网（RAN）、核心网构成。进入21世纪后，移动通信技术飞速发展，移动通信的应用得到了广泛普及，不但丰富了人们的日常生活、为人们的日常工作带来了便利，而且赋能千行百业、带动社会经济发展。移动化、宽带化、业务多样化、数字化、智能化成为通信发展的主要趋势。

2. 移动通信的特点

由于用户的可移动性，实现移动通信技术要比固定通信复杂，且移动通信网中无线信道依靠无线电波传播，是变参信道，传播特性要比固定电话网中有线信道的恒参传播特性更复杂，传播环境也是。因此，移动通信与其他通信方式相比，具有以下特点。

（1）无线电波传播环境复杂

因移动台可能在各种环境中运动，电磁波在传播时会产生反射、折射、绕射、散射等现象，从而导致电场强度起伏不定，产生衰落。

（2）存在多普勒频移效应

移动台经常处在运动状态，接收到的载波频率将随运动速度的变化产生不同的频移，使接收点的信号场强、振幅、相位随时间、地点的变化而不断地变化，即产生多普勒频移效应。

（3）容易受到各种干扰

移动台容易受到各种人为电磁噪声干扰，如城市环境中的各种汽车发动机点火噪声、各种工业设备电机启动噪声，以及受到来自其他电台的干扰，主要有互调干扰、邻道干扰及同频干扰等。

（4）对移动台性能要求高

移动台长期处于无固定位置的状态，外界对其产生的影响无法预料，如容易遭遇尘土、震动、碰撞、日晒雨淋等状况，这就要求移动台有很强的适应能力，具有性能稳定可靠、携带方便、低功耗及能耐高、低温等特点。

（5）无线信道频谱资源有限

移动台工作使用的无线电波频率是一种有限的资源，必须考虑对其进行合理地分配和利用；目前由于移动通信较多使用特高频（UHF）、超高频（SHF）、极高频（EHF）频段，因此可用的频谱资源在当前技术条件下也是极其有限的。

（6）移动通信系统组网和技术复杂

由于移动台在通信区域内会随时移动到任意位置，需要引入无线频率分配和功率控制技术、用户的漫游登记／注册、被叫寻址及漫游切换等技术。这就使其网络架构和信令协议比固定电话网要复杂得多。

3．移动通信网的分类

移动通信网按照不同的分类标准可以有不同的分类方法。典型的分类方法如下。

① 按不同的用户，分为民用通信网和军用通信网。

② 按不同的信号传输模式，分为模拟移动通信网和数字移动通信网。例如，1G 时代是模拟移动通信网，2G 时代及以后的移动通信网均是数字移动通信网。

③ 按不同的服务对象，分为公众网和专用网。国际上只有部分国家允许非电信运营企业建设独立的专用移动通信网，发放特定的频谱资源，我国一直禁止非电信运营企业建网，即国家仅将移动通信频段授权给了国内四大电信运营商，未向行业企业授权移动通信频段。进入 5G 时代，我国倡导的 5G 专网是指通过 5G 技术将企业的终端（5G 终端）接

入企业内部的企业专网；5G 专网用到的 5G 网络（包括 5G 基站和 5G 核心网）的建设是利用电信运营商建设的 5G 网络，不允许非电信运营企业自行建设。

④ 按应用环境的不同划分，也可分为陆地移动通信网、海上移动通信网和空中移动通信网。

5.1.2　蜂窝移动通信系统

1．大区制移动通信

移动通信网按照网络服务区的覆盖范围不同，可以分为小容量的大区制和大容量的小区制这两种形式。早期移动通信网或者集群移动通信一般采用大区制，现代公众移动通信一般采用小区制。

所谓大区制是指在一个服务区域内设置一个或者几个通信基站，负责移动电话通信的联络和控制。大区制通过增高基站天线、提高基站发射功率等方式扩大覆盖范围，基站天线很高，达到几十米甚至上百米，基站发射功率达到几十瓦甚至上百瓦，每个无线区覆盖半径在几万米以上。

大区制的主要优点是组网简单、投资少、见效快，但是系统容量小、频率利用率低，适合在用户稀少的地区或者专用系统中应用。

世界上第一个移动电话网由一个基站和多个终端组成，即是大区制。由于除上述劣势外，大区制还具有频段窄、覆盖范围受发射功率限制等缺点，因此很快就被蜂窝网的小区制取代了。

2．小区制移动通信

蜂窝网的概念于 20 世纪 40 年代由贝尔实验室提出，即把无线覆盖区分成一个个的蜂窝小区，每个蜂窝小区都由基站发射的无线信号覆盖，利用电波衰耗随距离增加而增加的特性，使同一频率在间隔距离足够远的小区中重复使用（即频率复用）。因此，蜂窝网利用频率复用的技术，在频率资源有限的情况下，能提高网络容量、扩大整网覆盖范围、降低单基站发射功率，提高网络质量。现在的移动通信网均采用"蜂窝制"，亦被称为蜂窝移动通信网，而不再采用大区制。

综上，小区制将整个网络服务区划分为若干无线蜂窝小区（Cell），每个蜂窝小区至少需要一个基站覆盖，负责本小区移动通信的联络和控制等功能。各个小区的基站须通过传输网络与核心网相连。

在小区制中，每个无线小区可以近似被看作正六边形；整个移动通信网无线覆盖区可以被看成由若干正六边形相互邻接而构成的面状服务区。由于这种服务区的形状很像蜂窝，因此我们将这种系统称为蜂窝移动通信系统。

蜂窝移动通信系统根据蜂窝小区的大小，又将蜂窝小区分为宏小区（Macrocell）、微小区（Microcell）、微微小区（Picocell）。

（1）宏小区

宏小区一般指覆盖半径为 1～30km 的无线小区。由于覆盖半径较大，因此基站的发射功率较大，一般在 10W 以上，天线也架设在较高的位置。

在宏小区内，通常存在着两种特殊的微小区域，一是"盲点"，指电波在传播过程中遇到障碍物而造成阴影区域等，使得该区域的信号强度极弱，通信质量低劣甚至通信中断；二是"热点"，指客观存在商业中心或交通要道等人为聚集区域，即存在空间业务负荷分布不均匀而造成的业务繁忙区域。对于以上两"点"问题，往往通过设置直放站、分裂小区等办法来解决。由宏小区构成的宏蜂窝移动通信系统如图 5-1 所示。

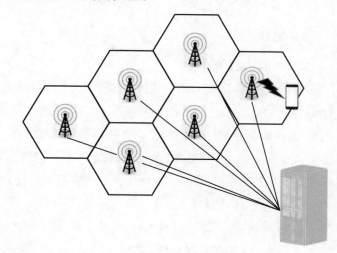

图5-1　宏蜂窝移动通信系统

（2）微小区

微小区一般指覆盖半径为 30～300m 的无线小区。微小区的基站发射功率较小，一般在 1W 以下。微蜂窝在实际应用中，一是提高覆盖率，作为无线覆盖的补充，用于宏蜂窝很难覆盖的拥有较大话务量的地点，如地铁、隧道等；二是提高容量，应用在拥有大话务量的地区，如商业街的购物中心、娱乐中心、会议中心等区域。

（3）微微小区

微微小区实质就是微小区的一种，它的覆盖半径更小，一般只有 10～30m；基站发射功率更小，大约在几十毫瓦。微微小区天线一般装于建筑物内业务集中地点，微微蜂窝也作为解决"热点"问题的一种补充形式而存在。

在目前的蜂窝移动通信系统中，主要采用在宏蜂窝下引入微蜂窝和微微蜂窝的 3 层分级蜂窝结构，如图 5-2 所示。

在 3 层分级蜂窝结构中，宏蜂窝广泛地被应用于室外覆盖，并被用于部分场景的室内覆盖；微蜂窝主要被用于室内覆盖和"热点"覆盖；微微蜂窝被用于对微蜂窝覆盖的进一步补充。

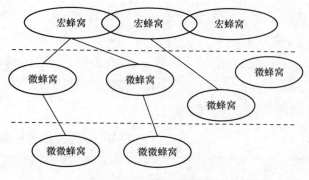

图5-2　3层分级蜂窝结构

5.2 移动通信基本技术

5.2.1 电磁波与频谱

1. 电磁波

（1）电磁波的概念

变化的电场会在其周围产生变化的磁场，变化的磁场又在更远的区域内产生变化的电场，这种变化的电场和变化的磁场不断交替产生，由近及远在空间内传播，形成电磁波。电磁波是横波，其传播方向与电场方向和磁场方向相互垂直。电磁波具有能量，其传播也是能量的传播。电磁波是由同相振荡且互相垂直的电场与磁场在空间中衍生发射的粒子波，以波的形式移动。电磁波的传播不需要介质，电磁波既可以在介质中传播，也可以在真空中传播。

（2）电磁波分类

电磁波按照频率从低向高、波长从长到短的顺序，可被分为无线电波、微波、红外线、可见光、紫外线、X射线和伽马射线等。ITU规定可将3000GHz以下作为无线电波频谱，无线电波按频率从低到高分为低频、中频、高频、甚高频、特高频、超高频等；按波长从长到短分为长波、中波、短波、超短波、微波（分米微波、厘米微波、毫米微波）等。

（3）电磁波应用

电磁波可用于通信、探测和医疗等领域。我们将无线电波用于无线电广播、导航；将微波用于微波炉、卫星通信、移动通信；将红外线用于遥控、热成像、红外制导；可见光是所有生物用来观察事物的基础；将紫外线用于医用消毒、验钞、测量距离、工程上的探伤；将X射线用于CT成像；将伽马射线用于治疗，使原子发生跃迁从而产生新的射线等。

2. 工作频率

按波长或频率的顺序排列电磁波，被称为电磁波谱或频谱。不同频率的电磁波在真空中的传播速度相同，根据$\lambda = c/f$，电磁波的频率越高，相应的波长就越短，穿透性就越差。因此，频段的使用直接影响电磁波的覆盖范围。那么公众移动通信系统主要使用了哪些频段呢？

目前我国为运营商分配的频谱资源有700MHz/800MHz/900MHz频段、1.8GHz/1.9GHz/2.1GHz/2.3GHz频段和2.6GHz/3.3GHz/3.5GHz/4.9GHz频段等。我国的移动通信频谱资源分配情况如表5-1所示。

表5-1 我国的移动通信频谱资源分配情况

频段（双工模式）	频谱资源分配（MHz）	分配系统
3.5GHz/4.9GHz（TDD）	3400～3600、4800～4960	5G
3.3GHz（TDD）	3300～3400	5G
2.6GHz（TDD）	2515～2675	4G、5G

续表

频段（双工模式）	频谱资源分配（MHz）	分配系统
2.3GHz（TDD）	2300～2370	4G 室内
1.9GHz/2.1GHz（TDD）	1885～1915、2010～2025	4G
1.8GHz/2.1GHz（FDD）	1710～1735、1805～1880、1920～1965、2110～2155	2G、4G
700MHz/800MHz/900MHz（FDD）	703～733、758～788、824～835、869～880、889～915、934～960	2G、4G、5G、NB-IoT

5.2.2　天线技术

1．天线及其分类

在无线电通信中，天线主要完成空间电波能量与导行波或高频电流之间的转换，是一个能量转换器。天线在能量转换的过程中，需要与负载匹配；天线具有方向性；天线还具有极化特性，能发射或接收对应极化的电磁波；天线具有一定的工作频率范围。随着移动通信技术的不断发展，移动通信天线经历了从单极化天线、双极化天线到智能天线、多进多出（MIMO）天线阵列乃至大规模 MIMO 天线阵列的发展历程。天线有不同类型，主要的分类方式如下。

按工作频段分类：单频天线、多频天线、宽频天线。

按辐射方向分类：全向天线、定向天线。

按极化方式分类：水平（单）极化天线、垂直（单）极化天线、双极化天线。

按下倾角度调节的方式分类：电调天线、机械天线。

按外形分类：板状天线、吸顶天线、八木天线、泄漏电缆等。

2．天线的基本参数

天线的主要参数包括输入阻抗、方向图、增益、下倾角度调节的方式、频带宽度、极化方式和效率等，以下对其中部分参数进行介绍。

（1）输入阻抗

天线的输入阻抗是天线馈电端输入电压与输入电流的比值。天线与馈线的连接，最佳情形是天线输入阻抗是纯电阻且等于馈线的特性阻抗，这时馈线终端没有功率反射，在馈线上没有驻波。一般移动通信天线的输入阻抗为 50Ω。天线的馈线匹配就是消除天线输入阻抗中的电抗分量，使电阻分量尽可能地接近馈线的特性阻抗。天线的馈线匹配的优劣一般用反射系数、行波系数、驻波比（SWR）或回波损耗来衡量，在 4 个参数之间有固定的数值关系，在日常维护中，用得比较多的是驻波比。

驻波比的定义式如下。

$$SWR = \frac{\sqrt{发射功率} + \sqrt{反射功率}}{\sqrt{发射功率} - \sqrt{反射功率}}$$

驻波比的值在 1 到无穷大之间。驻波比为 1，表示完全匹配；驻波比为无穷大表示全反射，完全失配。在移动通信系统中，一般要求驻波比小于 1.5，但在实际应用中，驻波比应小于 1.2。过大的驻波比会缩小基站的覆盖范围，并造成系统内干扰加大，影响基站的服务性能。

（2）方向性

天线的方向性是指天线向一定方向辐射或接收电磁波的能力。方向图是表示天线的方向性的特性曲线。天线辐射电磁场在空间中呈现的图形，被称为辐射波瓣图。

天线最大辐射方向的辐射波瓣被称为主瓣，其余的波瓣被称为旁瓣，在最大辐射方向反方向的被称为后瓣。从水平和垂直方向看，在主瓣辐射方向最大值两侧，功率密度下降到一半，即功率衰减 3dB 的两个方向之间的夹角被称为半功率波瓣宽度，也是天线的水平波瓣宽度和垂直波瓣宽度。

天线水平波瓣的角度越大，覆盖范围越大；但天线水平波瓣的角度越小，能量越集中，增益越大。定向天线在水平面方向图上表现为在一定角度范围内的辐射，即平常所说的"有方向"。常见的定向天线的水平波瓣 3dB 宽度有 20°、30°、65°、90°、105°、120°、180° 等，一般蜂窝移动通信较多采用 120° 的天线水平波瓣角度。而全向天线的水平波瓣角度为 360°，如图 5-3 所示。

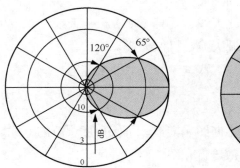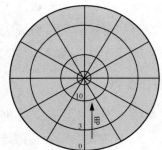

图5-3　天线水平波瓣3dB覆盖角度示意

天线垂直平面的半功率角是天线垂直平面的波束宽度。垂直平面的半功率角越小，越容易通过调整天线倾角来准确控制覆盖范围。但为了保证对服务区的良好覆盖率，在同等增益需求下，天线垂直波瓣 3dB 的角度越大越好。

（3）下倾角度调节的方式

改变天线倾角，可合理进行扇区容量或覆盖范围的控制。定向天线可以采用下倾角度调节的方式减小覆盖面积，从而减少对其他相邻基站的干扰。天线下倾角度的调节有多种方式，包括机械调整下倾角度、固定电调下倾角度、可调电调下倾角度、遥控可调电调下倾角度。

机械天线通过调整夹具的方法实现对天线下倾角度的调整，电调天线通过采用电动拉杆调节或电动调节控制天线内置天线振子相位的方式调节天线下倾角度。几种方式各有优缺点，在选用和安装的时候要合理考虑。

（4）增益

天线增益是用来衡量天线朝一个特定方向收发信号的能力。天线增益是指在相同的输入功率、相同距离的情况下，实际天线在最大辐射方向上的场强与理想点源天线在相同点上的点辐射场强的功率密度比。因此，天线增益与天线的方向性之间是有直接关系的，天线增益越高，表明天线波束范围（半功率角）就越小。一般来说，全向天线增益的提高主要依靠减小垂直面辐射的波瓣宽度，定向天线增益的提高还依赖于减小水平面的波瓣宽度。

表征天线增益参数的单位有 dBd 和 dBi 两种。dBi 是相对于理想点源天线的天线增益；dBd 是相对于对称阵子天线的天线增益，1dBi=1dBd+2.15。在相同的条件下，天线增益越高，信号可覆盖的距离越远。

（5）极化方式

天线的极化，简单理解就是指天线辐射时形成的电场强度方向。当电场强度方向垂直于地面时，此电波就被称为垂直极化波；当电场强度方向平行于地面时，此电波就被称为水平极化波。单极化天线发射或接收的电波只有一个方向；双极化天线发射或接收的电波有两个方向，一般分为垂直与水平极化、±45° 极化两种方式。例如 45° 双极化天线就组合了 +45° 和 −45° 两副单极化方向相互正交的天线。

此外，天线还有工作频段、效率等参数。天线效率就是表征天线将高频电流转化为空间电磁波能量的有效程度。

在选用天线时，市区基站站址选择困难，天线安装空间受限，一般不要求大的覆盖范围，并且需要通过控制小区的覆盖范围来抑制干扰，提高频率复用度，同时市区的天线下倾角度调整相对频繁，且有的天线需要设置较大的下倾角度，所以建议选用双极化、定向、中等增益、预置下倾角的天线。郊区基站分布少、业务量小，网络要求天线广覆盖、下倾角度调整少，建议采用全向或定向、高增益的机械天线。

5.2.3　多址技术

1. 多址技术作用

当多个用户接入一个公共的传输媒质实现相互间的通信时，需要为每个用户的信号赋予不同的特征，以区分不同的用户，这种技术被称为多址技术。移动通信系统由核心网、基站与若干个移动台组成，一个基站具有许多信道，可与许多移动台同时进行通信，在通信时用不同的信道进行分隔，防止相互干扰。因此，在移动台接入时是以信道来区分不同通信用户的，每个信道仅容纳一个用户进行通话。

2．多址技术分类

移动通信无线信道常用多址接入方式有频分多址（FDMA）、TDMA、CDMA、同步码分多址（SCDMA）、正交频分多址（OFDMA）等。FDMA 根据传输信号的载波频率不同来划分信道；TDMA 根据传输信号存在的时间不同来划分信道；CDMA 根据传输信号的码型不同来划分信道；SCDMA 利用空间的隔离进行复用，以建立多址接入。

（1）FDMA

FDMA 将频谱资源划分为若干个等间隔的信道，供不同的用户使用。接收方根据载波频率的不同来识别发射方，从而完成多址连接。根据用户的需求，FDMA 按照载波频率的不同为每个用户分配单独的物理信道。在用户通话时，其他用户不能使用该物理信道。在频分双工情形下，分配给用户的物理信道是一对信道，分别占用两段频段，作为基站向移动台传输信号的信道和移动台向基站传输信号的信道。

FDMA 具有以下 3 个特点。第 1 个特点是 FDMA 信道带宽相对较窄，通常为 25kHz、30kHz，GSM 信道间隔为 200kHz，为防止干扰，相邻信道间要留有防护带；第 2 个特点是相对 TDMA 系统，FDMA 系统的复杂度较低，技术上容易实现；第 3 个特点是 FDMA 系统成本较高，采用单路单载波设计，使用高性能的带通滤波器减少邻道干扰。

（2）TDMA

TDMA 在时间维度上区分不同的移动台。将时间分割成周期帧，将每一帧再分割成多个时隙，帧或时隙彼此之间不能重叠，然后根据设定的分配原则使各个移动台在每帧内只能按指定的时隙向基站发送信号和接收信号。要保证基站在接收或发送信号时互不干扰，需要满足定时和同步的条件。因此，按顺序将基站发向多个移动台的信号安排在预定的时隙中传输，各移动台只要在指定的时隙内接收信号，就能在合路的信号中把发给它的信号区分出来，单个用户占用一个周期性重复的时隙。

TDMA 具有以下特点。在 TDMA 系统中，多个用户共享单一的载频，每个用户占用相互之间不重叠的时隙。TDMA 系统中的数据根据用户行为以突发的方式发射，由于用户发射机在大部分时间处于关机状态，因此耗电较少。TDMA 系统的传输速率比 FDMA 系统的传输速率高。正是由于 TDMA 系统中的数据发射具有不连续性，移动台可以在空闲的时隙里监听其他基站，因此移动台的越区切换过程变得更加简化。为了避免移动台之间的干扰，TDMA 系统必须留有一定的时间进行保护。为了保证各移动台发送的信号不会在基站侧发生重叠或者混淆的情况，并且能够准确地在指定的时隙中接收基站发送给它的信号，TDMA 系统必须有精确的定时和同步。因此，同步技术是 TDMA 系统正常工作的重要保证。

（3）CDMA

CDMA 是通过采用各不相同、相互（准）正交的地址码调制发送的信号，在接收信号时利用码型的相互（准）正交性通过相关检测技术进行地址识别，从众多信号中选出相应的信号。CDMA 系统采用不同的编码序列（不同波形）来区分信号，可在同一载波频率上发射信号，从频域或时域上来看，多个 CDMA 信号之间是互相重叠的。接收机从多个 CDMA 信号中选出使用预定码型的信号，而其他信号的码型因与接收机产生的本地码型不同而不能被解调，利用码型和移动用户一一对应的关系对用户进行区分。

　　CDMA 具有以下特点：在使用相同频率资源的情况下，CDMA 系统的容量理论上比模拟系统的容量大 20 倍，在实际使用中大 10 倍，比 GSM 的容量大 4～5 倍，所以，CDMA 系统容量较大。CDMA 系统容量配置灵活，CDMA 系统对用户数没有限制，用户数的增加带来背景噪声的增加，造成通信质量的下降，可以在容量和保证通信质量之间进行折中考虑。CDMA 系统的通信质量更佳，CDMA 系统可以动态地调整数据传输速率，根据实际情况提供更好的通信质量。CDMA 系统采用软切换技术，突破了采用硬切换技术容易掉话的缺点，掉话现象明显减少。按不同的地址码区分用户，所以可在相邻的小区内使用相同 CDMA 载波，频率规划简单。

　　（4）SCDMA

　　SCDMA 就是利用空间的隔离进行复用的一种多址接入技术，如图 5-4 所示。在 TD-SCDMA 系统中首次引入了 SCDMA 技术，在相同时隙、相同频率段、相同地址码的情况下，系统根据信号在空间内传播路径的不同来区分不同的用户，因此在频谱资源有限的情况下可以更高效地传递信号。

图5-4　SCDMA示意

　　SCDMA 具有以下特点。采用智能天线技术实现空间分割，智能天线能在不同用户方向上形成不同的波束，支持更多的用户，从而在很大程度上提高了频谱的使用效率。由于接收机接收来自不同路径的信号，大大减少了信号间的相互干扰，提高了信号质量。

　　（5）OFDMA

　　OFDMA 是将信道分成若干正交子信道，将高速数据信号转换成并行的低速子数据流，调制到每个子信道上进行传输，分配给不同的用户，以实现多址接入。由于不同用户占用彼此之间互不重叠的子载波集，在理想同步情况下，系统无多用户间的干扰。OFDMA 在 4G 和 5G 系统中均得到了广泛的应用。

5.2.4　组网技术

　　移动通信组网技术就是按照一定的协议标准组成移动通信网络，保障网内的用户有秩序地通信。主要涉及如何搭建网络；在有限的频段上容纳更多用户，用户如何共用信道；以及用户在移动过程中，网络如何完成对终端的移动性管理等。

1．网络结构

　　移动通信系统由移动台、无线电接入网和核心网 3 个部分组成。在移动通信系统中，移动台与无线电接入网中的基站通过无线连接，无线电接入网通过传输链路和核心网连接，核心网设备再与其他相关网络和设备，以及其他运营商的网络相连接，这样就可形成移动用户与固定用户之间、移动用户与移动用户之间、移动用户与互联网业务平台及企业专网之间的通信链路。

2. 多信道共用技术

为了让更多的用户可以接入移动通信网络，提高信道利用率，移动通信系统采用多信道共用技术。多信道共用指多个用户共享多条无线信道，与有线用户共享中继线的技术类似。多信道共用方式，即假设一个基站小区有 n 个信道，这 n 个信道为该基站小区内所有用户共用。当其中部分信道被占用时，其他需要通话的用户可以利用剩余任一空闲信道进行通信，移动用户通过随机的方式选择和占用空闲信道，当用户需要发送和接收信息时，由无线网为用户分配可用的无线信道。因此所有信道被同时占用的概率远小于一个信道被占用的概率，这种方式可以大大提高信道的利用率。

采用多信道共用方式，一个信道可以服务于多少用户，如何保证网络呼叫接通率和通话质量呢？我们需要了解话务量和呼损率等相关知识。

话务量指单位时间内（通常为 1 小时）发生的呼叫次数与平均信道被占用时长的乘积，单位是爱尔兰（erl）。网络建设关注的是忙时话务量及忙时的 erl 值。呼损率是指在多用户共用信道时，会出现用户虽然发出呼叫，但因无信道可用而呼叫失败的情况。在移动通信系统中，造成呼叫失败的概率被称为呼叫损失概率，简称"呼损率（B）"。呼损率越大，成功呼叫的概率就越小，用户体验就越差，相反呼损率越小越好。在 2G 通信系统中，想了解呼损率、信道数、话务量三者之间的关系可以查阅爱尔兰呼损表。在 4G/5G 通信系统中，无线网是通过为用户通信分配 RAB 资源块的方式，为用户分配网络资源和保障服务质量（QoS）的，影响用户通信的关键因素是对无线电资源控制（RRC）连接数的限制。

3. 移动性管理

在移动通信系统中，由于用户的移动性，移动终端接入网络的地理位置随时可以改变，需要移动通信网具备对用户移动性的管理功能。

移动通信网需要完成对终端的移动性管理，主要包括终端开机向网络执行"附着"流程；在终端位置改变时向网络发起"位置更新"流程；电路域被叫局、主叫局获取在动态漫游号（MSRN）被叫后接续被叫的流程；短消息服务中，发送端移动交换中心服务器（MSC Server）获取接收端用户登记在 MSC Server 的 MSC ID 的流程；在通信过程中，终端位置改变的越区自动切换流程。在"附着""位置更新"流程中，网络需要执行对终端的鉴权认证，以确认用户的合法性；在进行鉴权认证的过程中，终端和无线电接入网之间获得通信密钥；在终端发起通信业务时，运营商可选地开启对用户的鉴权认证。

（1）终端接入网络的"附着""位置更新"流程

网络以位置区（在 2G/3G 电路域中被称为位置区，在 4G/5G 系统中被称为跟踪区）标识和管理用户位置。位置区/跟踪区通常是地理连续的一组小区的集合。

移动终端开机或移动到新的小区，监测到小区广播信号后尝试接入网络，向网络发送的信息，包含核心网分配给终端用户的临时标识，一方面标识用户当前登记/注册的核心网网元；另一方面替代用户的国际移动用户标志（IMSI）实现空口传送，以降低用户的IMSI 被非法窃取的可能性；如果无线电接入网发现用户的位置区/跟踪区改变，则立即上报核心网，若用户的位置区/跟踪区未改变，则无须通知核心网网元，也可以选择通知核心网网元。

核心网网元如 2G/3G 电路域是 MSC Server[含漫游位置寄存器（VLR）]、2G/3G分组域是 GPRS 业务支持节点（SGSN）执行对用户的鉴权流程，2G/3G 用户使用用户标志模块（SIM）卡或全球用户识别模块（USIM）卡从用户归属的归属位置寄存器（HLR）处获取数据，对用户进行鉴权，并向终端和 RAN 提供信息密钥。

用户鉴权通过后，移动通信网络的核心网网元如 MSC Server（含 VLR）向用户归属的 HLR 执行针对用户的 LA 更新，用户归属的 HLR 记录用户终端当前登记/注册的核心网网元标识，并通知该用户前一个登记/注册的核心网网元删除保存的用户数据，然后再向用户终端当前登记/注册的核心网网元下发该用户的签约数据，包括移动用户综合业务数字网号码（MSISDN）、用户的业务权限等。

（2）电路域被叫

主叫局根据被叫 MSISDN 查询被叫号码的 HLR，HLR 向被叫用户当前登记的 MSCServer 获取 MSRN 后返回给主叫局；主叫局根据 MSRN 将呼叫接续至被叫局或关口局。被叫局通过无线基站与在 LA 范围内的小区一齐寻呼被叫用户。

（3）电路域 MT 短消息

短消息中心（SMSC）向用户归属的 HLR 查询获得短消息接收端用户当前登记的MSC Server 的 MSC ID，然后将电路域移动终端（MT）短消息发送给短消息接收端用户当前登记的 MSC Server，MSC Server 再通过无线网将电路域 MT 短消息发送给终端用户。

在上述流程中网元之间传送的信息均属于信令消息，跨省信令均通过准直联信令网转发。

（4）切换

当终端在通信过程（包括语音业务和数据业务执行过程）中移动时，无线基站实时/准实时地对终端信息进行测量，若发现有更为合适的小区为终端提供服务，则指示终端进行小区切换；切换又被分为基站内切换、同一核心网网元控制下的基站间切换、不同核心网网元控制下的基站间切换。

切换通常还被分为硬切换、软切换和更软切换 3 种，区别在于切换处理发生的过程不同。硬切换发生在手机越区切换时，先断掉与原基站覆盖区的联系，再寻找新进入的基站覆盖区中的基站进行联系。软切换如图 5-5 所示，发生在移动台离开原服务小区之前，先建立与可能到达的小区之间的联系。更软切换和软切换之间的区别是，软切换移动台在切换过程中与属于不同小区的多个扇区产生连接，而更软切换移动台在切换过程中是与同一小区中的具有相同频率的多个扇区产生连接。

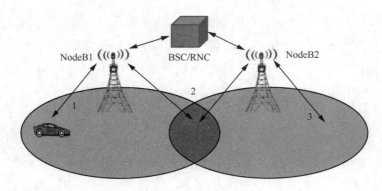

图5-5　软切换示意

5.3　典型移动通信系统

5.3.1　移动通信系统演进

1. 第一代移动通信系统（1G）

第一代移动通信系统，简称"1G"，是采用FDMA技术的模拟蜂窝移动通信系统，典型系统有AMPS和TACS，我国采用了TACS。

1G提供模拟语音通话业务，在商业上取得了巨大的成功，但是存在容量有限、制式太多、互不兼容、保密性差、通信质量不高、不能提供非话数据业务、不能提供自动漫游、设备体积大、成本高等缺陷。1G时代的典型手机"大哥大"，如图5-6所示。

图5-6　1G时代的典型手机"大哥大"

2. 第二代移动通信系统（2G）

第二代移动通信系统，简称"2G"，分别有采用TDMA或CDMA技术的数字蜂窝移动通信系统，典型系统有欧洲的GSM/DCS1800、北美的CDMA IS-95。

2G提供数字化的语音业务、低速数据业务和短消息业务，克服了模拟蜂窝移动通信系统的弱点，通信质量、保密性能都得到较大程度的提高，并可进行省内、省际自动漫游。

3. 第三代移动通信系统（3G）

第三代移动通信系统，简称"3G"，能支持语音、非语音业务，是支持多媒体业务的数字蜂窝移动通信系统。3G有3种主流标准，即欧洲和日本提出的宽带码分多址（WCDMA）、美国提出的多载波码分复用扩频调制的CDMA2000、中国提出的时分同步码分多址（TD-SCDMA）。

早在 1985 年，ITU 就提出了 3G 的概念，当时被称为未来公众陆地移动电信系统（FPLMTS）。

1996 年，ITU 将 3G 命名为 IMT-2000，表示该系统将在 2000 年左右投入使用，工作于 2000MHz 频段，最高传输速率为 2Mbit/s。在国内，中国移动采用 TD-SCDMA，中国电信采用 CDMA2000，中国联通采用 WCDMA。

3G 的目标是全球化、综合化和个人化。全球化是提供全球无缝隙覆盖，支持全球漫游业务；综合化是提供多种语音和非语音业务，特别是多媒体业务；个人化是有足够的系统容量、强大的多种用户管理能力、高保密性能和服务质量。

4.　第四代移动通信系统（4G）

第四代移动通信系统，简称"4G"，是能够支持各种移动宽带数据业务的数字蜂窝移动通信系统，采用 OFDMA 接入技术，包括 TD-LTE 和 LTE FDD 两种制式。

4G 在全球范围内实现了通信标准的统一，除 3G 支持的各种业务外，还增加了高质量图像传输、虚拟现实等业务，可以对个人通信、信息系统、娱乐、广播等方面的业务进行多业务融合。"4G 改变生活"，电子支付、网约车、在线购物等业务逐渐改变了人们的生活方式。智能化的生活方式已来临。

5.　第五代移动通信系统（5G）

第五代移动通信系统，简称"5G"，是服务人与人、人与物、物与物之间"沟通"的数字蜂窝移动通信系统。

5G 具有高速率、低时延和大连接特点，定义了增强移动宽带（EMBB）、超可靠低时延通信（URLLC）和大规模机器类通信（MMTC）三大应用场景，如图 5-7 所示。

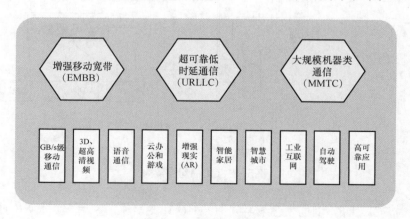

图5-7　5G三大应用场景

EMBB 主要面向移动互联网流量的爆炸式增长，为用户提供更高速率的应用体验；URLLC 主要面向工业控制、远程医疗、自动驾驶等对低时延和可靠性要求极高的特殊行业应用需求；MMTC 主要面向智慧城市、智能家居、环境监测等以传感和数据采集为目标的垂直行业应用需求。可见 5G 不仅仅服务于人与人之间的通信，还被广泛应用在生产领域中，改变了人们的生活和生产方式，即"5G 改变社会"。

5.3.2　2G 移动通信系统

1. GSM

GSM 是欧洲主导的 2G 移动通信系统。本意为"移动通信特别小组"，是欧洲邮政和电信委员会为开发 2G 移动通信系统而成立的机构。GSM 采用 FDMA 和 TDMA 两种多址技术。

GSM 包含 900MHz 和 1800MHz 两个工作频段，分别被称为 GSM900 和 DCS1800，两者在多址技术、网络架构等方面几乎完全相同，统称为 GSM。

我国 GSM 主要采用 GSM900，上行工作频段为 890～915MHz，下行工作频段为 935～960MHz，双工间隔为 45MHz，工作带宽为 25MHz，载频间隔为 200kHz。

在 GSM 的发展过程中，为了满足数据业务发展的需求，1997 年 GSM 制定了通用分组无线业务（GPRS）标准，被称为 2.5G。GPRS 是在 GSM 网络上叠加了一个基于 IP 的分组交换网络，从而支持更高的数据传输速率（171.2kbit/s）。

GSM 网络主要由网络子系统（NSS）、基站子系统（BSS）、移动台、操作维护中心（OMC）4 个部分组成，GSM 网络架构如图 5-8 所示。

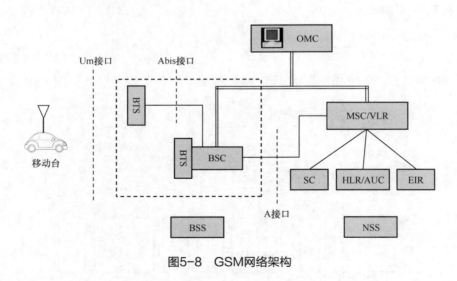

图5-8　GSM网络架构

NSS 由 MSC/VLR、HLR/鉴权中心（AUC）、SMSC 等功能实体所构成，主要提供移动性管理、网络交换和安全性保证等功能。

BSS 由基站控制器（BSC）和基站收发台（BTS）组成，主要负责完成无线信号收发和无线资源管理等功能。一个 BSC 可以控制多个 BTS。

移动台是移动客户设备部分，由 MT 和 SIM 两部分组成。

　　GSM 各功能实体间采用接口连接，主要有 A 接口、Abis 接口、Um 接口等重要接口。

2. CDMA　IS-95

　　CDMA　IS-95 是 2G 移动通信系统的典型代表之一，由美国主导，采用了 CDMA、语音激活、频率重用、软切换等技术；相对于 GSM，具有发射功率较低、保密性强、大容量、软容量、掉话率低等特点，但是该系统存在 CDMA 系统独有的多址叠加干扰问题。

5.3.3　3G 移动通信系统

1. 3G 系统标准

　　3G 的正式名称为 IMT-2000，其无线电传输技术有以下需求。

① 在高速运动的情况下，速率达到 144kbit/s。

② 在步行运动的情况下，速率达到 384kbit/s。

③ 在室内静止的情况下，速率达到 2Mbit/s。

　　2000 年 5 月，ITU-R 2000 年全会最终批准 WCDMA、CDMA2000、CDMA TDD、UWC-136 和 EP-DECT 为 IMT-2000 的无线接入标准；2007 年，增补全球微波接入互操作性（WiMax）为 IMT-2000 的无线接入标准。WCDMA、TD-SCDMA 和 CDMA2000 为公认的主流 3G 通信系统标准，它们的主要技术性能比较如表 5-2 所示。

表 5-2　3 种主流通信系统标准的主要技术性能比较

比较参数	WCDMA	TD-SCDMA	CDMA2000
载频间隔（MHz）	5	1.6	1.25
码片速率（Mc/s）	3.84	1.28	1.2288
帧长 (ms)	10	10（分为两个子帧）	20
基站同步	不需要	需要	需要，典型方法是 GPS
功率控制	快速功率控制：上行、下行 1500Hz	0 ～ 200Hz	反向：800Hz 前向：慢速、快速功控
下行发射分级	支持	支持	支持
频率间切换	支持，可用压缩模式进行测量	支持，可用空闲时隙进行测量	支持
检测方式	相干解调	联合检测	相干解调
信道估计	公共导频	DwPCH、UpPCH、中间码	前向、反向导频
编码方式	卷积码 Turbo 码	卷积码 Turbo 码	卷积码 Turbo 码

　　其中，TD-SCDMA 是由我国原电信科学技术研究院提出的 3G 正式标准，采用时分双工技术，在一个频率上完成无线通信的收发，频率利用率较高；WCDMA 和 CDMA2000 采用频分双工（FDD）技术。

　　为了促进 TD-SCDMA 产业发展，2002 年，原国家信息产业部发布文件《关于第三代公众移动通信系统频率规划问题的通知》，为 TD-SCDMA 分配了 155MHz 的工作频段（1880～1920MHz、2010～2025MHz、2300～2400MHz），如图 5-9 所示。

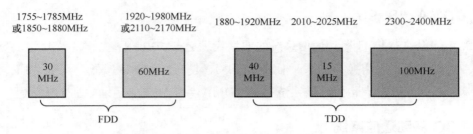

图5-9 我国TD-SCDMA系统的频率分配

2. 3G 系统网络架构

TD-SCDMA 系统网络架构与 WCDMA 系统的网络实体、接口名称的对应部分完全一致，这里以 TD-SCDMA 系统为例说明 3G 系统网络架构。

TD-SCDMA 系统网络包括通用电信无线电接入网（UTRAN）、CN、UE3 个部分，如图 5-10 所示。

核心网包括电路域和分组域。电路域由媒体网关（MGW）、MSC Server 组成，主要完成语音交换功能；分组域由 SGSN、GPRS 网关支持节点（GGSN）组成，主要完成数据业务的处理。

UTRAN 由无线网络控制器（RNC）、基站节点（NodeB）组成，UE 由移动设备（ME）和 USIM 组成。

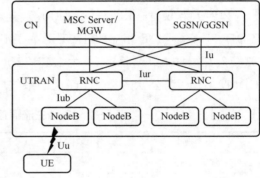

图5-10 TD-SCDMA系统网络架构

TD-SCDMA 系统的主要接口有 UTRAN 和核心网之间的接口 Iu，UTRAN 和 UE 之间的接口 Uu，RNC 和 NodeB 之间的接口 Iub，RNC 和 RNC 之间的接口 Iur。

3. 3G 关键技术

下面以 TD-SCDMA 系统为例，说明 3G 移动通信系统的关键技术。

（1）TDD 技术

TD-SCDMA 系统采用的双工方式是 TDD，即上下行使用相同的频带，上下行占用的时间可根据需要进行调整。TDD 具有易于使用非对称频段、灵活配置时隙、适应用户业务需求和不需要笨重的射频双工器等优点。

（2）智能天线技术

智能天线也称为自适应天线，是由多个天线单元组成的天线阵列。天线阵列按照一定的方式排列，利用波的干涉原理产生强方向性的方向图。智能天线提高了基站接收机的灵敏度、减少了系统的干扰、改进了小区的覆盖。智能天线可分为线阵天线和圆阵天线。

（3）接力切换

接力切换是利用智能天线和上行预同步等技术对与 UE 间的距离和 UE 的方位进行定位，将 UE 的方位和与 UE 的距离信息作为切换的辅助信息。当 UE 进入切换区，RNC 立即通知另一基站做好切换的准备，从而达到进行快速、可靠和高效切换的目的；过程就像是田径比赛中的接力赛跑传递接力棒，因此形象地称之为接力切换。

▌拓展阅读

我国在 1G 和 2G 时代完全没有参与世界技术标准的制定，国内移动通信市场几乎完全被国外跨国企业所垄断。1998 年召开的香山会议通过了当时的电信科学技术研究院提出的向 ITU 提交 3G 的中国标准 TD-SCDMA 的提案。TD-SCDMA 也成为国际电信联盟认可的 3G 国际技术标准。中国从此进入国际移动通信标准、技术、产业大国的行列，也谱写了中国电信业自主创新的新篇章。

5.3.4　4G 移动通信系统

1. LTE 系统标准

4G 移动通信系统又被称为演进分组系统（EPS），由长期演进技术（LTE）无线电接入网、演进分组核心网（EPC）和 UE 组成。

当时，为了确保在未来 10 年内领先，3GPP 于 2004 年 11 月启动 LTE 项目；于 2009 年 3 月冻结 3GPP Release 8 版本，定义了 LTE 的基本功能，可以认为是 LTE 的正式版本；于 2010 年 3 月冻结的 3GPP Release 9 版本提升了 LTE 家庭基站、管理和安全方面的性能，强化了 LTE 微微基站和自组织管理功能；于 2011 年 3 月冻结的 3GPP Release 10 版本，即 LTE-A，增加了载波聚合（CA）、中继（Relay）等功能。

LTE 系统的主要设计指标如图 5-11 所示。

（1）灵活的系统带宽配置

LTE 系统支持 1.4MHz、3MHz、5MHz、10MHz、15MHz 及 20MHz 的系统带宽，支持成对和非成对频谱。

（2）更高的峰值数据传输速率

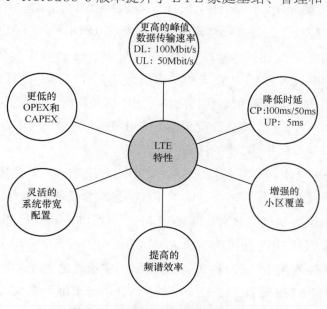

图5-11　LTE系统的主要设计指标

在 20MHz 的系统带宽下，下行链路（DL）的瞬时峰值数据传输速率可达 100Mbit/s，上行链路（UL）的瞬时峰值数据传输速率可达 50Mbit/s。

（3）降低时延

控制面（CP）的传输时延从驻留状态到激活状态小于 100ms，从睡眠状态到激活状态小于 50ms（不包括 DRX 间隔）。期望的用户面（UP）时延在"零负载"（即单用户、单数据流）和"小 IP 包"（即只有一个 IP 头，而不包含任何有效载荷）的情况下，不超过 5ms。

（4）提升的频谱效率

LTE 频谱效率提升目标为：下行链路的频谱效率是高速下行链路分组接入（HSDPA）的 3～4 倍，上行链路的频谱效率是高速上行链路分组接入（HSUPA）的 2～3 倍。

（5）增强的小区覆盖

覆盖半径在 5km 内，LTE 系统必须完全满足系统的性能指标要求；覆盖半径在 30km 内，可以降低系统的吞吐量指标和频谱效率指标，但移动性指标仍应完全满足。覆盖半径最大可达 100km。

（6）更低的运营性支出（OPEX）和资本性支出（CAPEX）

4G 移动通信系统全球标准统一，网络体系结构更加扁平化，减少了中间节点，使得所需要的网元数量更少，网络投资和维护成本降低；同时 LTE 具有更高的频率效率，以及全 IP 化技术进一步降低网络的运营性支出和资本性支出。

2. 4G 系统网络架构

4G 系统网络架构如图 5-12 所示。LTE 系统由 3 部分组成，即 EPC、演进型 NodeB（eNodeB）、UE。与 3G 系统网络架构相比，EPC 仅存在分组交换域中，主要由控制面设备移动性管理实体（MME）和用户面设备服务网关（SGW）、PDN 网关（PGW）、HSS 等构成。MME 负责信令处理部分；SGW 负责本地网络用户数据处理部分，相当于 SGSN；PGW 负责用户数据包与其他网络的处理，相当于 GGSN；HSS 与 2G/3G 中的 HLR 功能类似，包括用户标识、编号路由、鉴权加密、位置区等信息。

E-UTRAN 仅包括 eNodeB（简称"eNB"）基站，取消了基站控制器 RNC，网络架构扁平化，网络部署更加简单。

4G EPC 包括 HSS、MME、SGW、PGW、域名系统（DNS）、策略与计费规则功能（PCRF）；其中 SGW 与 PGW 通常合设并被称为 SAE-GW。MME 通过 S1-MME 接口连接 E-UTRAN 的 eNodeB，为用户提供接入互联网及接入企业专网的数据业务；MME 以从 HSS 获得的默认 APN（Default APN）为用户建立默认承载（当移动终端在附着过程中不携带 APN 时）；以移动终端在承载建立请求中携带的 APN 查询 DNS、以用户当前的 TAI 查询 DNS，DNS 根据 TAI 解析出可用的 SGW 地址、根据 APN 解析出可用的 PGW 地址，并返回给 MME，MME 优先选择综合设置为 SAE-GW 的 SGW 和 PGW；MME

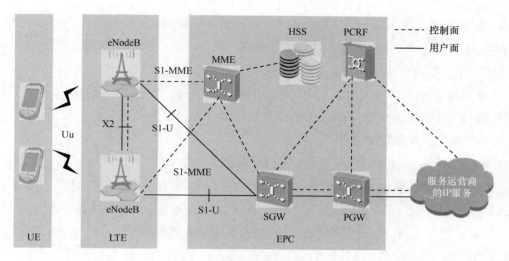

图5-12　4G系统网络架构

通知 SGW 为用户建立相应的承载，SGW 与对应的 PGW 为用户建立承载，由 PGW 为移动终端分配 IP 地址，并按需向终端提供可用的互联网 DNS 地址；移动终端通过无线网——SAE-GW（SGW-PGW）的 IP 通道访问对应的外部数据网（如互联网）；PGW 和 SGW 可以根据用户访问外部数据网的业务流量和时长分别生成用户的流量计费话单 PGW-CDR 和 SGW-CDR，并将它们传送至 CG；CG 可以以文件方式保存流量计费话单，供计费系统采集。

　　4G 核心网引入了在 3G Release 7 版本中提出的 PCC 技术，通过 PCC 技术，移动运营商可以为数据业务应用（含 VoLTE 语音业务）提供"智能管道"服务。

　　不同于 2G/3G 网络，4G 网络为用户提供"always online（永远在线）"服务，即在用户接入 4G 网络时，自动为用户建立一个默认承载（运营商通常会选择为用户建立接入互联网的 IP 承载通道）；并且基站侧可以设置一个定时器，超时则释放承载的 S1 接口连接，既节省无线网络资源又可为终端省电。

　　由于 4G 核心网取消了电路域，因此只能采用 EPC 外接的 IMS 网为用户提供语音业务和短消息业务，并通过 xSRVCC 技术支持语音业务从 4G 向 2G/3G 的切换。在 IMS 网商用部署之前，运营商通常采用 CSFB 和单卡双待终端的方式，通过 2G/3G 电路域为用户提供语音业务和短消息业务。VoLTE 语音业务和短消息业务需要在 EPC 外接 IMS 网，VoLTE IMS 与固定电话 IMS 网采用相同的网络结构，但存在以下差别。

　　① VoLTE 终端为有卡终端，与 IMS 网之间采用五元组 AKA 机制，由于 ISIM 卡尚未规模商用，基于 USIM 卡导出的 IP 多媒体私有用户标识和 IP 多媒体公共用户标识只能体现出归属运营商，而无法体现出用户归属省，因此只能借助用户拜访地的 I-CSCF 和 Diameter 准直联信令网寻址用户归属 IMS HSS。

　　② PGW 在用户 IMS 承载建立过程中，必须向 VoLTE 终端提供 VoLTE SBC 的 IP 地址。

　　③ 在用户呼叫接续过程中，VoLTE SBC 需作为 AF 通过 Rx 接口通知 EPC PCRF，由 EPS 网络（核心网 + 无线空口）为用户建立端到端的 IMS 专用承载来保障语音 QoS。

④ IMS 网需部署 SCC AS（通常与 IMS 基础语音 AS 合设为 VoLTE AS）支持被叫与选择功能；并且 2G/3G 电路域需要配合改造完成移动用户被叫语音业务的域选择（注：VoLTE 语音业务需要终端支持）。

⑤ 解决紧急呼叫和特服业务及短号码业务的基于主叫位置路由的问题。

⑥ 对现有电路域的智能网 SCP 平台、彩铃平台等语音业务平台进行改造，以同时支持 VoLTE 语音业务和电路域业务。

⑦ 按照国家规定，支持运营商之间的 IMS 互通。

随着物联网业务发展，4G 无线网可改造为支持 eMTC 技术，并可增加 NB-IoT 基站；EPC 需改造支持 NB-IoT 和 eMTC 的接入，并为其提供 S1-MME 传送数据业务优化路由、eDRX、PSM、Non-IP 等一系列为物联网终端节电的功能。

4G 以 Diameter 信令网替代了 2G/3G 的七号信令网。4G 终端仅支持 USIM 卡，若 4G 多模终端插入 SIM 卡，则仅能作为 2G/3G 终端使用。

3. LTE 关键技术

（1）OFDMA 技术

OFDMA 技术是将频域划分为多个子信道（子载波），各相邻信道 1/2 频谱相互重叠但相互正交的多址接入方式。

（2）MIMO 多天线技术

MIMO 多天线技术是指利用多根天线实现多发射和多接收的技术，实现发送分集、波束赋形、信道复用等功能。

（3）自适应调制与编码技术

自适应调制与编码（AMC）技术的基本原理是在发送功率恒定的情况下，动态地选择适当的调制和编码方式，确保链路的传输质量。当信道条件较差时，通过降低调制等级及信道编码速率，以确保用户连接；当信道条件较好时，提高调制等级及信道编码速率，提升通信链路质量。

（4）混合自动重传请求技术

混合自动重传请求（HARQ）技术，将 ARQ 和 FEC 两种差错控制方式相结合，减少重传次数，降低误码率。

▎拓展阅读

国家科学技术进步奖，是国务院设立的国家科学技术奖五大奖项之一，授予在技术研究、技术开发、技术创新、推广应用先进科学技术成果、促进高新技术产业化，以及完成重大科学技术工程、计划项目等方面存在突出贡献的我国公民和组织。我国科研工作者联合攻关，开展机制创新、技术创新和产业创新，在 5G 的核心共性技术方面实现突破，取得重大标志成果。"第五代移动通信系统（5G）关键技术与工程应用"项目荣获 2023 年度国家科学技术进步奖一等奖。

5.3.5　5G 移动通信系统

1. 5G 标准

2018 年 6 月，3GPP 发布了第一个 5G 标准（Release 15）正式冻结的通知，支持 5G 独立组网，重点满足 EMBB 业务。2020 年 7 月正式冻结的 Release 16 版本，增强了毫米波波束的功能、URLLC 等，以便于为 5G 车联网、工业互联网等应用提供支持。2022 年 6 月，Release 17 版本正式冻结，Release 17 版本将毫米波段从 52.6GHz 扩展到了 71GHz，Release 17 版本重点支持差异化的物联网应用，引入了轻量级新型终端（RedCap），还将卫星通信引入地面网络。3GPP Release 17 版本标准的冻结，标志着 5G 技术演进的第一阶段的 3 个版本 Release 15 版本、Release 16 版本、Release 17 版本已经全部完成，3GPP 后续计划的 Release 18 版本开始，将进入 5G 的创新阶段，或者被称为 5G Advanced。

5G 移动通信系统的指标如图 5-13 所示。

① 峰值速率。5G 网络的峰值速率达到 10Gbit/s，在最新标准中将达到 20Gbit/s。

② 用户体验速率。5G 网络的用户体验速率达到 1Gbit/s。

③ 频谱效率。5G 网络的频谱效率与 4G 网络的频谱效率相比，提高了 3 倍。

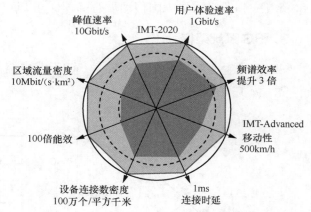

图5-13　5G移动通信系统的指标

④ 移动性。5G 支持高达 500km/h 的速率，支持高铁等高速运动场景。

⑤ 连接时延。5G 提出毫秒级的端到端时延目标，5G 网络的空口时延与 4G 网络的空口时延相比，自 10ms 降低到 1ms，支持无人驾驶和工业自动化等业务。

⑥ 设备连接数密度。5G 网络每平方千米支持终端数量达到 100 万个。这里的移动终端，包含手机和更多物联网终端。

⑦ 网络能效。5G 网络的能效与 4G 网络相比，提升了 100 倍。

⑧ 区域流量密度。区域流量密度达到 10Mbit/(s·km²)。

2. 5G 频谱

5G 定义了 FR1 和 FR2 两个频率范围，FR1 通常被称为 Sub 6G，最大信道带宽为 100MHz。FR2 通常被称为毫米波段，最大信道带宽可达 400MHz。FR1 的优点是频率低，绕射能力强，覆盖效果好；FR2 的优点是超大带宽，频谱干净，干扰较小。3GPP Release 15 定义的频率范围如表 5-3 所示。

表 5-3　3GPP Release 15 定义的频率范围

频段	频率范围	频道号	简称
FR1	450MHz ～ 6GHz	1 ～ 255	Sub-6GHz
FR2	24.25 ～ 52.6GHz	257 ～ 511	毫米波段

在我国，中国联通和中国电信获得了 3.5GHz 的国际主流频段，中国移动获得了 2.6GHz+4.9GHz 的组合频谱，具体如下。

中国电信：3400 ～ 3500MHz 的 100MHz。

中国联通：3500 ～ 3600MHz 的 100MHz。

中国移动：2515 ～ 2675MHz 的 160MHz 和 4800 ～ 4900MHz 的 100MHz，其中 2515 ～ 2575MHz、2635 ～ 2675MHz 和 4800 ～ 4900MHz 为新增频段。2575 ～ 2635MHz 频段为重耕中国移动现有的 TD-LTE（4G）频段。

3. 5G 系统架构

5G 网络主要由核心网（5GC）、5G 无线电接入网（NG-RAN）和 UE 3 个部分构成，如图 5-14 所示。

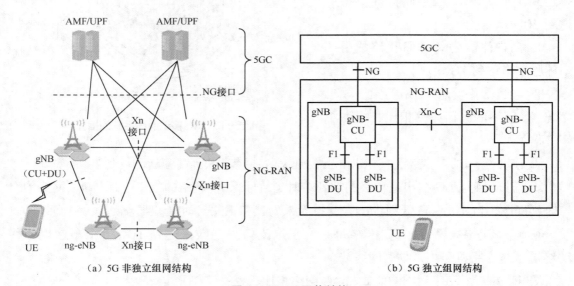

（a）5G 非独立组网结构　　　　　　　　（b）5G 独立组网结构

图5-14　5G网络结构

在 5G 非独立组网结构中，NG-RAN 由 5G 基站（gNodeB）或增强型 4G 基站（ng-eNB）构成，如图 5-14（a）所示；在 5G 独立组网架构中，NG-RAN 全部由 gNodeB 组成。gNodeB 从逻辑功能上由集中单元（CU）和分布单元（DU）组成，如图 5-14（b）所示，CU 一般采用云化布置，处理非实时部分信息，DU 一般处理实时部分信息。DU 连接有源天线处理单元（AAU）。

5G 核心网采用了服务化架构（SBA）。5G SBA 主要由接入和移动性管理功能（AMF），会话管理功能（SMF）、统一数据管理（UPM）、鉴权服务功能（AUSF）、用户面功能（UPF）、策略控制功能（PCF）、网络存储功能（NRF）、网络开放功能（NEF）、应用功能（AF）、网络切片选择功能（NSSF）等网络功能服务模块构成，如图 5-15 所示。

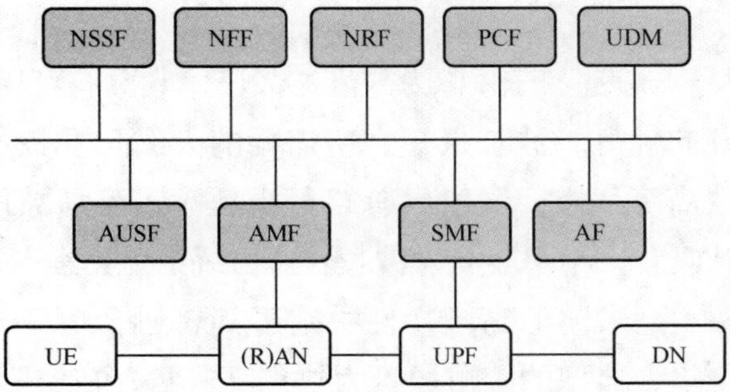

图5-15　5G SBA

AMF 负责用户的移动性和接入管理。它执行非接入层信令终端管理、非接入层信令安全保障、接入层安全控制、支持系统内和系统间的移动性、接入认证等功能。

SMF 负责用户会话管理，可以与 AMF 一起支持定制的移动性管理方案。它执行会话管理、UE IP 地址分配与管理、UPF 的选择与控制等功能。

UPF 负责用户面的路由和转发功能，执行系统内和系统间移动的锚点管理、分组路由和转发、流量使用报告等功能。

NRF 负责对网络功能（NF）进行登记和管理，为 NF 服务管理提供支持，包括注册、注销、授权和发现。

NEF 负责对外开放网络数据，提供网络功能的外部公开，可将向外部暴露的业务能力分为监控能力、供应能力、流量路由的应用影响，以及策略、计费能力。

UDM 负责管理用户数据，包括用户标识、用户签约数据、鉴权数据等。相当于 4G 核心网 HSS 中的用户数据管理功能。数据库被分为主数据库和存储动态数据的数据库。

AUSF 负责用户鉴权数据的相关处理。发送对 UE 进行身份验证的请求，通过向 UDM 请求密钥，再将 UDM 下发的密钥转发给 AMF 进行鉴权处理。相当于 4G 核心网中 MME 和 HSS 的用户鉴权功能。

PCF 负责策略控制，支持用统一的策略框架去管理网络行为，提供策略规则用于网络实体实施执行。

AF 负责与 3GPP 核心网交互以提供服务。

NSSF 负责管理与网络切片相关的信息。

4．5G 关键技术

（1）大规模天线阵列技术

大规模天线阵列（Massive MIMO）技术以 MIMO 技术为基础，在发射端和接收端分别使用多个发射天线和接收天线，结合波束赋形技术，改善通信质量，波束分辨率变高，天线阵列增益明显增加，如图 5-16 所示。目前，5G 室外宏站通常采用由 64 根天线组成的 Massive MIMO。

（2）毫米波技术

一般把 FR2 称为毫米波频段，其具有可用频段宽、方向性好、波长极短、所需要的天线尺寸极小、可靠性高等优点；同时具有路径损耗大，容易被雨水和树叶吸收、频率较高、波长较短、绕射能力差等缺点。

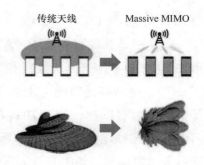

图5-16　传统天线与Massive MIMO 信号传播

毫米波的高频特性决定了其较适合短距离的高速传输，典型的应用场景为热点高容量；在实际网络中，可以通过将 5G 高频锚在 4G 低频或 5G 低频上，实现高低频混合组网。

（3）部分带宽技术

5G 的系统带宽能达到 400MHz。如果要求所有类型的 UE 都支持最大的系统带宽 400MHz，实时进行全带宽的检测和维护，无疑对 UE 的性能要求太高，也将带来对终端能耗的挑战。

部分带宽就是在整个大的载波带宽内划出部分带宽，提供给 UE 进行接入和数据传输。UE 只需要在系统配置的这部分带宽内进行相应的操作，这大大地降低了对终端的性能和能耗的要求。

（4）网络切片技术

网络切片支持在相同的物理网络基础设施上，通过多路复用技术和虚拟化技术，构建独立的逻辑网络。一个网络切片是一个在逻辑上独立的端到端网络，它根据服务等级协议为特定的服务类型量身定制。

▌ 拓展阅读

Polar 码是第一类能够被严格证明可以达到香农极限的信道编码。我国有关企业坚信 Polar 码的技术优势和潜力，在 Erdal Arikan 的理论基础上，持续推进 Polar 码的工业化。在 2016 年 3GPP RAN 第 187 次会议上，Polar 码被正式推荐为 5G 控制信道编码方案，实现了中国在基础通信领域核心编码技术上的重要突破。

5.3.6　6G 未来移动通信系统

1. 6G 概念的提出

自 2020 年起，5G 系统开始在全球范围内大规模部署，但是 5G 也很难完全满足未来网络需求，因此，对 6G 未来移动通信系统（简称"6G"）的研究正在全球兴起。与 5G 相比，6G 期望引入全球覆盖、更高的频谱效率、更高的智能化水平和安全性等性能指标及应用场景，可以被概括为"全覆盖、全频谱、全应用、强安全"。

随着移动互联网与物联网的持续升级和广泛应用，网络已经渗透到各行各业中，改变着人类社会的生活和生产方式，将网络空间、人类社会及物理世界深度耦合，形成无所不在的智能移动网络。6G 网络将实现全球立体深度覆盖，如图 5-17 所示，将天空、陆地及海洋紧密无缝连接，将卫星、无人机等非陆地网络作为有效补充，构建空天地海一体化网络，借助人工智能、大数据、云计算、区块链等技术实现一系列智能化应用，以提供通信能力为主，同时具备其他诸如智能、感知、计算、安全等能力的综合移动通信网络，进一步在更为丰富的领域内实现物联服务。

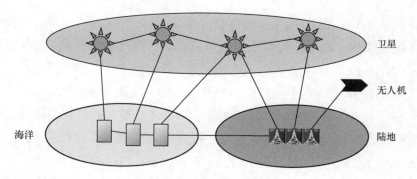

图5-17　6G网络覆盖示意

2. 6G 性能指标及关键技术

目前的主流观点认为，6G 应满足以下关键指标。

① 峰值传输速率达到 100Gbit/s ～ 1Tbit/s。

② 室内定位精度达到 10cm，室外定位精度为 1m。

③ 通信时延 0.1ms。

④ 中断概率小于百万分之一。

⑤ 设备连接数密度超过 100 个 / 立方米。

⑥ 采用太赫兹（THz）频段通信。

面向 6G 的移动通信系统架构和关键技术还处于探索阶段，主要的技术研究方向如下。

① 超维度天线技术（xD-MIMO）。这是在 Massive MIMO 技术的基础上，增加天线规模和新型的系统架构、新型的实现方式、智能化的处理方式等。xD-MIMO 系统包括分布式 xD-MIMO 系统和基于智能超表面的 xD-MIMO 系统，其不仅应用于通信领域，还包括感知、高维度定位等功能。

② 空天地融合技术。针对高轨道卫星、中低轨道卫星、临空平台，以及由地面宏蜂窝、微蜂窝和皮蜂窝等组成的多重形态立体异构空天地融合的通信网络，期望通过构建包含统一的空口传输协议和组网协议的网络架构，满足多样化业务的不同部署场景。

③ 6G 系统将采用网络内生的智能无线技术实现无线网络智能化，借助联邦学习、迁移学习等新兴机器学习技术，共同提升 6G 无线网络智能化的水平。

④ 多址接入技术需要在 6G 系统中进一步演进，如采用非正交多址等技术提高空口资源的使用维度，提升接入的用户数量，缩短传输时延，提高接入和传输的成功率。

除以上关键技术研究趋势外，学术界、通信产业界还对大量潜在用于 6G 的使能技术展开研究工作，包括无线接口增强技术、更加高效的频谱利用等技术，同时新兴技术面临如在超高频段上，要求新型的高性能器件、集成电路及核心材料等巨大挑战。

3. 6G 网络架构

为了更好地满足 6G 无线通信网络的需求，根据网络的特点和规范，从基于服务的网络架构、认知服务架构、深度边缘节点和网络、无蜂窝网络和云 / 雾 / 边缘计算等方面来讨论 6G 系统的网络架构。

SBA。为了满足业务的多样化需求，基于服务的网络架构被引入 5G 核心网，在引入新业务时对网络中其他实体造成尽可能小的影响，在 6G 核心网中仍被沿用。基于服务的网络架构是云计算、虚拟化、微服务、无状态服务等相关技术的联合应用。

认知服务架构（CSA）。多样化的目标、多变的服务场景和个性化的用户需求，不仅要求 6G 网络具有大容量、超低时延的特点，还要求其满足分布式场景中不断变化的业务需求，6G 网络服务体系结构应该具有足够的灵活性和可伸缩性，并且能够对控制层中的网络进行非常细致的调整。

深度边缘节点和网络。随着下一代移动通信网络越来越多地面向垂直行业场景，通信技术在局部范围内的创新变得越来越重要。深度边缘节点和网络的主要好处是将通信服务和智能推向网络边缘，从而实现智能化普及的愿景。

无蜂窝网络。在未来 6G 移动通信系统中，对数据速率的高要求必然会导致部署超密集的基站或接入点，这种密集化部署产生了更多的干扰，使得边界效应成为蜂窝系统的主要发展瓶颈。为了解决这些问题，无蜂窝 Massive MIMO 网络将作为一种实用且可扩展的网络。数千个或更多接入点在相同的时频资源下联合服务于多个 UE，所有的接入点都分布在一个较大的区域内，如整个城市，分别连接到一个或多个 CPU。

云 / 雾 / 边缘计算。云计算负责处理具有挑战性的全局任务，边缘计算处理本地级别的时延敏感型任务，雾计算位于云计算和边缘计算中间，是一个共享计算、通信和存储资源的多层次结构。

4. 6G 应用场景

6G 业务将呈现出沉浸化、智慧化、全域化等新的发展趋势，形成沉浸式云 XR、全息通信、感官互联、智慧交互、通信感知、普惠智能、数字孪生、全域覆盖八大业务应用场景。

5.4 移动通信终端与业务

5.4.1 移动通信终端

移动通信终端是指用户在移动通信网络中使用的终端设备，通常包括手机、笔记本计算机、平板电脑、POS 机或车载计算机，在大部分情况下是指智能手机和平板电脑。随着网络技术朝着宽带化的方向发展，集成电路技术带来移动通信终端的超强处理能力，移动通信终端不再是简单的通话工具，而是可以帮助用户处理工作和生活相关事务的综合信息处理平台。

1. 终端的多模性

终端厂家为了使生产的终端能够适配运营商的多种制式网络、为了让使用终端的用户在国际漫游时能够可选择接入更多制式的网络，提高 QoS 和用户感知，多模终端发展日新月异。典型的例子，如 WCDMA/GSM 双模手机，就是在 3G 网络建设初期，利用原有的 2G 网络同时为用户提供服务，两种模式并不同时工作，主要保证在仅有 2G 网络覆盖而没有 3G 网络覆盖的情况下，用户可以接入 2G 网络；并且在国际漫游时，可以使用多模终端接入漫游地可供选择的其他制式的网络。未来终端将走向多模化和智能化的发展方向，应用处理和通信处理能力互相分离，成为市场的主流方式。

2. 机卡分离

机卡分离指用户在更换终端时可以不换卡，把 SIM 卡从槽里拿出来插入不同的终端，也可以正常使用，代替原来的一体机，满足终端更新换代的需求。

3. SIM/USIM 卡

SIM 卡是 2G 和 3G 移动通信系统用户所持有的 IC 卡。一般移动通信终端包括了手机与 SIM 卡。SIM 卡使得机卡分离，一张 SIM 卡标识唯一一个客户，手机所产生的通信费用只会记录在手机所使用的 SIM 卡对应客户的账户上。手机只有在插入 SIM 卡后，才能正常入网使用。运营商 HLR/HSS/UDM 对 SIM/USIM 卡号进行管理，可供网络对客户身份进行识别，并对客户通话时的语音信息进行加密等。

在实际使用中，SIM 卡的功能相同，按外形不同将 SIM 卡分为如下 3 种。

① SIM 大卡：即标准卡，尺寸为 25mm×15mm。

② SIM 小卡：尺寸为 12mm×15mm。

③ Nano SIM 卡：尺寸为 12mm×9mm。

USIM，也被称为升级 SIM，与 3G 网络同步推出。USIM 卡与 SIM 卡相比，USIM 卡的容量更大、下载速度更快，还增加了终端对网络的认证功能，在安全性方面进行了升级。

5.4.2 移动通信业务

1．移动通信业务分类

移动通信业务可分为基本业务、补充业务和增值业务 3 类。

基本业务是指利用基本的通信网络资源即可向用户提供的通信业务，包括语音电话业务、紧急呼叫等基本电信业务，电路承载、分组承载等基本承载业务，以及区域签约限制等基本业务。

补充业务是指利用基本的通信网络资源和基本业务一起向用户提供的业务，如主叫号码识别、呼叫转移、呼叫等待、呼叫限制等业务。

增值业务是指利用基本的通信网络资源和相关的业务平台资源等，独立向用户提供的如随 E 行、视频点播、手机钱包等业务。

2．移动通信典型业务介绍

以下选取紧急呼叫（EC）、短消息业务、内容分发网络业务和智能网业务作为移动通信典型业务进行简要介绍，如图 5-18 所示。

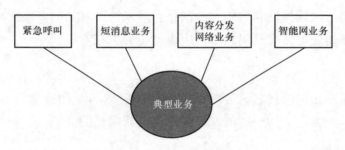

图5-18　移动通信典型业务

（1）紧急呼叫

紧急呼叫是一种电信业务，用于移动台与当地的紧急呼叫中心联系。现阶段，我国（不含港澳台地区）发布了 4 个紧急呼叫号码，分别为 110、119、120、122。移动用户可在无线网络覆盖范围内直接拨打紧急呼叫号码，无须加拨任何长途区号，网络基于移动用户当前所在的地理位置，根据紧急呼叫中心的要求（通常是地理距离最近），将呼叫接入对应的紧急呼叫中心语音平台。

（2）短消息业务

短消息业务（SMS）在 2G 网络建成时出现。短消息业务运营初期，运营商只提供移动用户间的收发短消息的基本业务，而后移动运营商和内容提供商合作，利用短消息的承载通道开展了信息点播、信息订阅等移动增值业务，短消息业务得到了快速发展。

（3）内容分发网络

内容分发网络（CDN）业务是第一类增值电信业务。一般来说，电信运营商主要负责提供基础网络和带宽；互联网内容提供商为个人用户提供视频直播、在线游戏等内容服务；CDN 服务提供商从电信运营商处租用带宽与服务器等资源，按照内容提供商的业务需求为其提供网络加速及相关服务。目的是提升用户访问的响应速度和稳定性。

（4）智能网业务

智能网业务是通过智能网完成的增值电信业务，包含 25 种智能业务，主要有以下业务。

① "400 业务"是一项由主叫用户、被叫用户分摊支付通信费用的业务。400 电话是专为企业、事业单位设计的全国范围内号码统一的虚拟电话总机，所有拨往 400 总机号码的来电均被转接至预先设定的固定电话、手机或呼叫中心专线上。

② 电话卡业务（CCS），又称"200 业务"，用户可使用任何话机接通长途电话，话费由电话卡账号统一支付。

③ 通用号码业务（UNS）与 CCS 相似，由主叫付费。

④ 个人号码业务（PNS），可跟踪用户所处地点和呼叫转移。

⑤ 增值计费业务（PRS），用户使用增值电信业务的部分电话费用返回给增值电信业务提供者。

⑥ 电话投票业务（TVS），通过公用电话网征集和统计公众意见。

⑦ 亲情号码业务（FNS）允许客户自定义几个经常联系的亲人或朋友的电话号码为亲情号码，当亲情号码之间进行通话时，费用比普通通话费用低。

5.5　本章小结

1. 移动通信指通信双方或至少一方可处于运动状态的一种通信方式。移动通信具有无线传播环境复杂、存在多普勒频移效应、容易受到各种干扰、对移动台性能要求高、无线信道频谱资源有限、通信系统复杂等特点。

2. 移动通信网按照网络服务区覆盖范围不同可以被分为小容量的大区制和大容量的小区制。小区制按照蜂窝小区大小，又可以分为宏小区、微小区、微微小区。

3. 移动通信系统从 1G 发展到 5G，从模拟通信系统转变为数字通信系统，从单纯的语音业务发展为多媒体业务。

4. 无线电波是电磁场的一种运动形态。电磁波按照频率从低往高、波长由长到短，可分为无线电波、微波、红外线、可见光、紫外线、X 射线和伽马射线等。

5. 天线是完成空间电波能量与导行波或高频电流之间的转换的装置。天线的主要参数包括输入阻抗、方向图、增益、下倾角度调节的方式、频带宽度、极化方式和效率等。

6. 多址技术是基站区分用户连接的技术。FDMA 是根据传输信号的载波频率的不同进行信道划分来建立多址接入；TDMA 是根据传输信号存在的时间不同进行信道划分来建立多址接入；CDMA 是根据传输信号的码型不同进行信道划分来建立多址接入；SCDMA

是利用空间的隔离进行复用来建立多址接入。

7. 移动通信多信道共用技术是多个用户共享多条无线信道，与有线用户共享中继线的技术类似。

8. 移动性管理包括小区选择、位置登记、越区切换和小区重选与用户漫游等。

9. 2G 移动通信系统主要有 GSM、CDMA IS-95 两种制式；3G 移动通信系统三大主流技术标准是 WCDMA、TD-SCDMA 和 CDMA2000；4G 移动通信的 LTE 系统分为 FDD 和 TDD 两种制式；5G 移动通信系统支持 FR1 和 FR2 两个频段。

10. 2G 移动通信系统由 MS、BSS 和 NSS 组成；3G 移动通信系统由 UE、UTRAN、CN 组成；4G 移动通信系统由 UE、E-UTRAN、EPC 组成；5G 移动通信系统由 UE、NG-RAN、5GC 组成。

11. 移动通信终端具有多模性、机卡分离等特点。SIM 卡是 GSM 的移动用户所持有的 IC 卡，有 3 种类型。

12. 移动通信业务分为基本业务、补充业务和增值业务 3 类。移动通信典型业务有紧急呼叫、短消息业务、内容分发网络业务、智能网业务等。

13. 针对 6G 未来移动通信系统的研究正在全球兴起，可以将其特点概括为"全覆盖、全频谱、全应用、强安全"。

5.6　思考与练习

5-1　什么是移动通信？移动通信有哪些基本特点？

5-2　简要介绍移动通信常用的多址接入技术是什么？

5-3　典型的移动通信系统有哪些，分别有什么特点？

5-4　我国目前分配给运营商典型的工作频率有哪些？

5-5　简要介绍天线的基本参数。

5-6　4G 移动通信系统由哪几个部分组成？

5-7　5G 移动通信系统有哪几种典型应用场景？

5-8　简要介绍 5G 移动通信系统的基本组成。

5-9　5G 移动通信系统有哪些主要技术指标？

5-10　典型的移动通信业务有哪些？

5-11　谈谈你对 6G 移动通信系统的认识。

第6章
数据通信

06

（1）了解数据通信、局域网的概念，以及数据通信网的发展趋势；

（2）理解OSI参考模型与TCP/IP参考模型间的相互关系；

（3）了解IP地址的概念，掌握IP地址表示方式、IP转发基本原理；

（4）理解网络功能虚拟化的主要思想与应用，掌握网络功能虚拟化的整体架构；

（5）理解软件定义网络的主要思想与应用，掌握软件定义网络的整体架构；

（6）了解数据中心的概念和运营管理，掌握数据中心的整体架构。

6.1 数据通信概述

6.1.1 数据通信基本概念

20世纪50年代末，随着计算机技术的发展和普及，传统的通信技术和计算机技术逐渐融合，数据通信的通信方式兴起，该方式能够实现数据终端之间的信息传递。数据通信网通过数据传输链路将数据终端与数据网络设备连接，从而使不同地点的终端彼此之间能够进行数据通信，实现软件、硬件和信息资源的共享。

1. 数据通信网的组成

数据通信网由数据终端、数据网络设备和数据传输链路组成。

（1）数据终端

数据终端是数据通信网中信息的起点和终点，负责信息的产生和接收；数据终端还能探知数据通信网的工作状态，从而控制所产生信息的传送。数据终端包括客户端和服务器等。

（2）数据网络设备

数据网络设备是数据通信网的核心，它负责对数据传输链路的汇集、转接和分配。数据网络设备包括交换机、路由器、防火墙、无线接入控制器、无线接入点等。

（3）数据传输链路

数据传输链路将数据终端和网络设备进行连接，负责数据信号的传输，包括有线链路和无线链路。

2. 数据通信网主要设备

（1）交换机

交换机是一种转发数据信号的网络设备，如图6-1所示。在数据通信网中，交换机一般是距离终端最近的设备：终端通过交换机接入网络，终端的信息通过交换机进行转发。常见的交换机有广域网交换机和局域网交换机。交换机基于介质访问控制（MAC）地址识别，完成数据的转发。交换机面板上的端口分为两类：一类为数据转发端口，另一类为管理配置端口。数据转发端口有以太网接口、光接口等。管理配置端口有 Console 接口、USB 接口等。

（2）路由器

路由器是网络数据转发设备，负责网络中的数据报文转发，如图 6-2 所示。路由器根据所收到数据的目的地址选择一条合适的路径，将数据转发到下一个路由器或目的地。路由器是基于互联网协议（IP）地址来转发数据的。路由器的外观和交换机相似，但通常路由器的数据转发端口数量比交换机少得多。

图6-1　交换机

图6-2　路由器

（3）防火墙

防火墙是网络安全设备，用于将内部网和公众访问网分开，以此来实现对网络的安全保护，如图 6-3 所示。防火墙主要是借助硬件和软件的作用，在内部和外部网络的环境间产生一种安全保护屏障，从而实现对计算机不安全网络因素的阻断。防火墙通过制定安全策略，不仅可以保护内网不受外来网络攻击入侵，而且可以对用户访问进行流量监控。

（4）无线接入控制器

无线接入控制器（AC），用于组建无线局域网，要和无线接入点（AP）配合使用，如图 6-4 所示。AC 一般位于整个网络的汇聚层，负责汇聚来自不同 AP 的数据，同时完成对 AP 的配置管理、无线用户的身份认证管理及宽带访问管理等控制功能。

图6-3　防火墙

图6-4　无线接入控制器

（5）无线接入点

无线接入点，顾名思义就是无线客户端接入的点，俗称"热点"，如图 6-5 所示。AP 与 AC 配合使用，受 AC 的管理控制。AP 一般有 Fat AP("胖"AP)、Fit AP("瘦"AP)工作模式，根据网络规划的需求，可以灵活选用。

图6-5　无线接入点

3．数据通信网的分类

按业务服务范围及功能来划分，数据通信网可以划分为局域网（LAN）和广域网（WAN）。

（1）局域网

局域网又称内网，负责本地范围内数据终端的连接，实现本地信息共享，包括有线局域网和无线局域网。典型的局域网有一个家庭网络、一家公司的办公网络等。常用的局域网技术有以太网、Wi-Fi等。局域网覆盖的空间较小、相对独立，通信时延小、可靠性较高，同时建网、维护及扩展等较容易，系统灵活性高。

（2）广域网

广域网又称外网、公网，主要作用是把分布不均、相距较远的若干局域网连接起来。典型的广域网为互联网。广域网跨接的物理范围很大，所以通常数据传输速率比局域网低，信号的传输时延比局域网大。

6.1.2　数据通信网发展趋势

未来的世界是万物互联、万物智联和万智互联的数字世界，万物皆有IP地址，数据通信网的规模不断扩大。

① 高带宽和低时延。未来，数据通信网络将在以下方面突破：速率增长、时延降低、规模增加。

② 泛在互联。IP是当前能承载海量连接的技术，承载了海量的数据和算力，随着千亿级的物联终端和千行百业的应用接入，IPv6逐渐成为时代的主角，并不断地演进发展。最终的演进目标是在任意时刻，支持"Any to Any"的高质量、高保障的连接，实现空天地海一体化的泛在互联。

③ 绿色低碳。信息通信设备的数量和能耗快速增长，网络存在低流量时间段能耗依然高的问题。未来信息流和能源流将逐步融合，真正实现"比特管理瓦特"。其关键技术主要包括网络潮汐流量人工智能调优、系统智能休眠、物联智能控制、低能耗路径优先转发等关键技术。

④ 内容服务云化。云是由海量的数据存储资源、计算资源和应用程序组成的。云化服务，就是将用户服务器部署在自己的 IDC 上或租用第三方的服务，做到在已连接网络的情况下，数据随用随取。

随着信息通信技术的持续发展，未来数据通信将面临各种挑战，一是信息安全的挑战，在多领域数据密集传输场景应用趋势下，信息安全保障不容忽视；二是带宽成本的挑战，未来用户将有更高的带宽要求和更低的成本需求。这些都需要发展相应的技术，从而不断改进完善。

6.1.3　OSI 参考模型及 TCP/IP 协议栈

为了更好地促进互联网的研究和发展，国际标准化组织制定了网络互联的 7 层框架参考模型—— OSI 参考模型。OSI 参考模型的设计初衷是让不同厂商都来使用该模型，这样就能实现不同厂商的网络设备间的互联互通，同时也方便学习和理解。

1. OSI 参考模型

OSI 参考模型是一个 7 层的体系模型，第 7 层在顶部，第 1 层在底部（如图 6-6 所示）。OSI 参考模型由高到低依次为应用层、表示层、会话层、传输层、网络层、数据链路层和物理层。每一层都可实现不同的功能，并以协议形式描述，协议定义了该层与对端对等层通信所使用的一套规则和约定。每一层向相邻上层提供一套确定的服务，并且使用与之相邻的下层所提供的服务。

图6-6　OSI参考模型

应用层：包含应用程序生成的需要与对端通信的原始信息。

表示层：为应用层服务，实现应用层内容（数据信息）的书写语言、格式及可选信息的加密、数据格式转换和解密，把数据转换为能与接收者的系统格式兼容并适合传输的格式。

会话层：为表示层服务，标识与对端进行每一次对话的开始、继续、结束等，对会话进行维护。

传输层：为会话层服务，确定与对端通信的数据传送方式，可以是面向连接的，也可以是无连接的。

网络层：为传输层服务，负责数据报文在网络中的发送、转发和接收，具备网络寻址和路由等功能。

数据链路层：为网络层服务，以数据帧为基本单位，负责物理层的互联、节点之间的通信传输。

物理层：为数据链路层服务，以比特（bit）为基本单位，负责物理设备标准的定义，如接口类型、传输速率等。

2. TCP/IP 协议栈

由于 OSI 参考模型结构相对复杂、实现周期长，运行效率低，因此并未被广泛使用。传输控制协议 / 互联网协议（TCP/IP）成为事实上的工业标准，被广泛使用。TCP/IP 参考模型与 OSI 参考模型类似，也采用分层的体系结构（如图 6-7 所示）。TCP/IP 是能够在多个不同网络间实现信息传输的协议栈，具体包括 IP、ICMP、TCP、UDP、SCTP、Telnet、FTP 及 HTTP 等，它们是互联网必不可少的组成部分。

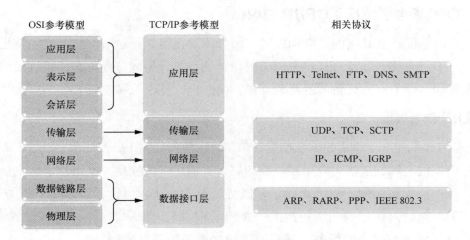

图6-7 TCP/IP参考模型与OSI参考模型比较

6.2 局域网

局域网是能够把分布在一定范围内的不同物理位置上的计算机设备连接在一起，通过相同的局域网通信协议标准实现计算机设备之间信息交互的网络。在计算机设备中，局域网功能通常由网络接口卡等硬件实现。局域网的覆盖范围一般从几十米到几千米，具有安装便捷、节约成本、扩展方便等特点，在各类办公场所中得到广泛运用。局域网按照传输介质的不同可以分为有线局域网和无线局域网两类。

6.2.1 有线局域网

有线局域网是指网络传输介质为有线介质的局域网，传输的时延和错误率都很低，通常以铜缆或光纤 / 光缆作为媒介，网络传输速率取决于设备所配置的网卡及连接设备网卡所采用的传输介质。目前，云数据中心大部分均采用 10GE、40GE、25GE、100GE 的网卡。有线局域网在发展过程中，出现了令牌环技术、异步传输模式（ATM）技术、光纤分布式数据接口（FDDI）技术和以太网技术等。其中，最常用的有线局域网技术是以太网技术。

1．以太网的概念

早期，由于网络公司互相竞争，局域网没有形成统一的标准，20 世纪 90 年代后，以太网获得垄断地位，以太网成为局域网代名词。以太网是一种计算机局域网组网技术，IEEE 802.3 标准给出了以太网的技术标准，标准中规定了物理层的介质类型和信号的处理方法。

2．以太网的分类

根据以太网的发展历程和网络的传输速率，一般将以太网分为以下 4 种类型。

（1）标准以太网

标准以太网是最早出现的以太网，其传输速率为 10Mbit/s，采用的传输介质主要是双绞线和光纤。传输介质不同，标准以太网的最大传输距离也不同，采用双绞线时的传输距离一般在 500m 内，采用光纤时最大传输距离为 2km。

（2）快速以太网

快速以太网又称百兆以太网，即传输速率为 100Mbit/s，采用的传输介质主要是非屏蔽双绞线和光纤。传输介质不同，快速以太网的最大传输距离也不同，采用非屏蔽双绞线时的传输距离一般约为 100m，采用光纤时最大传输距离为 2km。

（3）千兆以太网

千兆以太网又称为吉比特以太网，即传输速率为 1Gbit/s，采用的传输介质主要是铜线和光纤。以铜线作为传输介质时的最大传输距离为 100m，以光纤作为传输介质时的最大传输距离为 100km。

（4）万兆以太网

万兆以太网又称为十吉比特以太网，其速率为 10Gbit/s，主要采用光纤作为传输介质，最大传输距离可达到 80 km，并且只支持全双工工作方式。

3．以太网的网络结构

通常局域网采用两层架构，即局域网交换机负责将终端连接起来，并负责局域网内终端之间的通信；路由器通过 LAN 接口连接局域网交换机，通过 WAN 接口连接外部的其他 IP 网络的路由器。当局域网内的终端需要与局域网外的其他终端通信时，终端将数据报文发送至局域网交换机，局域网交换机再将数据报文发送至路由器，路由器再将数据报文发送至外部 IP 网络的路由器。相应地，局域网外的终端发送至局域网内终端的数据报文，需先送至路由器，路由器再将数据报文发送至局域网交换机，局域网交换机再将数据报文送至对应的终端，即路由器完成的是局域网与外部其他终端的互通。

图 6-8 是基本的局域网组网架构。图 6-9 是双局域网交换机和双路由器配置的高可靠局域网组网架构，能保障单个网络节点发生故障时，局域网仍然能正常工作（图中虚线为可选，通常不设置）。需要说明的是，当不存在局域网内终端与局域网外终端通信时，网络中可不配置路由器；当存在局域网内终端与局域网外终端通信，且局域网规模较小

（多个终端的整体流量规模较小）时，或者局域网内终端与局域网外终端通信的流量较小时，可以采用三层交换机替代图 6-8 和图 6-9 中的局域网交换机和路由器，三层交换机同时具备局域网交换机和路由器的功能，既负责局域网内终端之间的数据报文转发，又负责局域网内终端与局域网外终端之间的数据报文转发。

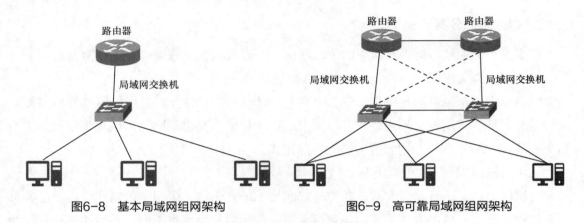

图6-8　基本局域网组网架构　　　　　　图6-9　高可靠局域网组网架构

规模较大的局域网通常采用三层组网架构，如图 6-10 所示。接入层负责将用户接入网络，当接入层交换机端口不足时，配置汇聚层交换机，转发同一局域网内的接入层交换机之间的数据报文，此时称为核心汇聚层交换机；出口层的路由器负责不同局域网之间的数据转发，以及局域网内的终端与外部 IP 网络的互通。

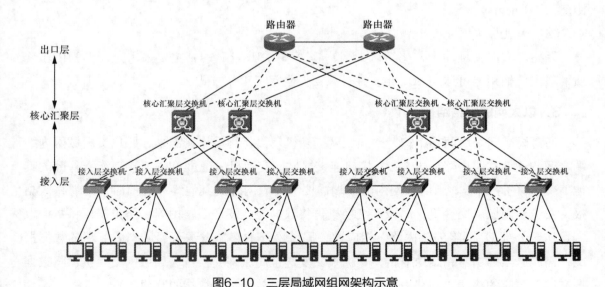

图6-10　三层局域网组网架构示意

4. 以太网交换机工作原理

以太网交换机由于工作在 OSI 参考模型的第二层，因此以太网交换机也称为二层交换机，主要利用第二层中的 MAC 地址进行以太网数据帧的识别与转发。

（1）以太网帧格式

在网络中的不同设备之间传输数据时，为了将数据报文可靠、准确地发送到目的地，高效地利用传输资源，首先要对高层（三层）传递来的数据报文进行拆分和打包，在重新打包的数据报文上添加目标地址、源地址和纠错码等，这些操作过程统称为数据封装。在以太网中进行数据处理时，有两种不同的数据封装格式，即有两种以太网帧格式，分别为 Ethernet Ⅱ 帧格式和 IEEE 802.3 帧格式，目前主要采用 Ethernet Ⅱ 帧格式封装。两种以太网帧格式如图 6-11 所示。

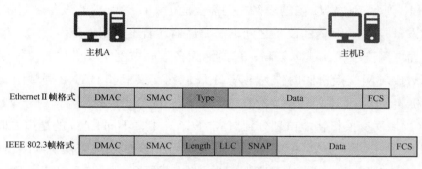

图6-11　以太网帧格式

（2）以太网交换机工作原理

二层交换机采用的是基于源地址学习的方式获得源 MAC 地址与端口间的对应关系，将获得的对应关系保存到 MAC 地址表中，最终就可以通过查看 MAC 地址表来确定目的 MAC 地址的转发端口。

以太网交换机的工作原理如图 6-12 所示。当交换机的 MAC 地址表还未形成时，若主机 1 要将数据发送给主机 2，数据就以泛洪的方式向所有端口转发，同时交换机会将主机 1 的 MAC1 地址与端口 GE0/0/1 的对应关系保存到 MAC 地址表中，其他路径的数据转发都采用同样的过程。通过上述方式，交换机最后便可以获得所有 MAC 地址和端口间的对应关系，形成 MAC 地址表。当 MAC 地址表中有了 MAC2 地址与端口间的对应关系，主机 1 再次向主机 2 发送数据时，交换机会在查询 MAC 地址表后直接将数据从 GE0/0/2 端口转发。

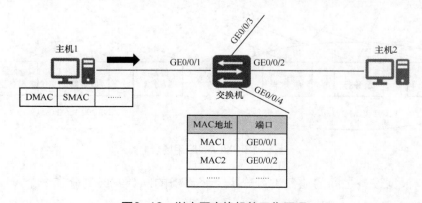

图6-12　以太网交换机的工作原理

（3）虚拟局域网（VLAN）技术

按照传统的二层交换技术，如果在交换机的 MAC 地址表中找不到目的 MAC 地址所对应的端口，数据包会以泛洪的方式进行转发，因而会产生严重的广播风暴。为了减小二层交换过程中带来的广播风暴，就需要对局域网进行精细的规划设计，划分 VLAN。

在局域网范围内划分 VLAN 主要存在以下两种场景。

场景 1：根据设备之间的通信关系，可以对设备进行分组，将具有通信关系的设备通过局域网交换机连接在一起构成一个 LAN，不具备通信关系的设备放在不同的 LAN 中。如图 6-13 所示，LAN1 内的设备之间需要通信、LAN2 内的设备之间需要通信，而 LAN1 内的设备与 LAN2 内的设备之间不需要通信，若不采用划分 VLAN 的方式，则需要部署 2 对局域网交换机，成本较高；目前绝大多数局域网交换机均支持 VLAN 划分功能，即由 1 对局域网交换机同时作为 LAN1 局域网交换机和 LAN2 局域网交换机使用。局域网交换机实现 VLAN 划分功能存在两种方式，方式 1 为基于端口划分 VLAN，如图 6-13 所示，局域网交换机将端口划分到对应的 LAN 中，不同 LAN 的端口之间不能互通；方式 2 为基于 IP 子网划分 VLAN，如图 6-13 所示，在局域网交换机与路由器之间，同一端口基于 LAN1 和 LAN2 的 IP 网段不同，路由器区分 LAN1 和 LAN2 的业务流，此方式能够节省路由器的端口（注：路由器也需支持 VLAN 划分功能）。实际应用中，通常局域网交换机组合使用方式 1 和方式 2，如图 6-13 所示；同一 LAN 内的设备通过二层交换机互通，不同 LAN 的设备通过三层路由器互通。

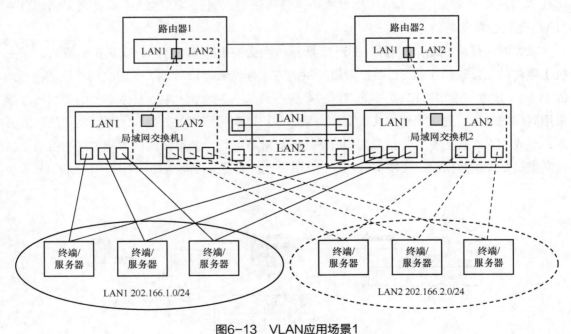

图6-13　VLAN应用场景1

场景 2：根据设备之间的业务进行分组，将设备的同类业务划分在一个 VLAN 内，将设备的不同类业务划分在不同的 LAN 中。如图 6-14 所示，LAN1 负责设备之间管理信息交互、LAN2 负责设备之间业务信息交互，设备需要支持 VLAN 划分功能，在 VLAN1 发送和接收管理信息，在 VLAN2 发送和接收业务信息；为了进一步保障 VLAN 业务的隔离性，通常会在设备内配置 2 个网卡，分别接入 LAN1 和 LAN2。

　　实际组网中，既可以分别存在场景 1 和场景 2，也可能存在场景 1 和场景 2 混合应用的情况。

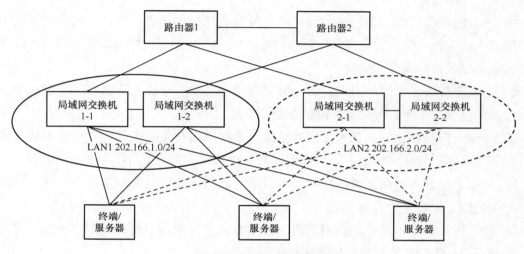

图6-14　VLAN应用场景2

　　通过上述 VLAN 的划分方式，可以将 LAN 内的广播报文限制在最小的范围内，并提高 LAN 的工作效率，同时也实现了在 LAN 层面的业务间隔离。

　　以划分 VLAN 的方式组建的局域网也称大二层网络。基于 IEEE 802.1q 标准，大二层网络中最大可以有 4094 个 VLAN；但这对于大型数据中心仍是不够的。虚拟扩展局域网（VxLAN）技术是一种很好的解决方案，VxLAN 是在三层网络上创建一个逻辑上的虚拟二层网络（或扩展 VLAN），24 位长度的 VxLAN ID 最大可以有 16777216（2^{24}）个 VLAN。

6.2.2　无线局域网

1. 无线局域网的概念

　　随着网络规模的不断扩大，有线的组网方式在组建、拆装、重建和改建时都非常困难，建网的成本也非常高，于是无线局域网（WLAN）应运而生。1990 年 11 月，IEEE 成立了 IEEE 802.11 标准委员会，开始制定无线局域网标准。1999 年，WFA 成立，它的主要目的是在全球范围内推行 WLAN 产品的兼容认证，发展 IEEE 802.11 无线技术，目前 Wi-Fi 联盟会员超过 300 家。人们通常将 Wi-Fi 技术称为 WLAN 技术。随着技术的发展革新，还出现了一些新型的无线技术，如 LiFi 技术等。

　　WLAN 是指不使用任何导线或传输线缆，仅使用无线电波来传送数据的局域网。由于容易受到无线传播环境的影响，无线局域网的数据传送距离一般只有几十米，典型的应用场景有家庭、学校、政府办公楼和企业办公楼等。

2. 无线局域网的特点

无线局域网具有很多优点，发展十分迅速，在很多场景中都得到了非常广泛的应用。主要有以下几个优点。

① 灵活性和移动性。在无线局域网中，设备的摆放位置比较灵活，用户在无线信号覆盖区域内的任何一个位置上都可以接入网络。同时，与无线局域网连接的用户可以在移动过程中仍然保持与网络的连接。

② 安装便捷。无线局域网用户侧一般只需要一个或多个接入设备即可实现覆盖，在安装设备时减少甚至免去了大量的网络布线工作。

③ 易于进行网络规划和调整。当网络地点或网络拓扑发生变化时，通常需要对网络进行调整或重建。无线局域网在调整或重建时，数据规划和网络布线都简单易实现。

④ 故障定位容易。在无线局域网出现故障时，不需要检查线路连接的问题，缩小了故障排查范围，故障定位容易实现。

⑤ 易于扩展。由于无线局域网采用无线的方式进行组网，设备或用户的加入更加方便，因此可以很快地从小型局域网扩展为大型局域网。

除了以上优点，无线局域网也有一些缺点，影响了其实际推广使用。

① 极易受到干扰。无线局域网工作在 2.4GHz 和 5GHz，频点资源少，频段开放，极易受到系统内部及其他系统和设备的干扰。

② 覆盖范围小。无线局域网的低功率和高频率限制了其覆盖能力。

③ 可靠性较差。无线局域网系统采用载波监听多路访问/冲突避免机制，用户间采用抢占方式占用资源，对用户接入可靠性保障较差。

④ 性能易受障碍物影响。利用无线电磁波进行信号传输时，无线环境中的建筑物、车辆、树木等障碍物都可能对信号传输产生影响，从而对网络性能产生影响。

⑤ 安全性相对较低。由于无线信号是发散性传输的，因此在无线电波的广播范围内容易监听到无线信号，从而导致通信信息的泄露。

3. 无线局域网的组网结构

无线局域网一般由用户终端中的无线网卡、实现用户接入的 AP、对 AP 数据进行汇聚的 AC 路由器、交换机构成。实现用户无线接入时，只需在用户侧安装无线路由器或无线 AP 后，再在终端安装无线网卡即可。目前大多数终端已经具备了无线功能，可以直接与路由器或 AP 进行无线连接实现上网功能。无线局域网的组网结构如图 6-15 所示。

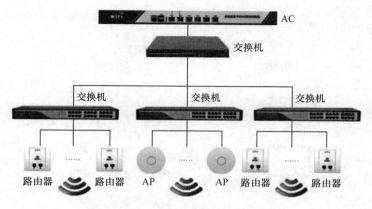

图6-15 无线局域网的组网结构

4．无线局域网的标准

1997 年，IEEE 为无线局域网制定了第一个版本的标准（IEEE 802.11），它作为无线局域网的统一标准，为数据在无线局域网中的传输提供了指导。无线局域网在得到广泛应用的同时，IEEE 802.11 标准和无线技术也在不断发展，先后出现了 IEEE 802.11b、IEEE 802.11a、IEEE 802.11g、IEEE 802.11n 等一系列标准，各个标准对应的工作频段和速率也在发生变化。IEEE 802.11 系列标准如表 6-1 所示。

表 6-1　IEEE 802.11 系列标准

标准名称	IEEE 802.11b	IEEE 802.11a	IEEE 802.11g	IEEE 802.11n	IEEE 802.11ac	IEEE 802.11ax
Wi-Fi 名称	Wi-Fi 1	Wi-Fi 2	Wi-Fi 3	Wi-Fi 4	Wi-Fi 5	Wi-Fi 6
发布时间	1999 年	1999 年	2003 年	2009 年	2014 年	2019 年
工作频段	2.4GHz	2.4GHz	2.4GHz	2.4GHz/5GHz	5GHz	2.4GHz/5GHz
最大速率	11Mbit/s	54Mbit/s	54Mbit/s	600Mbit/s	1Gbit/s	11Gbit/s

6.2.3　局域网的应用

根据用户数量的多少，局域网一般可以分为小型、中型、大型 3 种规模。小型局域网比较简单，一般只需要一个路由器或无线 AP 即可实现小范围内的用户接入；中型局域网组建需要借助路由器及交换机；而大型局域网则还需要通过中心控制器来扩大其覆盖面积。

家庭局域网就属于一个典型的小型局域网，其组网结构如图 6-16 所示。电视机一般通过机顶盒与光猫相连，光猫通过网线与无线路由器相连，无线路由器通过无线电波与家庭中的计算机和手机相连，这样就组建成了一个典型的家庭局域网，家庭设备可以以此方式接入网络，实现接收网络业务、访问网络资源的目的。

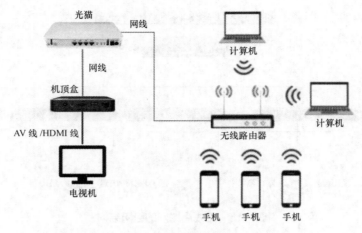

图6-16　家庭局域网组网结构

▌拓展阅读

　　2024 年 3 月 22 日，中国互联网络信息中心（CNNIC）发布第 53 次《中国互联网络发展状况统计报告》（以下简称《报告》）。《报告》显示，截至 2023 年 12 月，我国网民规模达 10.92 亿人，较 2022 年 12 月新增网民 2480 万人，互联网普及率达 77.5%。相关数据显示，我国互联网在加快推进新型工业化、发展新质生产力等方面发挥重要作用。网络基础设施建设持续加强，服务质量深度优化，互联网赋能千行百业，更多人共享互联网发展成果。

6.3　IP网络技术

　　网络层即 IP 层，其主要工作是对数据进行 IP 封装，再根据路由信息把数据包转发到目的主机进行处理。在此过程中，具体涉及的内容包括 IP 地址规划、IP 数据包封装、IP 数据包路由转发及 IP 应用等。

6.3.1　IP 地址

　　IP 地址，即互联网协议地址，由国际组织网络信息中心（NIC）负责统一分配。互联网中每台计算机和相关设备都有唯一的 IP 地址。IP 地址有标准的编址方案，IP 地址目前主要有 IPv4 地址和 IPv6 地址两种。

1. IPv4 地址

　　IPv4 是第 4 版互联网协议，也是第一个被广泛使用、构成大规模应用的互联网技术的基础协议。IPv4 地址是一个长度为 32 位的二进制数，按照 8 位构成 1 个字节的基本特性，IP 地址通常被分割为 4 个字节，用点分十进制表示成 $m.n.x.y$ 的形式，m、n、x、y 都是 0 ~ 255 的十进制整数。例如点分十进制表示的 IP 地址为 192.1.2.10，表示为二进制数是 11000000.00000001.00000010.00001010。

32 位的 IPv4 地址从中间切割分为前后两段，前面一段（高位）称为"网络号"，用于标识 IP 网络；后面一段（低位）称为"主机号"，用于标识网络内的主机（终端）。最初 IPv4 地址被划分为 A 类、B 类、C 类、D 类和 E 类，共 5 类 IPv4 地址。其中，A 类、B 类、C 类 IPv4 地址通常用于单播，D 类 IPv4 地址用于组播，E 类 IPv4 地址作为保留。5 类 IPv4 地址划分如表 6-2 所示。

表 6-2　5 类 IPv4 地址划分

类别	网络号位数（字节）	主机号位数（字节）	可标识主机数（个）	地址范围
A	1	3	$2^{24}-2=16777214$	1.0.0.0 ～ 126.255.255.255
B	2	2	$2^{16}-2=65534$	128.0.0.0 ～ 191.255.255.255
C	3	1	$2^{8}-2=254$	192.0.0.0 ～ 223.255.255.255
D	前（高位）4 个比特固定为 1110			224.0.0.0 ～ 239.255.255.255
E	前（高位）4 个比特固定为 1111			240.0.0.0 ～ 255.255.255.255

在 A 类、B 类、C 类 IPv4 地址中，保留了一些地址作为特殊用途，不分配给网络主机，这些地址被称为私有地址，私有地址不能够被公网（互联网）路由。私有地址通常用于公司 / 企业内部的专网，专网内的终端互通可采用私有地址，当专网内的终端需要与公网互通时，需要在接入公网之前由网络地址转换（NAT）设备将私有地址转为公有地址。还有一部分地址用于测试，被称为保留地址。私有地址和保留地址范围如表 6-3 所示。

表 6-3　私有地址和保留地址范围

类别	私有地址范围	保留地址范围
A	10.0.0.0 ～ 10.255.255.255	127.0.0.0 ～ 127.255.255.255
B	172.16.0.0 ～ 172.31.255.255	169.254.0.0 ～ 169.254.255.255
C	192.168.0.0 ～ 192.168.255.255	/

一个网络号下的主机号标识网络内的主机（终端），其中，主机号为全"0"和全"1"的地址不能分配给主机，全"0"标识本网络，用于路由表；全"1"是本网络内的广播地址，如表 6-2 所示。当一个公司 / 企业需要多个网络，且每个网络内的主机数量较少时，采用上述 A 类、B 类、C 类 IPv4 地址的方式将造成地址的极大浪费和极低的 IP 地址使用效率，为解决这一问题，产生了子网掩码。

子网掩码长度与 IP 地址长度一致，即 32bit，由前段（高位）全"1"和后段（低位）全"0"组成，子网掩码与 IP 地址逐位进行"与"操作来确定 IP 地址中的网络号和主机号，如某企业获得了一个 B 类 IPv4 地址 170.166.X.X，则其可以部署一个网络号为170.166 且网络内可以有 65534 个主机的 IP 网络。如果企业内部存在 6 个 IP 网络，且其最大的 1 个 IP 网络内需要 8000 个地址，则可以通过子网掩码将 170.166.0.0 网络变为170.166.0.0/19、170.166.32.0/19、170.166.64.0/19、170.166.96.0/19、170.166.

128.0/19、170.166.160.0/19、170.166.192.0/19、170.166.224.0/19 共 8 个子网（如图 6-17 所示），即 IP 地址中的前（高位）19 位作为网络号，后（低位）13 位作为主机号；将其中的 170.166.32.0/19、170.166.64.0/19、170.166.96.0/19、170.166.128.0/19、170.166.160.0/19、170.166.192.0/19 用于 6 个 IP 网络，而 170.166.0.0/19 和 170.166.224.0/19 可进一步通过子网掩码细分用于 6 个 IP 网络之间的互联地址。

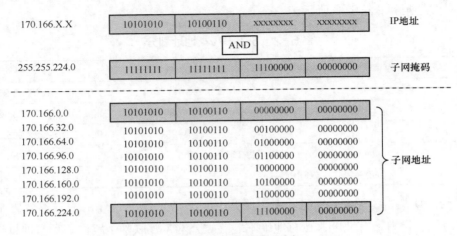

图6-17　子网划分示例

需要说明的是，子网掩码只能"向下掩"，如一个 B 类 IPv4 地址，掩码长度必须大于 16 位。

为了提高数据报文的路由寻址效率，通常会对路由表中的路由条目进行路由汇聚，以减少路由表中路由条目；应用无类别域间路由选择（CIDR）技术后，可以突破 A 类、B 类、C 类 IPv4 地址标识"网络号"的限制，如以 170.166.0.0/15 标识 1 条汇聚路由，类似于使用"向上掩"的子网掩码。

2．IPv6 地址

随着互联网的应用和发展，IPv4 提供的网络地址资源逐渐不足，因此出现了第 6 版互联网协议（IPv6）技术。IPv6 是由国际因特网工程任务组（IETF）设计的 IP，其丰富的网络地址资源可以解决大量多类设备连入互联网出现的问题，使之成为可以替代 IPv4 的下一代技术。

IPv6 相对于 IPv4，拥有了更大的地址空间，使用的路由表更小，增加了增强的组播支持和流控制，加入了对自动配置的支持，且具有了更高的安全性和可扩充性。

（1）IPv6 的地址表示方法

IPv6 的地址长度为 128 位，采用十六进制表示。IPv6 的地址有以下 3 种表示方法。

① 冒分十六进制表示法。格式为 $N:N:N:N:N:N:N:N$，其中每个 N 的长度为 16 位，采用十六进制表示，如 6B3D:E501:01F5:6789:ABCD:1234:CD45:171C。

② 0 位压缩表示法。某些情况下，IPv6 地址中间可能会包含较长的一串 0，此时就

可以把一段连续的 0 压缩为 "::"。为了保证地址解析的唯一性，"::"在地址中只能出现一次，如 EF01:0:0:0:0:0:0:1310 就可以压缩表示成 EF01::1310。

③ 内嵌 IPv4 地址表示法。为了使 IPv4 与 IPv6 能够互通，可以将 IPv4 地址嵌入 IPv6 地址，此时地址常表示为 $N:N:N:N:N:N:d.d.d.d$，前 96 位采用冒分十六进制表示法，最后 32 位地址使用 IPv4 中的点分十进制表示，如 ::FFFF:192.168.0.1。

（2）IPv6 的地址分类

IPv6 定义了 3 种地址类型，分别是单播地址、组播地址和任播地址。IPv6 的单播地址和组播地址与 IPv4 类似，单播地址用来唯一地标识一个接口，组播地址和任播地址都用来标识一组接口。组播地址与任播地址的区别是，发送到组播地址的数据报文被传送给此地址所标识的所有接口，而发送到任播地址的数据报文只会被传送至所标识的这一组接口中距离源节点最近的一个接口。

3. IPv4 向 IPv6 过渡的技术

互联网正处于从 IPv4 向 IPv6 过渡演进的过程中。部署 IPv6 网络，需要网络终端设备、网络服务器设备、网络连接设备（路由器等）全面支持 IPv6；但由于 IPv6 地址在地址结构等方面与 IPv4 地址存在较大的差异，现有的互联网设备，有些能够升级改造为支持 IPv6，但有些设备需要整体替换；在现实中，不可能一夜之间全部设备均改造完成支持 IPv6，因此，在互联网中，IPv4 与 IPv6 必将共存相当长的一段时间。

从 IPv4 向 IPv6 过渡，主要包括 3 类技术，分别为双协议栈技术、隧道技术和翻译技术。其中，双协议栈技术是 IPv4 与 IPv6 共存的基础。

① 双协议栈技术是指网络支持 IPv4 和 IPv6 双协议栈，终端和服务器分别改造为支持 IPv4 和 IPv6 双协议栈；具备 IPv4 和 IPv6 双协议栈功能的终端首先尝试采用 IPv6 访问服务器，若服务器不支持 IPv6，则尝试采用 IPv4 访问服务器。

② 隧道技术主要用于在多个 IPv6 网络孤岛之间通过现有的 IPv4 网络互联的情景，IPv4 网络入口路由器将 IPv6 数据报文封装在 IPv4 数据报文中传送至 IPv4 网络出口路由器，在 IPv4 网络出口路由器剥离掉 IPv4 报头还原为 IPv6 数据报文再送至 IPv6 网络。

③ 翻译技术就是由网络将 IPv6 地址转换为 IPv4 地址，或者将 IPv4 地址转换为 IPv6 地址。

6.3.2 IP 报文

在 OSI 参考模型和 TCP/IP 参考模型中，IP 网络层使用 IP 作为传输数据的协议，按照协议规定的内容传输的数据包被称为 IP 数据报文或 IP 数据包。

1. IPv4 数据报文结构

IPv4 数据报文由报头和数据两个部分组成。报头也称为首部，包含固定部分和可选字段，其中固定部分是所有 IP 数据报文必须具有的，包含该报文的源地址、目的地址等基本信息；可选字段一般用于实验、诊断及填充。数据部分的长度不固定，其长度取决于上层一个完整的数据报文的长度，即来自传输层的数据报文。IPv4 数据报文结构如图6-18 所示。

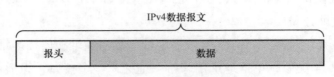

图6-18　IPv4数据报文结构

2．IPv6 数据报文结构

IPv6 数据报文的整体结构分为报头、扩展报头和数据 3 部分。IPv6 数据报文结构如图 6-19 所示。

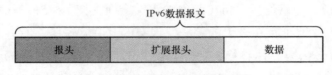

图6-19　IPv6数据报文结构

报头是必选报文头部，长度固定为 40 字节，包含该报文的基本信息。扩展报头是可选报文头部，可能存在 0 个、1 个或多个，IPv6 通过扩展报头实现各种丰富的功能。数据是 IPv6 数据报文携带的上层数据，即来自传输层的数据报文。

6.3.3　IP 转发原理

数据可以在同一网络内或不同网络之间进行传输，数据转发过程也分为本地转发和远程转发，转发原理基本一致，都遵循 TCP/IP 协议栈的规则。

1．数据封装过程

当通信双方建立连接后，发送端会将在应用层封装完的数据交给传输层作为净荷，添加 TCP 首部、UDP 首部或 SCTP 首部，进行传输层数据封装；封装完的数据包会交给网络层作为净荷，添加 IP 首部，进行网络层数据封装；网络层封装完成的数据包交给数据链路层作为净荷，添加 MAC 首部，进行数据链路层数据封装；最后将封装完成的数据包交给物理层。数据包通过物理通道传输到接收端后，接收端进行数据解封装，解封装的过程即数据封装的逆过程，从下至上逐步拆除数据包首部，最后还原出原始数据。数据封装过程如图 6-20 所示。

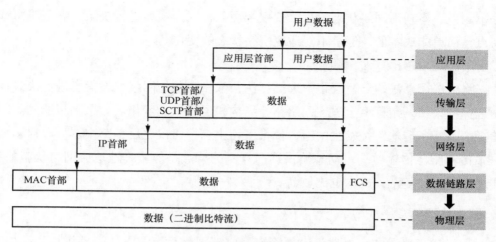

图6-20　数据封装过程

2．IP 转发原理

IP 数据报文的发送和转发包括两个部分：一是主机发送 IP 数据报文，二是路由器转发 IP 数据报文。如果 IP 数据报文的源地址和目的地址在同一个网络中（即数据报文的目的 IP 地址与源 IP 地址的网络号相同），则可以由交换机直接转发；如果 IP 数据报文的源地址和目的地址不在同一个网络中（即数据报文的目的 IP 地址与源 IP 地址的网络号不同），那么就需要经过路由器进行间接转发（数据报文的 MAC 地址为所在局域网出口路由器的 MAC 地址）。IP 转发过程如图 6-21 所示。

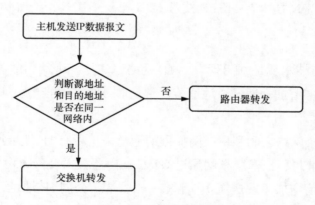

图6-21　IP转发过程

6.3.4　交换路由技术

1．路由选择算法

路由选择算法可以分为静态路由选择算法和动态路由选择算法。

（1）静态路由选择算法

静态路由选择算法是非自适应的路由选择算法，依靠手工输入的信息来配置路由表，该算法不测量、不利用网络状态信息，仅仅按照某种固定规律进行决策。静态路由选择算法的特点是简单和成本低，但是不能适应网络状态的变化。

（2）动态路由选择算法

动态路由选择算法是自适应路由选择算法，依靠当前的网络状态信息进行决策，从而使路由选择结果在一定程度上适应网络拓扑结构和通信量的变化。如果到目的站点的多条传输路径中有一条传输路径发生中断，执行了路由选择协议之后，路由器可以自动地选择另外一条传输路径传输数据。动态路由选择算法的特点是能较好地适应网络状态的变化，但是实现起来较为复杂，成本也比较高。

2．路由协议

由同一个公司建设的网络称为内部网络，内部网络具有统一的管理机构和路由策略。路由协议又有内部网关协议（IGP）和外部网关协议（EGP）之分。路由信息协议（RIP）、开放最短路径优先（OSPF）协议、中间系统到中间系统（IS-IS）路由协议都是内部网络采用的路由协议，属于内部网关协议。边界网关协议（BGP）是多个自治域之间的路由协议，是一种外部网关协议。

3．VPN 技术

当两张相互独立的 IP 网络（连接不同的终端／服务器）共用路由器设备时，路由器须支持虚拟专用网（VPN）功能，即通过 VPN 技术，一个路由器设备为多个不同 IP 网提供服务，常见的 VPN 技术有 MPLS 技术。

4．隧道技术

简单地说，隧道技术就是利用现有的 IP 网络，建立一个端到端的通道，主要技术是在 IP 数据报文的头部增加一层隧道地址（通常是 IP 地址）的封装。以下为隧道技术的主要用途。

① 在异地的两个网络之间利用公网提供的通道采用私有 IP 地址通信，如通用路由封装（GRE）隧道地址封装技术。私网通过 GRE 路由器接入公网，由 GRE 路由器在私有 IP 地址数据报文之前增加（发送端）／删除（接收端）公网 IP 地址，通过公网透传私有 IP 地址数据报文。

② 对数据报文进行加密，如 IP 安全协议（IPSec）。

6.3.5 IP 网络的应用

通过 IP 网络可以实现一个城市、一个省（区域）、一个国家乃至多个国家甚至全球的多个支持 IP 的局域网的互联。以下列举 IP 网络的两个典型应用场景，根据具体场景、用户数量、业务需求等因素的不同，所需的设备类型及设备数量也会存在一定的差异。

1. 内部 IP 设备互联

常用于位于不同地理位置的同一公司或企业内的 IP 设备互联。图 6-22 所示为同一企业内部的不同分支机构的 IP 网络通过 IP 骨干网实现互联的例子，即广域网应用示例。本示例同样适用于电信运营商为完成相关基于 IP 底层协议的信息通信网核心网网元（含信令网网元）之间的互联所组建的 IP 专网。需要说明的是，IP 网络仅负责基于 IP 地址的数据报文的转发，至于源端设备如何获得目的端设备的 IP 地址，则仍由业务层负责。例如，企业内部设置 DNS 完成 URL 解析等，信息通信网核心网依靠局数据配置及相关 DNS 查询获得目的网元的 IP 地址等。

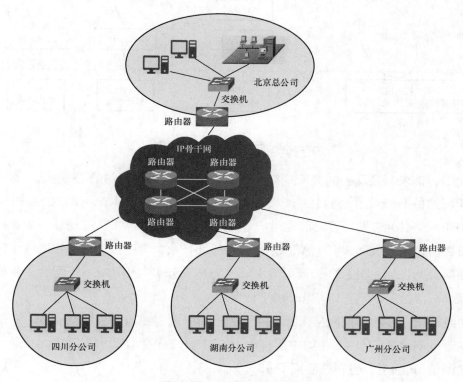

图6-22　广域网应用示例

2. 互联网接入及内容访问

电信运营商面向固定接入用户（包括家庭终端、企业／集团客户）、移动接入用户（移动终端）提供互联网接入服务，用户通过运营商提供的互联网接入服务，可以访问互联网提供的内容服务（网络页面访问、文件下载、视频观看、游戏下载等），如图 6-23 所示。

固定接入用户通过 PON 接入运营商 BRAS 设备，BRAS（vBRAS-C）与 AAA 服务器交互完成对用户的鉴权认证和业务授权，即完成接入控制；BRAS（vBRAS-C）为用户分配 IP 地址，用于终端访问互联网业务。终端使用 URL 访问互联网内容，首先需要获得目标网站的 IP 地址（即目的 IP 地址），此时终端需要通过自身预先配置的 DNS（DNS

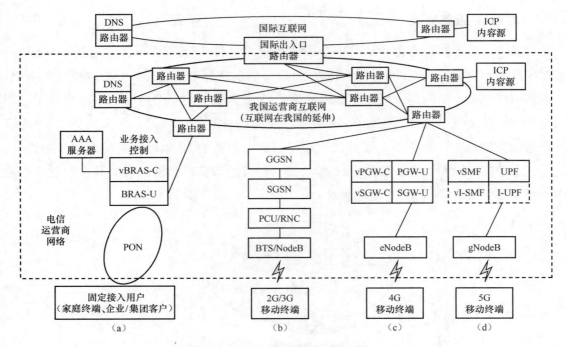

图6-23　互联网接入及内容访问

的 IP 地址），请求互联网上的 DNS 将目标 URL 解析为目标网站的 IP 地址，然后再以获得的目标网站的 IP 地址作为目的 IP 地址访问互联网的对应网站，用户的上网流量经由 BRAS（BRAS-U）转发；若之前为用户分配的 IP 地址为 IPv4 私有地址，则在接入互联网路由器之前，须通过 NAT/PAT 设备将用户源 IP 地址转换为公有 IP 地址（包括终端访问互联网 DNS 的数据报文）；同时 BRAS（vBRAS-C 与 BRAS-U 配合）生成用户终端访问互联网流量的话单（CDR），用于计费。

　　移动终端通过移动通信网接入互联网，当移动终端需要访问互联网业务时，发起运营商规定的互联网 APN/DNN（如中国移动为 CMNET）建立请求，网络为移动终端建立访问互联网的 IP 通道，包括核心网 GGSN（2G/3G）、PGW（vPGW-C）（4G）、vSMF（5G）；为用户分配用户 IP 地址并可同时向终端提供一个互联网 DNS 的 IP 地址；终端使用网络分配的用户 IP 地址和提供的互联网 DNS 的 IP 地址可以访问互联网业务服务内容；2G/3G 移动终端的移动互联网流量通过 BTS/NodeB、PCU/RNC、SGSN、GGSN 疏通至互联网；4G 移动终端的移动互联网流量通过 eNodeB、SGW（SGW-U）、PGW（PGW-U）疏通至互联网；5G 移动终端的移动互联网流量通过 gNodeB、UPF（或经 I-UPF 再至 UPF）疏通至互联网。若核心网 GGSN（2G/3G）、PGW（vPGW-C）（4G）、vSMF（5G）为用户分配的用户 IP 地址为 IPv4 私有地址，则需在 GGSN（2G/3G）、PGW（PGW-U）（4G）、UPF（5G）与互联网之间部署 NAT/PAT 设备，完成 IPv4 私有地址与公有 IP 地址间的转换。GGSN、PGW[vPGW-C(与 PGW-U 配合)]、vSMF(与 UPF 配合) 与 CHF 配合，生成用户终端访问互联网流量的话单（CDR），用于计费。另外，4G 网络为终端用户提供"永远在线（Always Online）"服务，在用户终端接入 4G 网络时，即可立即为用户建立访问互联网的 IP 通道。

6.4　网络功能虚拟化

6.4.1　NFV 产生背景

信息技术（IT）类企业通过"云计算"获得了巨大成功，通信技术类企业也希望能够在通信产品中引入云计算技术，于是诞生了网络功能虚拟化（NFV）类的概念。2012 年 10 月，以 AT&T 为首的多家运营商在欧洲电信标准组织（ETSI）发起成立了一个新的网络功能虚拟化标准工作组，并于 2015 年 1 月发布了第一个 NFV 的规范，提供了 NFV 的参考架构，为 NFV 在信息通信网中的部署实施奠定了基础。

6.4.2　NFV 基本概念

NFV 是一种在虚拟化的云资源池中部署信息通信网网元的技术解决方案。NFV 利用 IT 虚拟化技术将信息通信网网元的专用硬件替换为云资源池基础设施提供的虚拟化硬件资源，包括计算资源、存储资源和 IP 网络接口资源。

通过 NFV 技术，目前 5G 核心网中的控制面网元、用户数据网元已经实现了虚拟化部署；数据通信网中的宽带远程接入服务器 – 控制面正在逐步实现虚拟化部署；对吞吐量要求不高的低端路由器和防火墙等设备也实现了虚拟化部署，但对吞吐量要求较高的高端路由器、防火墙、宽带远程接入服务器 – 用户面及 5G 核心网用户面等设备的虚拟化尚依赖于硬件加速卡的通用性进展。

6.4.3　NFV 整体架构

ETSI 发布的 NFV 参考体系架构如图 6-24 所示：可以将 NFV 视为"三层 + 一域"的系统架构。"三层"即为横向的：硬件资源层、虚拟层、虚拟化网元层；"一域"即为纵向的：NFV 管理和编排（MANO）域。

1．硬件资源层

该层位于 NFV 参考体系架构的最底层，提供承载信息通信网网元和 MANO 所需的硬件资源，将物理设备集合在一起，构成一个硬件资源池，包括计算资源、存储资源和网络资源。

① 计算资源：主要指硬件服务器（包括处理器、内存、网卡及必要的系统硬盘），为虚拟层提供计算（处理）能力。

② 存储资源：主要指专门用于数据存储的外置存储设备，有基于磁盘阵列的集中式存储设备和基于硬件服务器的分布式存储设备两类选择。

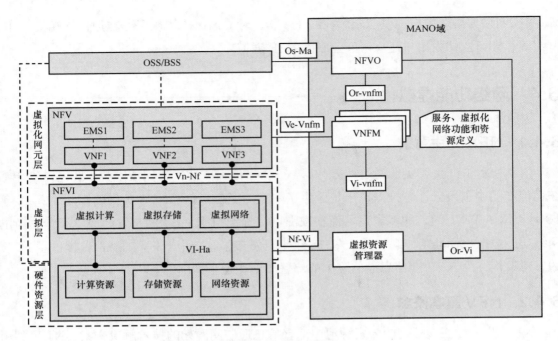

图6-24 NFV参考体系架构

③ 网络资源：主要指负责将上述计算资源和存储资源连接在一起的数据通信设备。

2．虚拟层

该层位于硬件资源层与虚拟化网元层之间，运行虚拟机监视器软件 Hypervisor。

虚拟机监视器软件 Hypervisor 负责提供将物理资源虚拟为多个虚拟机的功能，即将一台物理服务器内的多个 CPU 核 + 内存资源 + 网卡接口带宽资源，"切割"为多个组件（CPU、内存、网卡）齐备的单元，再加上按需"切割"出的存储资源（硬盘），构成一个组件（CPU、内存、硬盘、网卡）齐备的虚拟机。

3．虚拟化网元层

该层位于虚拟层之上，包括虚拟网络功能（VNF）、组件管理系统（EMS），以及虚拟网络功能管理器（VNFM）。

虚拟化网络功能是信息通信网中的一个个网元。类似于每个物理网元都是由多个硬件单板组成的，且多个硬件单板的类型 / 规格有可能是不同的，每个 VNF 也是装载在多个虚拟机上的，且多个虚拟机有可能归属于多种规格。

组件管理系统是 VNF 的操作维护中心，对 VNF 进行集中配置、故障告警管理、性能指标统计、网络拓扑呈现及操作安全性管理。

虚拟化网络功能管理器属于 MANO 内的网元，如创建 VNF 需要多个不同规格的虚拟机，此信息是由 VNFM 通知到虚拟管理器（基础设施 VIM），再指示 Hypervisor 进行虚拟机的创建，即在共享的物理资源集合内"切割"出 VNF 所需的虚拟机。

4. NFV 管理和编排域

该域纵向跨硬件资源层、虚拟层、虚拟化编排器网元层，包括 VIM、VNFM、NFV 编排器（NFVO）。

虚拟资源管理器是虚拟化基础设施管理系统，虚拟资源及硬件资源管理的执行者，通常独占物理机资源。

VNFM 实现虚拟网元全生命周期管理，是 VNF 管理的执行者，即将 VNF 对虚拟机规格和数量的需求传导给 VIM，负责 VNF 的创建、扩容、缩容、删除等。同一 MANO 内，允许配置多套 VNFM，分别负责不同的 VNF 管理。

NFVO 可以实现网络服务、虚拟网络全生命周期管理及全局资源管理，是云管理的决策者。

6.4.4　NFV 主要应用

NFV 通过将信息通信网网元的软件与硬件资源解耦，实现了信息通信网网元的硬件设备通用化。基于专用硬件的信息通信网网元正逐步向基于通用硬件平台 NFV 架构的虚拟化信息通信网网元发展演进。移动通信网络的 NFV 直接应用众多，如移动核心网控制面网元和 IMS 控制面网元的虚拟化。

6.5　软件定义网络

6.5.1　SDN 基本概念

信息通信技术的高速发展，特别是新型业务的大规模部署，对网络的可扩展性、安全性、可控可管性等方面提出了更高的要求，传统 IP 网络的业务路由调度机制不够灵活，应对 IP 网络中突发及异常流量流向改变的方法不够多。软件定义网络（SDN）作为一种新型的网络架构，能很好地实现控制与转发分离，从而实现网络流量的灵活控制。

SDN 利用分层架构的设想，通过将 IP 网络中路由设备的控制与数据转发分离，将路由交换的控制权集中到控制设备上，而负责转发数据的设备根据控制设备下发的 IP 路由表或 IP 流表完成数据转发功能，以快速处理匹配的数据包，更好地适应流量日益增长的需求，使网络管理变得更加简单、灵活和智能。

6.5.2　SDN 整体架构

SDN 整体架构由上到下（也称由北到南）分为应用层、控制层和基础设施层，层与层之间使用应用程序接口（API）进行通信，分为南向接口和北向接口，如图 6-25 所示。

应用层包含着各种基于 SDN 的网络应用，用户无须关心底层细节就可以编程、部署新应用，并将业务路由需求通过控制层的 SDN 控制器（SDNC）的北向接口，发送给 SDNC。

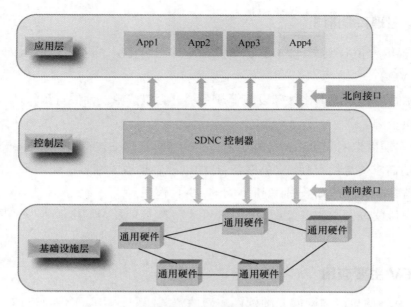

图6-25　SDN整体架构

控制层是集中式SDNC，相当于SDN的指挥中心，协调网络中的可用资源。SDNC通过北向接口接收应用层的业务请求，负责IP网络的业务转发的路由转发规则的控制数据，并将相应的IP数据报文的路由转发规则通过南向接口下发给相关的数据报文转发设备（路由器、交换机等）。

基础设施层由交换机、路由器等通用硬件组成，各通用硬件之间通过不同规则形成的SDN数据通路连接。

控制层和应用层之间的接口为北向接口，控制层和基础设施层之间的接口为南向接口。

北向接口用于应用层与控制层之间的通信。控制层可以为应用层提供抽象的网络视图，使应用程序能够直接控制网络行为。同时了解应用层需要什么资源，以及它们的目的地，从而协调网络中可用的资源。控制层还可以根据应用层的时延和安全需求，规划最佳路径。

南向接口用于基础设施层与控制层之间的通信，控制所有转发行为、设备性能查询、统计报告、事件通知等。控制器可以实时改变路由器和交换机转发的方式。数据不再依赖于设备路由表来确定数据转发路径，而是由控制器根据网络管理员建立的策略，智能优化数据转发路径，自动确保应用程序流量路由。

6.5.3　SDN 主要特征

（1）控制和转发分离

逻辑上集中的控制能支持获得网络资源的全局信息，并根据业务需求进行资源的全局调配和优化，如流量工程、负载均衡等。同时，集中控制还使整个网络可在逻辑上被视作一台设备进行运行和维护，无须对物理设备进行现场配置，从而提升了网络控制的便捷性。

（2）开放接口

开放的南向接口和北向接口能够实现应用程序和网络的无缝集成，使应用程序能告知网络如何运行才能更好地满足应用程序的需求，如业务的带宽、时延需求、计费对路由的影响等。另外，支持用户基于开放接口自行开发网络业务并调用资源，加快新业务的上线速度。

（3）设备资源虚拟化

南向接口的统一和开放，屏蔽了底层物理转发设备的差异，实现了底层网络对上层应用的透明化。逻辑网络和物理网络分离后，逻辑网络可以根据业务需要进行配置、迁移，不再受具体设备物理位置的限制。同时，逻辑网络还支持多租户共享，支持租户网络的定制需求。

6.5.4　SDN 主要应用

目前，SDN 技术在 IP 骨干网、数据中心云资源池、企业云资源池等领域中均得到广泛应用。预计未来会存在车联网方面的应用。

1. SDN 在 IP 骨干网上的应用

业务应用根据业务特点生成对 IP 网络的 IP 业务路由需求，通过 SDN 编排器（SDNO）下发给 SDNC；SDNC 根据 SDNO 提供的信息生成 IP 路由控制指令，通过南向接口下发给 IP 网络中的路由器；路由器执行 SDNC 下发的指令生成相应的 IP 数据报文转发表，完成 IP 数据报文的转发，如图 6-26 所示。

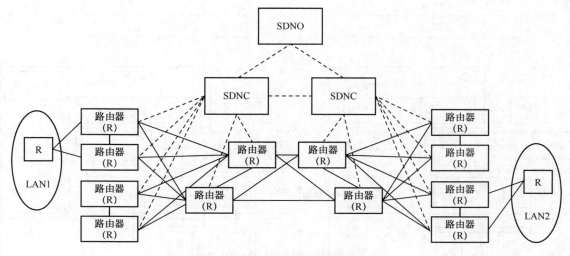

图6-26　SDN在IP骨干网上的应用

MPLS 规模应用于运营商 IP 网络中，但其逐跳路由机制及跨域调度能力并不能较好地适应 SDN；当前的热点是 SR 协议，SRv6 是支持 IPv6 的 SR，但 SRv6 的成本较高，仍需进一步优化；SDN+SRv6 被认为是 IP 网络技术的发展方向。

最典型的应用是IP网络运营商将SDN技术引入IP网络，基于对IP网络承载业务流量流向的分析和预测，通过集中的SDNC控制和调整IP网络承载的业务路由，使IP网络能够更加高效地为上层业务应用提供高质量服务。

2. SDN在数据中心云资源池中的应用

在数据中心云资源池部署SDN后，资源池内VNF之间的3层流量不必再通过核心层的3层路由器疏通，可以直接在同一物理服务器内、同一接入交换机下的物理服务器之间、汇聚交换机下的物理服务器之间疏通。

以NFV云资源池内引入SDN之前与引入SDN之后为例，说明NFV云资源池采用SDN组网的系统架构，如图6-27所示。

NFV云资源池内引入SDN需要增加以下内容。

vSwitch：替代NFV云资源池虚拟层中的网络资源虚拟化，同时具备NFV云资源池虚拟层网络资源虚拟化的功能和二层、三层路由功能，执行SDNC下发的路由配置表。

SDNC：即SDN控制器，负责向vSwitch和SDN网关下发相关的路由策略，即下发路由配置表，在SDN内属于"命令发布者"，通常采用独立的物理硬件实现。

SDN网关：负责云资源池对外的路由功能，执行SDNC下发的路由配置表，其设备形态通常是具备三层路由功能的路由器设备。

SDNO：即SDN编排器，是SDN中的"大脑"，负责指导SDNC向路由设备下发路由配置表，在NFV云资源池内，由VIM承担该工作，获得资源池内的IP地址配置，并下发给SDNC。

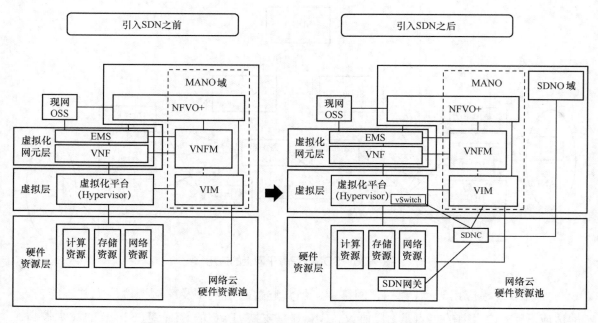

图6-27　NFV云资源池引入SDN前后的网络系统架构示意

3．SD-WAN 在构建企业专网上的应用

SD-WAN，即软件定义广域网，是将 SDN 技术应用到广域网场景中所形成的一种服务。一个典型的应用是通过 SD-WAN 技术，将部署在集中云资源的企业服务器与远端的企业驻地网络，利用现有的或新增的传输资源实现互联，为企业快速开通专网业务。SD-WAN 的本质是一种 Overlay 技术，主要由企业端的 CPE、云端（云资源池）的 IP 网络设备和 SDNC 组成，由集中的 SDNC 完成 CPE 与云端的 IP 网络设备之间的企业端 CPE 网段与云端企业服务器网段之间的 IP 路由配置，即通过 SD-WAN 技术自动为每个企业租户提供一个虚拟专线网络，并且可以根据企业 IP 业务的需求和特点，提供定制化的、差异化的智能 IP 路由，如图 6-28 所示。

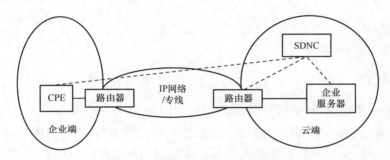

图6-28　SD-WAN在构建企业专网上的应用

4．SDN 在车联网领域中的应用

SDN 作为一种可编程和灵活的网络架构，在车联网领域中的应用受到学术界和工业界的关注。支持 SDN 的车联网通过修改网络中的数据转发规则，可以自适应动态变化的网络拓扑结构。集成了 SDN 的车联网能够满足安全和非安全应用的要求，其典型应用如下。

（1）智能停车场

智能停车场是最受欢迎的城市智能应用之一，其通过检索地面和云应用程序的传感器数据，快速找到免费停车位。但是，随着物联网设备指数级的增加和设备对网络的频繁访问，传统车载网将无法有效管理车载设备及其产生的大量数据。SDN 使网络控制功能集中化、转发功能分布化，能够在未来的车联网应用中解决以上问题。

（2）路况监测

SDN 通过从不同传感器中获取数据，可以监测道路拥堵和紧急情况，实时收集车辆与道路固定基础设施之间的数据。基于 SDN 的通信采用异构无线网络接口，提高了网络的整体性能。

（3）交通管制和管理

SDNC 可以有效地收集车辆与道路固定基础设施的信息，掌握网络全局视图，同时优化路由，因此可以实时监控道路和交通状况，通过向车辆广播道路拥堵情况、交通事故情况等信息，来管理和控制交通流量。

（4）辅助车辆换道

传统的车道变换系统面临许多挑战，如道路状况、交通密度、车辆行驶方向和速度等信息获取困难，只能协助单车道变换。SDNC可根据网络设备收集的数据动态更新道路系统的全局视图，提供可靠的车道变换辅助功能。

（5）无人驾驶

无人驾驶汽车能够在道路上安全可靠地行驶，主要通过车载传感器对行驶车辆的道路环境进行感知与识别，对获取的车辆位置、交通信号、道路及障碍物等信息进行分析处理，从而控制汽车的速度和转向。SDNC根据全网信息为联网汽车发送可靠的交通信息，包括交通信号灯信息、指示信息、路况信息等，将其作为汽车自动驾驶的控制信号。

6.6 数据中心

6.6.1 基本概念

IDC主要指运营商或服务器托管服务商向客户出租的各类资源、机房和服务的总称。随着信息技术不断发展、云计算的不断普及，新一代云数据中心（CDC）已经不仅仅为客户提供服务器托管和网络托管这类硬件服务，还可以利用虚拟化和分布式这些新技术为客户提供虚拟计算、虚拟存储、虚拟网络等新服务。

移动互联网流量的爆炸式增加，对数据中心的容量有了更高的要求。过去一个普通数据中心可以容纳200～300个机架，整体机房功耗不超过1kW。现阶段的新一代云计算数据中心，单机架功耗标配为4.5kW，高配可以到8～12kW，机房内的机架数目通常为800～1000。因此现在数据中心对机房配套的定义，也与过去有极大的差别。如何在保证数据中心机架密度的基础上实现绿色节能，是新一代云计算数据中心要解决的问题。

在新的云计算数据中心的含义中，必须包含可预测、可分析、可自定义的智能化要素，无论是设备的调配维护，对流量的分析溯源，还是对后端客户的管理计费，乃至后期的二次开发，都有一个智能的云计算数据中心平台来统一运营、管理、分析和维护，使得整个数据中心的智能化运营成为可能。由此可见，虚拟化、分布式、绿色、可定义将成为云计算数据中心的最大特点。

6.6.2 数据中心标准

数据中心的建设标准较多，业界比较公认的是国标《电子信息系统机房设计规范（GB 50174-2008）》、美国通信行业协会的《数据中心电信基础设施标准（TIA-942）》和我国《数据中心设计规范（GB 50174-2017）》。

1. 国外数据中心分级

美国《数据中心电信基础设施标准（TIA-942）》根据基础设施的"可用性""稳定

性""安全性",将 IDC 分为 4 个等级,分别是 Tier1(T1)级数据中心、Tier2(T2)级数据中心、Tier3(T3)级数据中心、Tier4(T4)级数据中心,其中 T4 级数据中心是最高的等级。

（1）T1 级数据中心（基本型）

T1 级数据中心可以接受数据业务的计划性和非计划性中断,只需要提供计算机配电和冷却系统,并且不一定要提供不间断电源（UPS）或发电机组,因此这是一个单回路系统,容易产生多处单点故障。在年度检修和维护或遇到紧急状态时会高频率宕机,同时操作故障或是设备自身故障也会造成系统中断。

（2）T2 级数据中心（组件冗余型）

T2 级数据中心的设备具有组件冗余,以减少计划性和非计划性的系统中断。这类数据中心要求提供高架地板、UPS 和发电机组,同时设备容量设计应满足 $N+1$ 备用要求,单路由配送。当重要的电力设备或其他组件需要维护时,可以通过设备切换来实现系统不中断或短时中断。

（3）T3 级数据中心（在线维护全冗余型）

T3 级数据中心允许支撑系统设备任何计划性的动作,且不会导致机房设备的任何服务中断。设备计划性的动作包括规划好的定期维护、保养、元器件更换、设备扩容或减容、系统或设备测试等。大型数据中心会安装冷冻水系统,要求双路或环路供水。当其他路由执行维护或测试动作时,必须保证工作路由具有足够的容量和能力支撑系统的正常运行。非计划性动作诸如操作错误、设备自身故障等导致数据中心中断是可以接受的。

（4）T4 级数据中心（容错系统型）

T4 级数据中心要求支撑系统有足够的容量和能力规避任何计划性动作导致的重要负荷停机风险。同时容错功能要求支撑系统有能力避免至少 1 次非计划性的故障或事件导致的重要负荷停机风险,因此这要求至少要有两个实时有效的配送路由,$N+N$ 是典型的系统架构。对于电气系统,两个独立的（$N+1$）UPS 是一定要设置的。但根据消防电气规范的规定,在发生火灾时允许消防电力系统强切。因此 T4 级机房要求所有的机房设备双路容错供电,同时应注意 T4 级机房支撑设备必须与机房 IT 设备的特性相匹配。

2．我国数据中心分级

我国数据中心主要依据《数据中心设计规范（GOB 50174-2017）》进行分级,该标准将数据中心分为 A 级、B 级、C 级 3 个等级。

（1）A 级数据中心（容错型）

A 级数据中心需要同时满足下列要求,电子信息设备的供电可采用不间断电源系统和市电电源系统相结合的供电方式。

① 设备或线路维护时,应保证电子信息设备正常运行。

② 市电直接供电的电源质量应满足电子信息设备正常运行的要求。

③ 市电接入处的功率因数应符合当地供电部门的要求。

④ 柴油发电机系统应能够承受容性负载的影响。

⑤ 向公用电网注入的谐波电流分量（方均根值）不应超过现行国家标准《电能质量公用电网谐波（GB/T 14549-1993）》规定的谐波电流允许值。

A 级数据中心主要用于中国气象局、国家级信息中心、重要的军事指挥部门、交通指挥调度中心、应急指挥中心、电力调度中心、大型工矿企业等企事业单位及其部门中。

（2）B 级数据中心（冗余型）

B 级数据中心的基础设施应按冗余要求配置，在电子信息系统运行期间，基础设施在冗余能力范围内，不应出现设备故障而导致电子信息系统运行中断的情况。

B 级数据中心主要用于一般企业、科研院所、高等院校、博物馆、档案馆、会展中心、国际体育比赛场馆、政府办公楼等场所中。

（3）C 级数据中心（基本型）

C 级数据中心的基础设施应按基本需求配置，在基础设施正常运行的情况下，应保证电子信息系统运行不中断。

C 级数据中心主要用于对信息化要求不高、生产力落后的企业。

《数据中心电信基础设施标准（TIA-942）》《电子信息系统机房设计规范（GB 50174-2008）》都对数据中心的可靠性进行了分级，尤其是根据电源和制冷设备的配置进行了硬性规范。详细要求如表 6-4 所示。

表 6-4　数据中心分级标准及设备配置

标准规范	等级	电源配置				空调配置	
		市电引入	变压器	发电机组	UPS	冷冻机组、冷冻和冷却水泵	机房专用空调
TIA-942	T1	单线 100%	相应配置	N 或取消	N	N	N
	T2	双线 100%		$N+1$	$N+1$	$N+1$	$N+1$
	T3			$N+1$	$N+1$	$N+X$ 或 $2N$	$N+X$ 或 $2N$
	T4			$2（N+1）$	$2（N+1）$	$2N$ 容错	$2N$ 容错
GB 50174-2008	A	两路独立线路	$1+1$	N 或 $N+1$	$2N$	$N+X$	$N+X$
	B			N	$N+1$	$N+1$	$N+1$
	C	两路	N	不间断时间满足可取消	N	N	N

如果数据中心需要达到绿色数据中心的标准，还需符合 UPTIME 等各类基础设施的绿色认证标准（UPTIME 的认证分为设计、施工、运营等多级认证）。

6.6.3　数据中心发展阶段

数据中心经过多年发展已经从最初的由纯硬件构成的数据中心，发展为如今绿色、高效、智慧的智能数据中心，其发展大致分为以下 4 个阶段。

（1）基础数据中心阶段

此阶段的数据中心很少或根本不使用虚拟化服务器，因此过度依赖物理硬件。其支出成本很高，不存在颠覆性升级和冗余。如果出现问题，采用任何解决方案进行解决都可能需要花费几天的时间，并且其性能可能因应用程序和站点的不同而有很大差异。

（2）综合数据中心阶段

在此阶段，更多用户利用虚拟化技术，整合服务器，降低成本。随着更多虚拟机和重复数据删除工具的推出，服务器管理更加简化，为其他项目的实施节省了人力和物力。同时，能够使更多存储设备实现虚拟化，从而减少对物理存储服务器的需求。

（3）可用数据中心阶段

在此阶段，用户进一步提高数据中心虚拟化指标。这一阶段的目的是建立高可用数据中心，削减资本支出，使运营支出更易管理，一旦企业数据中心达到可以充当计算池的阶段就要考虑成本和利用率之间的平衡关系了。

（4）战略数据中心阶段

战略数据中心利用基于策略的自动化工具进行管理，可以极大地减少人员精力的投入，战略数据中心管理人员可以将更多精力投入其他工作。

6.6.4　数据中心架构

数据中心是一个复杂而立体的全方位系统工程，与传统的通信网有本质区别，甚至可以独立于大网外自成体系，这也使得它在设计、建设时具备了许多特点。

数据中心架构主要包括供配电系统、暖通系统、装饰装修系统、弱电智能化系统和消防系统五大部分，其中各系统主要内容如图 6-29 所示。

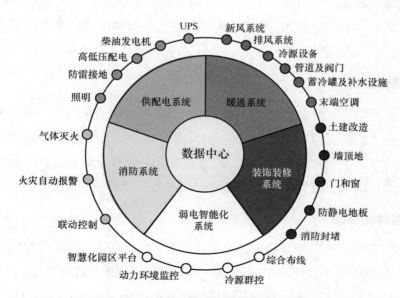

图6-29　数据中心架构及各系统主要内容

1．供配电系统

供配电系统主要包括 UPS、柴油发动机、高低压配电、防雷接地、照明等，为机房 IT 设备和动力设备提供稳定、可靠的电力支持。

供配电系统一直是数据中心的重要组成部分，数据中心各项业务的开展和运行都离不开稳定、可靠、不间断的电源供给。随着能源价格的上升，除了市电引入容量，市电引入距离、政府能耗指标、电价政策等电力因素也是数据中心需要重点考虑的内容。目前数据中心的电力引入等级一般分为 10kV、35kV 和 110kV 这 3 个等级。

2．暖通系统

暖通系统主要包括新风系统、排风系统、冷源设备、管道及阀门、蓄冷罐及补水设施、末端空调等。有多种多样的制冷方式是绿色数据中心的最大特点，选择的基本原则都是提高数据中心的电源使用效率（PUE）值。常见的制冷设备包括风冷精密空调、冷水机组空调、行间空调、热管空调、蒸发冷却空调（事实上冷水机组空调、行间空调也可以分为风冷和水冷两种）等，无论最终采用哪种，均需要考虑对自然冷源的利用。

国外大型互联网企业，如谷歌、雅虎、脸书等，在利用自然冷源方面发展较早，如谷歌的比利时数据中心建设在靠近水源的地方，利用过滤后的工业运河用水作为冷源，通过冷却塔换热。

新基建下，产业政策推动数据中心向绿色节能的方向发展，2019 年，工业和信息化部、国家机关事务管理局、国家能源局联合印发《关于加强绿色数据中心建设的指导意见》，明确提出要建立健全绿色数据中心标准评价体系和能源资源监管体系，到 2022 年数据中心平均能耗基本达到国际先进水平。引导新建大型和超大型数据中心的电源使用效率值不高于 1.4，力争通过改造使现有大型、超大型数据中心的电源使用效率值不高于 1.8。

3．装饰装修系统

装饰装修系统主要包括土建改造、墙顶地、门和窗、防静电地板、消防封堵等。机房装饰装修应符合《装饰工程施工及验收规范》《地面与楼面工程施工及验收规范》《木结构工程施工及验收规范》《钢结构工程施工及验收规范》的有关规定，也需要考虑抗震、承重、火灾、防水、供电、空气调节、电磁防护、雷击及静电等情况。

4．弱电智能化系统

弱电智能化系统主要包括综合布线、冷源群控、动力环境监控、智慧化园区平台等。弱电智能化系统担负着串联所有 IT 设备的任务，相当于整个数据中心的"血管"，为数据中心日常运行提供基础通道，收集各种环境和设备信息，通过大数据分析，监控数据中心运行情况。

5. 消防系统

消防系统主要包括联动控制、火灾自动报警、气体灭火等。数据中心是一个设备高密度的空间，一般很少有人出入，消防必须采用无腐蚀作用的气体自动灭火装置，不损坏电子设备；以暗管方式安装，不影响机房整体效果。目前，国内外普遍使用气体灭火系统方案，机房气体灭火系统主要有卤代烷 1301 灭火系统、CO_2 灭火系统和七氟丙烷 FM200 灭火系统。

6. IT 基础设施

数据中心 IT 基础设施包括服务器、网络与传输、存储等设备。

（1）服务器

目前 x86 架构服务器主要分为刀片式服务器和机架式服务器两种，如图 6-30 所示。机架式服务器与刀片式服务器相比占用空间较大，反观刀片式服务器可以极大程度地提升机柜空间利用率，因为刀片式服务器的一块刀片相当于一台服务器，但刀片式服务器对于制冷要求较高，满框的刀片式服务器需要进行特殊制冷处理，反而增大了占用的空间和能耗。因此，出于成本考虑，运营商及客户更倾向于选择机架式服务器。

图6-30 刀片式服务器与机架式服务器

（2）网络与传输

数据中心网络虚拟化的发展要比服务器虚拟化的发展慢得多。目前堆叠虚拟化网络逐渐成为主流，过去所谓的大二层、多链接透明互联（TRILL）等概念也逐渐被 VxLAN 代替，SDN 也逐渐凸显优势。数据中心网络建设也朝着三网合一、一网多用、数网协同的方向发展。数据中心网络一般分为 IP、光纤信道（FC）、无限带宽（IB）网络，通过网络融合建成无损高性能计算、存储网络，实现网络简化、全网自动化，从而降低总拥有成本（TCO）。

（3）存储

数据中心以往常见的存储主要为网状通道 - 存储区域网络（FC-SAN）或网络附接存储（NAS），以集中存储为主，随着融合网络概念的提出，传统的 FC-SAN 和 NAS 演化成了以太网光纤通道（FCoE）和分布式存储，但 FCoE 未能解决存储网络扩展的问题，所以未来存储技术的发展方向还是以分布式存储为主。

6.6.5　数据中心运营管理

1. 安全域划分

对于云数据中心而言,在非涉密情况下一般以满足国家信息安全等级保护三级要求为主要目标,个别如果涉及政务内网或金融系统等特殊涉密要求的,同时也要参照分级保护的相关规定进行屏蔽。对于不同类型的业务,必要时可以在逻辑和物理上进行相应隔离。除了传统上需要配置大量的专用安全设备,还需要在数据中心内部梳理一套完整的安全制度,并在后期进行安全加固。

2. 运维管理平台

数据中心的运维管理平台目前分为两类。一类是 ITSM,即 IT 设备的监控管理系统,过去该功能主要由厂家的网络管理软件实现,实现对硬件乃至应用的监控管理,使远程操作成为可能。另一类是 DCIM,即数据中心基础设施管理系统,是对数据中心整体基础设施系统的管理和监控。

目前业界的 ITSM 和 DCIM 都在各自增加各类事务性处理模块,如计费、OA、工单管理、客户管理、服务台、租户远程登录等功能,以期实现一套系统管理全数据中心。

3. 大数据分析

数据中心的大数据分析有多个层面,常见的包括如下内容。

① 在对数据中心出口流量进行分光或镜像监测的同时,对出入的流量包进行大数据分析,以便对数据中心外部用户访问的流量流向作预判。

② 对用户使用的数据中心内部系统数据进行大数据分析,以便对系统中的用户行为进行有针对性的用户画像。

③ 在数据中心内部各关键节点进行基于流量的大数据分析,找出系统架构的内部瓶颈并对异常流量进行处理,指导下一步数据中心架构扩容的方向。

④ 对数据中心各级设备的日志报表进行大数据分析,从网管的角度提升设备的运行效率,提前做好排障预案。

4. 云管理平台

一般来说,对于数据中心底层 IAAS 的管理而言,OpenStack 是比较好的选择,可以实现对底层物理机和多厂家虚拟机、网络、安全、存储的统一调度。

由于 DevOps 的普及,从应用角度来看,越来越多的系统开始将采用 SOA 和 ESB 总线架构方式搭建的系统转向采用基于全网状互联和描述性状态迁移(REST)等轻量接口的微服务架构搭建的系统,数据中心中较为常见的 Web 系统更是如此。在此基础上,传统虚拟机也开始逐步被轻量级的 Docker 所替代,Docker 的出现虽然对于应用开发者而言实现了有效的资源复用,但是加深了与传统 IAAS 之间的壁垒,使资源层和应用层出现了较大的断层。

▌拓展阅读

　　随着产业数字化转型升级，数据成为关键生产要素，而数据中心肩负着数据的计算、存储和转发的重任，是新型基础设施建设中关键的数字基础设施。

　　2020 年 12 月，《关于加快构建全国一体化大数据中心协同创新体系的指导意见》（发改高技〔2020〕1922 号）提出了形成"数网"体系、形成"数组"体系、形成"数链"体系、形成"数脑"体系、形成"数盾"体系的总体思路，标志着我国的"东数西算"工程正式开启。"东数西算"工程是指通过构建数据中心、云计算、大数据一体化的新型算力网络体系，让西部的算力资源更充分地支撑东部数据的运算，更好地为数字化发展赋能。2021 年，《全国一体化大数据中心协同创新体系算力枢纽实施方案》（发改高技〔2021〕709 号）及其 8 个复函，批复了 8 个"国家枢纽节点"建设数据中心集群。2022 年 2 月，我国"东数西算"工程全面启动。"东数西算"工程既能缓解东部能源紧张的问题，也给中西部发展开辟了一条新路。

6.7　本章小结

　　1. 数据通信是通信技术和计算机技术相结合而产生的一种新的通信方式。

　　2. 数据通信网由数据终端、数据网络设备及数据传输链路组成。数据通信网按业务服务范围及功能可以划分为局域网和广域网。

　　3. 局域网又称内网，负责本地范围的数据终端的连接，实现本地信息共享，包括有线局域网和无线局域网。最常用的局域网技术是以太网技术。

　　4. 广域网又称外网、公网，主要作用是把分布距离较远的若干个局域网连接起来。

　　5. OSI 参考模型是一个 7 层的体系模型，由高到低依次为应用层、表示层、会话层、传输层、网络层、数据链路层和物理层。

　　6. 以太网交换机主要是利用 MAC 地址进行以太网数据帧的识别与转发。为了减小二层交换过程中带来的广播风暴，就出现了 VLAN 技术。

　　7. 无线局域网是使用无线电波或电磁场来传送数据的局域网。Wi-Fi 就是 WLAN 中一种最典型的技术。

　　8. IP 地址目前主要有 IPv4 地址和 IPv6 地址两种。IP 数据报文是根据 IP 地址来发送和转发的。

　　9. 在网络中进行数据传输，同一网络中的设备间可以通过交换机来进行数据传输，而要实现两个不同网络间设备的数据传输，就需要借助路由器的路由寻址功能。

　　10. NFV 是一种在虚拟化的云资源池中部署信息通信网网元的技术解决方案。NFV利用 IT 虚拟化技术将信息通信网网元的专用硬件替换为云资源池基础设施提供的虚拟化硬件资源。

11. SDN 是一种新型的网络架构。SDN 的整体架构由上到下（也称由北到南）分为应用层、控制层和基础设施层。

12. 互联网数据中心（IDC）是指运营商或服务器托管服务商向客户出租的各类资源、机房和服务的总称。我国数据中心分类主要分为 A 级、B 级、C 级 3 个等级。

13. 数据中心架构主要包括供配电系统、暖通系统、装饰装修系统、弱电智能化系统和消防系统五大部分。

14. 数据中心经过多年发展已经从最初的由纯硬件构成的数据中心，发展为如今绿色、高效、智慧的智能数据中心。

6.8 思考与练习

6-1 简要描述 OSI 参考模型与 TCP/IP 参考模型间的异同。

6-2 简要描述三层局域网的组网架构。

6-3 简要描述交换机的工作原理。

6-4 简要描述 IP 转发原理。

6-5 简要描述 IP 网络应用。

6-6 简要描述网络中引入 VLAN 的原因。

6-7 描述 NFV 的整体架构及各部分功能。

6-8 简要描述 SDN 的整体架构。

6-9 简要描述 SDN 的主要特征。

6-10 简要描述数据中心的主要架构和发展趋势。

第7章
微波与卫星通信

07

（1）了解微波的概念、波段划分，认识微波的传播特点；

（2）掌握数字微波通信技术，理解其技术优势；

（3）了解卫星通信发展简史，掌握卫星通信的工作频段，卫星通信系统组成、分类；

（4）掌握卫星运动的基本规律及卫星运行轨道分布；

（5）认识GPS和北斗导航卫星系统；

（6）了解卫星互联网技术的发展情况。

7.1 微波及其传播特点

7.1.1 微波的概念及波段划分

微波是指频率在300MHz～300GHz（波长在1mm～1m）的电磁波，属于无线电波中的特高频及以上频段。它具有易集聚成束、方向性强和直线传播的特点，可用于在通畅的视距自由空间中传输高频信号。微波具有很多特性，如似光性、信息性、穿透性、高度定向性、雨衰性等。

由于微波具有以上特性，因此它在空气中的传播损耗比较大，传播距离较短，但机动性好，工作频带宽。除5G移动通信中使用的毫米波技术外，微波传输多以金属波导和介质波导为主。

微波波段大致划分如表7-1所示。

表7-1 微波波段大致划分

波长范围	频率范围（GHz）	波段名称		主要应用
		按波长	按频率	
10cm～1m	0.3～3	分米波	特高频（UHF）	对流层散射通信（700～1000MHz）、小容量（8～12路）微波接力通信（352～420MHz）、中容量（120路）微波接力通信（1700～2400MHz）
1～10cm	3～30	厘米波	超高频（SHF）	大容量（2500路、6000路）微波接力通信（3600～4200MHz，5850～8500MHz）、数字通信、卫星通信、波导通信
1mm～1cm	30～300	毫米波	极高频（EHF）	穿入大气层时的通信

我国现用微波分波段代号如表 7-2 所示。

表 7-2　我国现用微波分波段代号

波段代号	标波波长（cm）	频率范围（GHz）	对应波长范围（cm）
L	22	1～2	30～15
S	10	2～4	15～7.5
C	5	4～8	7.5～3.75
X	3	8～12	3.75～2.5
Ku	2	12～18	2.5～1.67
K	1.25	18～27	1.67～1.11
Ka	0.8	27～40	1.11～0.75
U	0.6	40～60	0.75～0.5
V	0.4	60～80	0.5～0.375
W	0.3	80～100	0.375～0.3

7.1.2　微波的传播特点

1. 似光性

因为微波频率高，波长短，所以它有类似几何光学的特性，就是人们常说的似光性，波长短可以缩小天线或电路元器件的尺寸，使整个传输系统的硬件设计更加紧凑。微波的天线系统具有体积较小、增益高、波束窄等特点。

2. 信息性

微波之所以能够承载很大的信息量，也是因为微波的频率比较高，可以达到几百甚至几千兆赫兹，可用的频段很宽。这个天然的特性是低频无线电波不具有的，所以现代通信中，多信道通信系统包括卫星导航系统，绝大多数是利用微波频段工作的。除此之外，它还可以传递相位、极化、多普勒频移等信息，这些信息在导航、遥感等应用中非常重要。微波的频宽是长波、中波、短波这 3 种波频宽总和的 1000 倍。频宽较窄的通信系统只能容纳几个信道同时工作，而如果通信设备使用的是微波，就可以让数千个信道同时工作。再比如卫星电视，如果需要传递高清的电视信号，那么信息量自然会很大，所以微波频段是传输高清的电视信号所必需的频段。

3. 穿透性

微波相较于红外线、远红外线这些用于辐射加热的电磁波有更长的波长，因此，微波的穿透性更好。当微波穿过介质时，微波所携带的能量与物质中的介质分子相互作用，使分子的振动频次达到每秒 24.5 亿次，分子之间通过摩擦产生了热量，从而使得物质的温度升高，物质处于体热源状态。这样缩短了常规加热情况下的热传导时间。当介质温度和物质损耗因数的关系为负相关时，材料内和材料外的加热可以保持均匀且一致。

微波的高频特性使微波可以穿透电离层，这样有好有坏。坏处是电离层不能再反射微波，因此，微波在地面通信的距离仅限于天线的视距范围，如果需要使用微波进行远距离通信，就需要在远距离通信路程中插入一个或多个中继站点，中继站点接收信号后，将信号中继放大再继续传播。好处就很明显了，既然微波能穿透电离层，那么微波信号就可以发射进入太空，因此在航天卫星通信、射电天文学等研究中，微波能起到至关重要的作用。所以，我们也可以说，微波打开了"宇宙窗口"。

微波还可以穿过生物体，深入物质内部，因此，在研究分子或原子结构时，微波也起到了重要作用。

4．高度定向性

微波易于聚集成束，方向性强，且直线传播，可用于在通畅的视距自由空间中传输高频信号。

5．雨衰性

雨衰是指电磁波进入雨层所引起的能量衰落，包括雨粒的吸收、雨粒的散射引起的信号衰减。雨粒的吸收引起的信号衰减是介电损耗导致的。雨粒的散射引起的信号衰减是因为电磁波撞击雨粒时被反射并出现二次反射。这就导致原来朝着一个方向传播的电磁波被分散到各个方向上，因此，电磁波的能量被分割了。雨衰的程度与雨粒的半径和电磁波的波长有关，而雨粒的半径又与降雨率有关。实验表明，雨粒的半径在 $0.025 \sim 0.3\mathrm{cm}$。C 波段中，电磁波的波长大约是 $5\mathrm{cm}$，与雨粒的半径相差比较大，因此其受降雨影响是比较小的，雨衰一般小于 $2\mathrm{dB}$。Ku 波段的电磁波波长大约是 $2\mathrm{cm}$，因此受降雨的影响比较大，雨衰最大可以达到 $20\mathrm{dB}$。雨粒的吸收衰减导致了热量损失。当电磁波的波长与雨粒的半径差不多时，就会和雨粒产生共振，这时的衰减是最大的。但是，现实中雨粒的半径并不是一成不变的，因此作为传输电磁波的介质，无论雨粒是大还是小，都会吸收能量，统计结果显示，雨粒的吸收导致的能量衰减要大于雨粒的散射导致的能量衰减。

7.2 数字微波通信技术

7.2.1 数字微波通信概述

数字微波通信是基于时分复用（TDM）技术的多信道数字通信方式。信道可以实现的业务很多，如打电话、发送音频和视频等。在数字微波通信还未被使用时，人们使用模拟微波通信，模拟微波通信基于频分复用（FDM）技术，传输连续的模拟信号。相较于模拟微波通信，数字微波通信具有以下两个特点。

（1）通过时分复用的多信道数字通信方式使原来的多路数字信号形成统一的数字流，具有综合传输的特性。

（2）利用微波大带宽的特点，可以复用很多信道，因此可以传输高清视频等需要高速传输的数据。

由于微波信号直线传输，数字微波通信可以按照直线视距设站（站距约为 50km），因此更容易建站。特别是在丘陵地区或其他地理条件较差的地区，数字微波通信具有一定的优势。在整个国家通信传输系统中，数字微波通信是重要的辅助通信手段。

随着社会的发展和科技的进步，数字微波技术取得了前所未有的发展，开始在各个领域中得到广泛应用，已成为最受关注的技术之一，为人们的生活和工作带来了极大便利，提高了各行业的生产力。目前，我国的卫星通信有了很大的发展。数字微波技术的应用为卫星信号传输提供了重要的、更好的技术保障，对航天事业的发展起到了很大的推动作用。

7.2.2　数字微波通信系统

在利用数字微波技术传输信号的过程中，由于数字微波技术的传输线路较多，因此可以设置多个载波频点，以扩展传输信号的信息空间。地面微波通信系统如图 7-1 所示，其中，中继通信常用于广播信号的传输，即在两个信号传输点之间建立一个中继站，利用中继的方式获取相应的信号并进行信号传输，从而进一步提高接收信号的可靠性和准确性。

数字微波卫星传输系统组成如图 7-2 所示。数字信息在地面网络通过基带设备、编码器、调制器、上变频器、高功率放大器之后，利用天线将数字信息发送给通信卫星，通信卫星发回地面的信息再通过低噪声放大器、下变频器、解调器、译码器、基带设备传递给地面网络，从而实现数字微波卫星通信。

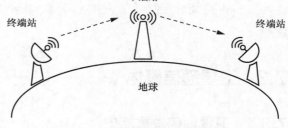

图7-1　地面微波通信系统

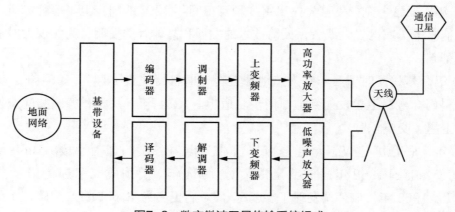

图7-2　数字微波卫星传输系统组成

7.2.3 数字微波技术发展方向

（1）提高正交调幅的调制级数及严格限带

为了提高频谱效率，一般采用多级正交调幅（QAM）技术。目前主要使用的 QAM 调制级数为 256QAM 和 512QAM，未来可能会使用 1024QAM 或 2048QAM。但同时也对通道滤波器的设计提出了严格要求：在某些情况下，余弦滚降系数应该低至 0.1，而现在余弦滚降系数在 0.2 左右。

（2）网格编码调制技术

为了降低系统的误码率，必须采用复杂的纠错编码技术，但这会导致频带利用率下降。为了解决这个问题，可以使用网格编码调制（TCM）技术。 使用 TCM 技术需要维特比解码算法，但这种解码算法很难应用在高速数字信号传输中。

（3）自适应时域均衡技术

高性能、全数字二维时域均衡技术用于降低符号间干扰、正交干扰和多径衰落的影响。

（4）多载波并行传输

多载波并行传输可以显著降低发送符号率和传播色散的影响。使用双载波并行传输可以将瞬时中断率降低到原来的 1/10。

（5）其他技术

如多重空间分集接收、发射功率放大器的非线性预校正、自适应正交极化干扰消除电路等。

7.3 卫星通信概述

7.3.1 卫星通信发展简史

1. 欧美卫星发展简史

1945 年，亚瑟·克拉克首先提出用 3 颗互相间隔 120° 的同步卫星覆盖赤道上空来实现全球通信。第二次世界大战后，火箭技术的发展和晶体管的发明，为实现太空通信的梦想奠定了基础。

1957 年，苏联发射了第一颗人造地球卫星"斯普特尼克 1 号"。1964 年，美国宇航局将"辛科姆 3 号"卫星发射到地球同步轨道上。1974 年，法国和德国共同发射了欧洲首颗通信卫星"交响乐"。

1961 年，联合国建议卫星通信应尽快成为世界各国的通信手段。1962 年，美国国会通过了《美国 1962 年通信卫星法案》。1964 年，美国成立了通信卫星公司——COMSAT。1965 年，该公司发射了"晨鸟号"（后更名为"INTELSAT 1"）卫星，这是世界上第一颗国际商业通信卫星。随后，COMSAT 成立了国际通信卫星联盟，并于

1973 年成立了国际通信卫星组织（INTELSAT）。到 20 世纪 60 年代末，在亚瑟·克拉克提出卫星通信愿景后不到 25 年，INTELSAT 的地球同步轨道通信卫星网络就构成了世界上第一个全球商业通信卫星系统，证实了卫星通信的可行性。此后，美国商业通信卫星产业发展迅速。

经过半个多世纪的风风雨雨，通信卫星逐渐从政府支持的科研项目走向商业市场，并不断展现其先进性和商业价值。

2．中国卫星发展简史

通信卫星、导航卫星、遥感卫星三大卫星构成了我国国家民用空间基础设施，满足了我国现代化建设、国家安全和民生改善的发展要求。

（1）通信卫星

1970 年，我国第一颗人造地球卫星"东方红一号"成功发射，如图 7-3 所示。这使中国成为世界上第 5 个成功发射人造地球卫星的国家，正式拉开了中国卫星发展的序幕。

1975 年 3 月，我国发射东方红系列通信卫星的工程全面展开。

1984 年，"东方红二号"卫星成功发射，我国开始使用卫星实现实质性的通信、广播、电视传输等业务。

1988 年，我国发射了"东方红二号甲"实用通信广播卫星。

1997 年 5 月，我国成功发射"东方红三号"通信卫星，这颗通信卫星的技术性能真正达到了国际同类通信卫星先进水平。

从 2006 年起，我国开始发射"东方红四号"通信卫星和"东方红四号增强型"通信卫星。2018 年年底，我国共发射了"东方红四号"通信卫星及"东方红四号增强型"通信卫星约 20 颗。

2019 年 12 月，我国发射了"实践二十号"卫星，它对"东方红五号"卫星平台进行了全面的在轨验证，其设计寿命长达 16 年，有力推动了我国卫星通信的进一步发展。

图7-3　"东方红一号"人造地球卫星

（2）导航卫星

北斗导航卫星是我国又一个重要的卫星系列，北斗导航卫星系统"三步走"发展战略如图7-4所示。我国对北斗导航卫星系统的发展高度重视，20世纪末开始探索适合我国发展的卫星导航系统，逐步形成"三步走"发展战略。

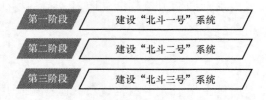

图7-4　北斗导航卫星系统"三步走"发展战略

第一阶段，建设"北斗一号"系统。1994年，"北斗一号"系统工程启动；2000年，发射2颗地球静止轨道卫星，系统建成并投入使用，为中国用户提供定位、授时、广域差分和短报文通信服务；2003年，为进一步提升系统性能，发射了第3颗地球静止轨道卫星。

第二阶段，建设"北斗二号"系统。2004年，"北斗二号"系统工程启动；2012年年底，完成14颗卫星（包括4颗中圆地球轨道卫星、5颗倾斜地球同步轨道卫星和5颗地球静止轨道卫星）发射组网。"北斗二号"系统与"北斗一号"系统的技术体制兼容，并且增加了无源定位体制，为亚太地区用户提供定位、测速、授时和短报文通信等服务。

第三阶段，建设"北斗三号"系统。2009年，"北斗三号"系统工程启动；至2018年年底，19颗卫星进行了发射组网，完成基本系统建设，开始为全球提供服务；2020年6月23日，最后一颗"北斗三号"全球组网卫星升空，"北斗三号"系统全面建成。"北斗三号"系统能够为全球用户提供基本导航（定位、测速、授时）、全球短报文通信、国际搜救服务。

（3）遥感卫星

另外一个重要的卫星系列是高分系列遥感卫星。遥感卫星是我国通过高分专项项目发展起来的，自启动专项以来，我国已经发射多颗高分系列遥感卫星，能够稳定运行的高分系列遥感卫星系统已经初步建成。

"高分一号"卫星的分辨率仅有2m，但是具有非常宽的幅宽。"高分二号"卫星的分辨率在1m以下。"高分三号"卫星实现了1m的雷达分辨率。"高分四号"卫星的分辨率为50m，且可以随时进行民事监测。"高分五号"卫星具有高光谱分辨率。"高分六号"卫星用于陆地应急监测，它的分辨率与"高分一号"卫星相同，为2m。

2015年6月，我国发射了"高分八号"卫星，这是一颗高分辨率的光学遥感卫星。

2015年9月，我国发射了"高分九号"卫星，这颗卫星的分辨率达到了亚米级，它是一颗光学遥感卫星。

2019年11月，我国发射了"高分十二号"卫星，这是一颗微波遥感卫星，它的分辨率也达到了亚米级，技术达到全世界最先进水平。

3. 卫星通信的发展方向

由于空间资源受限，因此卫星通信的发展目标主要是有效利用空间带宽资源及提升空间容量。

（1）有效利用空间带宽资源

利用地面技术和空间技术，包括载波叠加、Abis 接口优化、4G S1 接口优化、自适应调制与编码技术等有效利用空间带宽资源。

（2）提升空间容量

高吞吐量卫星参照地面蜂窝网的设计思路，采用多点波束、频率复用技术及更高的频段来获取更宽的带宽，从而提升卫星性能。

低轨道卫星除采用多点波束、频率复用技术以外，还降低了轨道高度，这样一方面可以减少卫星链路的固有时延，另一方面更多的卫星数量也可以提升系统容量。

7.3.2　卫星通信系统的原理

卫星通信实际上是一种微波通信，它以卫星作为中继站转发微波信号，在多个卫星地球站之间通信。对于通信信号，这些卫星充当中继站，它们从卫星地球站接收数据 / 信号，对其进行放大，然后将其重新传输到另一个卫星地球站。通过这种方式，只需一步即可将数据传输到地球的另一端。

卫星通信系统的原理类似移动通信网络，利用传输介质实现点到点或点到多点的通信。卫星通信原理示意如图 7-5 所示，卫星作为中继站，其作用类似于基站，通过路由技术，将不同的信号发送给不同的用户。以卫星电话为例，信号传播的路径为手机用户 A—卫星地球站—卫星—卫星地球站—手机用户 B。卫星通信的原理并不复杂，只是相较于移动通信，其方式比较特殊，基站变成了在高空中的卫星，基站常见而卫星却不常见。

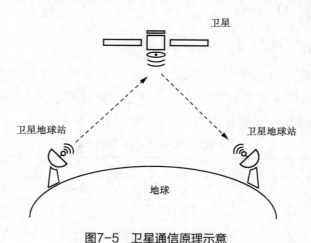

图7-5　卫星通信原理示意

由于卫星工作在地球上方几百、几千，甚至上万千米的轨道上，其覆盖范围远大于一般的移动通信基站，因此可以实现对地面的"无缝隙"覆盖。但卫星通信要求地面设备具有较高的发射功率，大多数使用卫星通信的公司需要以高昂的价格租赁卫星，因此不易普及使用。随着低轨道卫星通信等新兴技术的发展，卫星通信有望进一步普及。

卫星通信有以下优点。

① 通过卫星传输，覆盖的地理范围非常大，主要针对人烟稀少的地区。

② 高带宽，可以传输大量数据。

③ 无线通信和移动通信应用都可以通过卫星通信轻松建立，与位置无关。

④ 可用于全球移动通信，如长途电话信号传输、无线电/电视信号广播、舰机导航、偏远地区通信等各种应用场景。

⑤ 卫星通信中的安全保障通常由编码和解码设备提供。

⑥ 单一提供商的服务容易获得，可以提供统一的服务。

⑦ 长距离传输可能成本更低。

⑧ 卫星通信的建设和维护简单、成本低。

⑨ 紧急情况下，每个卫星地球站都可以相对较快地从一个位置移除，并重新安装在另一个位置上。

⑩ 卫星地球站站点的安装和维护方便。

卫星通信也有以下缺点。

① 传输时延大。当信号从地球到达地球静止轨道卫星，然后再次返回时，大约有270ms的时延，这种传播时延会影响交互式业务的使用感受。

② 卫星的设计、开发、投资、保险等成本较高。

③ 卫星维修和保养复杂。

④ 天气或太阳黑子等某些条件会影响卫星的信号，对其造成干扰，使卫星正常运行非常困难。

⑤ 需要定期监测和控制卫星，才能使其稳定保持在轨道上。

7.3.3 卫星通信的工作频段

卫星通信工作在微波频段上，频率范围为 1 ~ 40GHz。按频段可分为 L、S、C、X、Ku、K、Ka。不同的频段有不同的用途。其中，K 频段不适合卫星通信，因为它处于大气吸收损耗最大的频率窗口。常用的卫星通信频段如表 7-3 所示。

表 7-3　常用的卫星通信频段

频段	范围（GHz）	用途
L	1 ~ 2	卫星移动通信、卫星无线电测定、卫星测控链路等
S	2 ~ 4	卫星移动通信、卫星无线电测定、卫星测控链路等
C	4 ~ 8	卫星固定业务通信，已近饱和
X	8 ~ 12	卫星固定业务通信，通常供政府和军方使用
Ku	12 ~ 18	卫星固定业务通信，卫星广播业务，已近饱和
Ka	27 ~ 40	正在被大量投入使用

目前卫星通信业务最常用的频段是 C 频段（4 ～ 8GHz）、Ku 频段（12 ～ 18GHz）和 Ka 频段（27 ～ 40GHz）。其中，C 频段主要用于卫星固定业务通信，通常用 6/4GHz 来表示上下行频率；Ku 频段主要用于卫星固定业务通信，还用于卫星广播业务，通常使用 12/14GHz 来表示上下行频率；Ka 频段是后起之秀，但 Ka 频段的雨衰比 Ku 频段更大，且对器件和工艺的要求更高，因此一直发展较慢。C 频段和 Ku 频段的卫星轨位资源日渐饱和，频率带宽资源日趋紧张，另外，随着硬件制造水平的不断提高，近 10 年来 Ka 频段发展十分迅猛。

C 频段抗雨衰能力强，受天气影响较小，电路质量更加稳定，但在其使用过程中应关注频段干扰的情况；Ku 频段不易受地面其他无线系统干扰，天线增益相对更高，更加适合车载及便携设备使用，但在其使用过程中应更加关注雨衰影响，因此更适合干旱少雨的北方地区应用；Ka 频段由于带宽更宽，且吞吐量更大，目前成为国内外卫星发展的热点。

7.3.4　卫星通信系统的组成

与短波、超短波无线通信系统相比，卫星通信系统的组成要复杂得多。要实现卫星通信，首先要发射人造地球卫星，还需要地面测控设备来保证卫星的正常运行；其次要有各种通信地球站来发射和接收信号。卫星通信系统由 4 个部分组成，分别为空间分系统、通信地球站分系统、跟踪遥测与指令分系统、监控管理分系统，如图 7-6 所示。

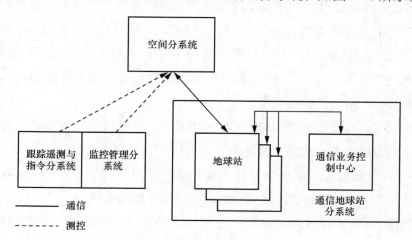

图7-6　卫星通信系统组成

空间分系统：通信卫星的主体是通信装置，空间分系统用于保障卫星的遥测指挥、控制系统和能源装置。

跟踪遥测与指令分系统：用于跟踪和测量卫星，并控制卫星准确进入地球静止轨道的指定位置。卫星正常运行时，应定期对卫星进行轨道、位置修正和维护。

通信地球站分系统：包括地球站和通信业务控制中心，其中包含天馈设备、发射机、接收机、信道终端、跟踪与伺服系统等。用户通过它访问卫星线路并进行通信，在恶劣条件下仍能实现通信和信号传输。

监控管理分系统：服务于定点卫星开通前后的通信，如监控、管理卫星转发器功率、卫星天线增益、地球站发射功率、射频频率、带宽等基本通信参数，以便保证正常通信。

7.3.5 卫星通信系统的分类

按照卫星运行的轨道不同，卫星通信系统一般分为低轨道地球卫星（LEO）通信系统、中轨道地球卫星（MEO）通信系统、高轨道地球卫星（HEO）通信系统。轨道高度的不同，决定了它们具有不同的特性。

按照通信范围不同，卫星通信系统可以分为国际通信卫星系统、区域通信卫星系统、国内通信卫星系统，其中，国际通信卫星负责国家与国家之间的通信，区域通信卫星负责某一区域内的通信，国内通信卫星负责一个国家内部的通信。

按照不同用途区分，卫星通信系统可分为综合业务通信卫星系统、军事通信卫星系统、海事通信卫星系统、电视直播卫星系统等。

按照不同卫星转发能力区分，卫星可分为无星上处理能力卫星和有星上处理能力卫星，有星上处理能力卫星可以提高遥感数据的使用效率，由此再分别构成两种卫星通信系统。

卫星通信系统有如下特点。

① 下行广播，覆盖范围广。卫星通信系统对山脉和海洋等地貌条件不敏感，可以大范围覆盖业务量稀少的地区，在覆盖范围内任意点进行通信，且成本与距离无关。

② 工作频带宽。可用频段为 150MHz ～ 30GHz。目前 O 频段和 V 频段（40 ～ 50 GHz）的开发已经开始。Ka 频段可以支持速率高达 155Mbit/s 的数据业务。

③ 通信质量好。微波可以穿透电离层在大气层外传播，传播非常稳定，尽管会受到下雨等天气的影响，但它仍然很可靠。

④ 网络成本低、建设速度快。相较于光纤通信，卫星通信只需要建设地面站，不需要花费大量的人力物力去挖沟渠、埋光缆。

⑤ 信号传输时延大。卫星通信时延主要来自往返路程时间（RTT），高轨道地球卫星通信系统的 RTT 时延达到了秒级，不适用于时延敏感型业务。

⑥ 控制复杂。卫星通信系统需要通过无线信号去控制，相较于光纤通信不够稳定，同时，卫星的位置也不是一成不变的，控制起来相当复杂。控制的方式分为两种，一种是通过卫星之间的协商，另一种是所有控制数据由地面集中统一发送。

7.4 通信卫星轨道

7.4.1 卫星运动的基本规律

开普勒定律是德国天文学家和数学家约翰尼斯·开普勒发现的关于行星运动的定律。1609 年，他在科学期刊《新天文学》上发表了关于行星运动的两条定律，并于 1618 年通过计算得出第三条定律。这 3 条定律适用于任何二体系统的运动，如地球和月球、地球和人造卫星等。

开普勒第一定律，又称椭圆定律或轨道定律，是指每颗行星都按照一定的椭圆运动轨迹，围绕着太阳转动，而太阳则在椭圆的一个焦点上。

开普勒第二定律，也称为等面积定律，是指连接太阳和运动行星的线在相等的时间内扫过的面积是一样的。该定律也揭示了行星围绕恒星太阳运动的轨道的角动量是守恒的。

开普勒第三定律，又称调和定律或周期定律，是指行星绕太阳公转一周的时间的平方与该行星的椭圆运动轨道半长轴的立方成正比。

7.4.2　卫星运行轨道分布

如前所述，按照通信卫星运行的轨道不同，卫星通信系统可分为高轨道地球卫星通信系统、中轨道地球卫星通信系统和低轨道地球卫星通信系统。其中高轨道地球卫星的轨道高度在 20000km 以上，中轨道地球卫星的轨道高度在 2000 ～ 20000km，低轨道地球卫星的轨道高度在 500 ～ 2000km。

1. 高轨道地球卫星通信系统

高轨道地球卫星通信系统一般是指使用位于赤道上方 35800km 的对地同步卫星开展卫星通信业务的卫星系统。在这个高度上，一颗卫星几乎可以覆盖整个半球，形成一个区域性通信系统，该系统可以为卫星覆盖范围内的任何地点提供服务。在高轨道地球卫星通信系统中，只需要一个国内交换机对呼叫进行选路，信令和拨号方式比较简单，任何移动用户都可以被呼叫，无须知道其所在地点。同时，移动呼叫可以在任何方便的地点落地，不需要昂贵的长途接续，卫星通信费用与距离无关，它与提供本地业务的陆地系统的通信费用相近。

北美卫星移动通信系统（MSAT）是世界上第一个区域性卫星移动通信系统。1983 年，加拿大通信部和美国宇航局达成协议，联合开发北美地区的卫星业务。MSAT 可服务公众通信，又可以服务专用通信。

2. 中轨道地球卫星通信系统

中轨道地球卫星通信系统是由轨道高度在 2000 ～ 20000km 的卫星群（星座）构成的卫星通信系统。轨道高度降低可克服高轨道地球卫星通信的缺点，并能够为用户提供体积较小、重量较轻、功率较小的移动终端设备。用较少数量的中轨道地球卫星即可构成覆盖全球的移动通信系统。中轨道地球卫星通信系统为非同步卫星通信系统，由于卫星相对地面用户运动，用户与一颗卫星能够保持通信的时间约为 100min。卫星与用户之间的链路多采用 L 波段或 S 波段，卫星与关口站之间的链路可采用 C 波段或 Ka 波段。

有代表性的中轨道地球卫星移动通信系统主要有国际海事卫星组织的 ICO（INMARSAT-P）、TRW 空间技术集团公司的奥德赛（Odyssey）和欧洲宇航局开发的 MAGSS-14 等。

3. 低轨道地球卫星通信系统

低轨道地球卫星通信系统一般是指由多个卫星构成的可以进行实时信息处理的大型卫星通信系统。低轨道地球卫星主要用于军事目标探测，利用低轨道地球卫星容易获得目标物的高分辨率图像。低轨道地球卫星也用于手机通信，卫星的低轨道高度使得传输时延短，路径损耗小。由多个卫星组成的卫星通信系统可以实现真正的全球覆盖，频率复用更有效。蜂窝通信、多址、点波束、频率复用等技术也为低轨道地球卫星移动通信提供了技术保障。低轨道地球卫星通信系统是最新、最有发展前途的卫星移动通信系统。

提出低轨道地球卫星通信方案的公司有很多。其中最有代表性的低轨道地球卫星移动通信系统主要有铱系统、全球星系统、卫星通信网络系统等。

铱系统是美国 Motorola 公司提出的一种利用低轨道地球卫星群实现全球卫星移动通信的方案。它是最早提出并被人们所了解的低轨道地球卫星移动通信系统。

全球星系统是美国 LQSS 公司于 1991 年 6 月向美国联邦通信委员会（FCC）提出的低轨道地球卫星移动通信系统。全球星系统的基本设计思想是利用低轨道地球卫星群组成一个连续覆盖全球的卫星移动通信系统，向世界各地提供传真、无线电定位业务。它作为地面蜂窝移动通信系统和其他移动通信系统的延伸，与这些系统具有互运行性。

7.5 卫星导航系统

目前，全球主要有四大卫星导航系统，包括中国的北斗导航卫星系统（BDS）、美国的全球定位系统（GPS）、俄罗斯的全球导航卫星系统（GLONASS）、欧盟的伽利略卫星导航系统。本节主要介绍北斗导航卫星系统和 GPS。

7.5.1 北斗导航卫星系统

北斗导航卫星系统简称"北斗系统"，是中国着眼于国家安全和经济社会发展需要，自主建设、独立运行的全球导航卫星系统。它为全球用户提供全天候、全天时、高精度的定位、导航和授时服务，是服务国家的重要空间基础设施。

北斗系统投入使用以来，相关产品已广泛应用于交通运输、海洋渔业、水文监测、气象预报、通信时统、电力调度、救火救灾和应急搜救等方面，并产生了巨大的社会效益。基于北斗系统的导航服务已被电子商务公司、移动智能终端制造厂商、定位服务提供商等采用，广泛应用于中国的大众消费、共享经济和民生等领域，极大地改变了人们的生活方式。中国将继续推进北斗技术应用和产业化，服务国家现代化建设和人民生活，为全球科技、经济和社会发展作出贡献。

从 20 世纪 80 年代起步，到 2020 年完成全球组网，北斗系统建设采用了"三步走"的发展路线。第一步，1994 年"北斗一号"系统启动建设，2000 年投入使用，"北斗一号"系统又叫北斗导航卫星试验系统，实现了我国导航卫星从无到有；第二步，2004 年

"北斗二号"系统启动建设，2012 年完成组网，实现从有源定位到无源定位，区域导航服务亚太地区；第三步，2009 年"北斗三号"系统建设启动，到 2020 年完成 30 颗卫星发射组网，全面建成"北斗三号"系统，实现全球组网。北斗系统为经济和社会发展提供了重要的时空信息支持，它是中国改革开放 40 多年取得的重要成就之一，是中华人民共和国成立 70 年来的重大科技成就之一，是中国为世界做出的全球公共服务产品方面的贡献。中国将一如既往，积极推动国际交流与合作，实现与世界其他导航卫星系统的兼容互通，为全球用户提供更高性能、更可靠、更丰富的服务。

1．定位原理

目前，北斗导航卫星系统采用"三球交会"实现定位。具体流程为：卫星发射测距信号和导航电文，其中导航电文中载有卫星的位置信息；用户的接收机在某一时刻接收 3 颗以上卫星的信号，然后测量测站点（接收机）与 3 颗卫星间的距离；再利用距离交会法（以卫星为球心，以距离为半径画球面，3 个球面相交得两点，根据地理常识排除一个不合理点）就可以计算出测站点的位置。

与 GPS 相比，北斗系统有自己的独特之处。"北斗三号"系统通过采用星间链路的方式，将 30 颗卫星与几十个国内地面站联系，大大提高了系统的运行能力、安全性和定位精度，即使没有地面站支持，卫星仍然可以自主运行 60 天。

北斗系统的全球定位精度与 GPS 相当，局部区域定位精度比 GPS 更优。北斗系统独创了 3 种轨道混合星座，增加了很多新功能，如精密单点定位、星基增强、区域短报文通信、国际搜救、全球短报文通信等，发送的导航信号更优。

2．基本组成

北斗系统由空间段、地面段和用户段 3 部分组成，如图 7-7 所示。

（1）空间段

空间段由多颗地球静止轨道卫星、倾斜地球同步轨道卫星和中轨道地球卫星组成。

（2）地面段

地面段包括注入站和监测站，负责卫星间线路的运行和管理设施。地面段设有北斗中心控制系统、北斗信息服务系统、北斗地面控制中心等。

（3）用户段

用户段包括北斗导航卫星系统及兼容其他卫星导航系统芯片、模块和天线等基础产品，以及终端设备、应用系统和应用服务。

3．应用领域

（1）基础产品

北斗卫星导航芯片、模块、天线、电路板等基础产品是北斗系统应用的基础。通过对卫星导航的专项研究，我国实现了基本卫星导航产品的自主研发，形成了一条完整的产业链，并逐步应用于国民经济和社会发展的各个领域中。随着互联网、大数据、云计算、物联网等技术的发展，北斗基础产品的嵌入式和集成应用逐步加强，集成效益显著。

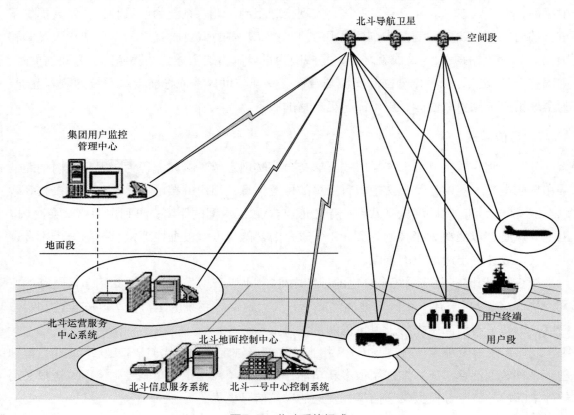

图7-7　北斗系统组成

（2）交通

交通运输是国民经济、社会发展和人民生活的命脉。北斗系统是实现信息化和现代化的重要手段，对建立顺畅、高效、安全、绿色的现代交通体系具有重要意义。

北斗系统在交通领域中的应用主要包括车辆自动导航、车辆跟踪监控、车辆智能信息系统、车联网应用、铁路运营监控等陆地应用；远洋运输、内河航运、船舶停泊与入坞等航海应用；航空导航、机场地面监测、精密进近等航空应用。随着交通运输的发展，对高精度应用的需求正在增加。

（3）农业

中国是一个农业大国，北斗导航卫星技术与遥感和地理信息等技术相结合，加快了传统农业向智能农业的发展，显著降低了生产成本，提高了劳动生产率和劳动收益。

北斗系统在农业领域中的应用主要包括农田信息收集、土壤养分和分布调查、远程指导农作物施肥精准作业、农作物病虫害防治、特种作物种植区监测、农业机械无人驾驶系统、农田起垄播种、无人机植保等。其中，农业机械无人驾驶系统、农田起垄播种、无人机植保等应用对高精度北斗服务的需求巨大。

（4）林业

林业是较早使用北斗系统的行业之一。北斗系统主要被用于进行森林资源盘点、森林管理和巡查，大大降低了森林管理成本，提高了工作效率。

北斗系统在林业领域中的应用主要包括森林面积估算、木材数量估算、辅助护林员巡逻（如携带林业北斗巡护终端入山巡逻）、森林防火、区域边界测定等，特别是在全国森林资源普查中，北斗系统结合遥感等技术发挥了重要作用。随着我国林区集体林权制度改革的实施，北斗系统也被广泛应用于勘界确权。

（5）渔业

中国是渔业大国，海洋渔业水域面积超过 300 万平方千米。渔业是北斗短报文功能特色服务普及较早、应用广泛的行业之一。北斗系统在渔业领域中的应用主要包括渔船出海导航、渔业管理监督、渔船准入管理、海洋灾害预警、渔民短报文通信等。特别是在没有移动通信信号的海域，北斗系统的短报文功能使渔民能够通过北斗终端向家人报告安全，有效保障了渔民的生命安全、国家海洋经济安全，维护海洋资源和海洋主权。

（6）公共安全

反恐、维稳、治安等大量公安业务具有高灵敏度和保密性。基于北斗的公安信息化系统实现了对警力资源的动态调度和综合指挥，提高了响应速度和执行效率。

北斗系统在公共安全领域中的应用主要包括警车指挥调度、警察现场执法、应急事件信息传输、公安授时服务等方面。其中，应急事件信息传输采用了北斗系统独特的短报文功能。

（7）防灾减灾

防灾减灾是北斗系统较为突出的行业应用之一。北斗系统的短报文和位置报告功能，可以实现灾害预警和快速报告、救灾指挥调度、快速应急通信等，大大提高了灾害应急救援的响应速度和决策能力。

北斗系统在防灾减灾领域中的应用主要包括灾害快速报告、灾害预警、救灾指挥、灾情通信及楼宇、桥梁、水库监测等。其中，灾害指挥和灾情通信采用北斗系统独特的短报文功能，楼宇、桥梁、水库监测等采用高精度北斗系统服务。

（8）特殊关爱

近年来，北斗系统在特殊人群关爱领域中的应用逐渐出现。北斗系统通过导航、定位、短报文等功能，为老年人、儿童、残疾人等特殊人群提供相关服务，确保他们的人身安全。可利用北斗系统开发电子围栏、应急呼叫等应用。其中，电子围栏可以实现当相关人员超出设置的电子围栏范围，可以向用户发送提醒。

（9）大众应用

近年来，手机和可穿戴设备等逐渐成为北斗系统应用的新亮点。利用北斗系统的定位功能，可以实现移动导航、路线规划等一系列定位服务功能，使人们的生活更加方便。

北斗系统在大众领域中的应用主要包括手机、车载导航设备、可穿戴设备等。北斗系统与信息通信、物联网、云计算等技术深度融合，实现了诸多位置服务功能。

（10）电力

电力传输时间同步关系国民经济和民生安全，北斗系统在电力行业中的应用势在必行。电力管理部门利用北斗系统的授时功能，实现电力全网（电网）时间基准的统一，确保电网的安全稳定运行。

北斗系统在电力行业中的应用主要包括电网时间基准统一、电站环境监测、电力汽车监测等，其中电网时间基准统一等迫切需要高精度北斗服务。

（11）金融

金融管理部门利用北斗系统授时功能，实现金融计算机网络时间基准的统一，保障金融系统安全稳定运行，北斗系统在金融行业中的应用主要包括金融计算机网络时间基准统一、金融车辆监管等。

▌拓展阅读

北斗导航卫星系统是中国自主研发的全球卫星导航系统，是继 GPS、GLONASS 之后第三个成熟的卫星导航系统。

历任"北斗一号"系统、"北斗二号"系统工程总设计师的孙家栋院士，在接受记者采访时拒绝了"中国卫星之父"的称号，他强调钱学森先生对他们这一代中国科学家的教育、培养有重要影响。接替孙家栋担任北斗导航卫星系统总设计师的杨长风院士闭口不谈自己的贡献，他强调钱学森先生的系统工程思想和方法对中国北斗具有重要作用，更强调了全体北斗人的团结、奋斗、牺牲与奉献。从他们身上，我们可以强烈感受到"自主创新、开放融合、万众一心、追求卓越"的新时代北斗精神，在中国科学家队伍中代代相传。新时代北斗精神是中国精神的具体体现，是新时代中国人民朝气蓬勃、昂扬向上、奋发有为的象征。

7.5.2　GPS

GPS 是一种高精度无线电导航定位系统，可以提供在世界任何地方和近地空间中准确的地理位置和精确的时间信息，如图 7-8 所示。GPS 自建立以来，以高精度、全天候、全球覆盖、方便灵活等特点吸引了众多用户。

GPS 是美国自 20 世纪 70 年代以来开发的新一代卫星导航系统，耗时 20 年，耗资 300 亿美元。它于 1994 年完全建成，是具有海、陆、空导航定位系统全方位实时三维导航定位功能的新一代卫星导航系统。

1．定位原理

在距地面 20200km 的高空上，24 颗 GPS 卫星每 12 小时环绕地球运行一周，因此任何时刻，在地面上任意一点均可以同时观测到至少 4 颗卫星。

由于可以精确知道卫星的位置，因此卫星到接收机的距离也能明确。利用三维坐标系的距离公式，结合 3 颗卫星的位置参数，可解出观测点的位置。考虑卫星与接收机之间的时钟存在误差，实际上需要解出观测点位置和钟差参数，因此需要结合 4 颗卫星的位置参数来求解，由此计算出观测点的经纬度和高程。

图7-8　GPS卫星

实际上，接收机通常可以连接 4 颗以上的卫星，此时，接收机就能够按照卫星的星座分布形成若干组，每组 4 颗卫星，并利用算法挑选出误差最小的一组卫星，提高了定位精度。

由于卫星运行轨道和时钟存在误差、大气对流层和电离层的影响，以及人为选择可用性保护政策等，民用 GPS 的定位精度只能达到 100 米。为了进一步提高定位精度，可以采用差分 GPS 技术，通过建立基准站（即差分台）来进行 GPS 观测，然后将基准站精确坐标与观测值进行比较，得到一个修正数，并将其对外发送。接收机在得到这个修正数之后，将它与自身的观测值进行比较，消除误差，得到的位置精度会大幅提高。数据表明，差分 GPS 的定位精度可以达到 5 米左右。

2. 系统构成

GPS 主要由空间（GPS 卫星）、地面监控系统和用户三大部分组成。其中 GPS 卫星可以将用于导航定位的测距信号和导航电文连续发送给用户，同时接收来自地面监控系统的各种命令和信息，以保证系统的正常工作。地面监控系统的主要作用是对 GPS 卫星进行跟踪，并测量其与地面的距离，确定卫星的运行轨道及卫星钟差修正数；在预报后，编制规定格式的导航电文，然后通过注入站将电文发送给卫星。地面监控系统还能通过注入站将各种指令发送给卫星，调整卫星的轨道和时钟读数，或者修复故障及启用备用件等。用户通过使用 GPS 接收机确定接收机与 GPS 卫星之间的距离，并结合卫星星历发布的卫星空间位置等信息，计算出其空间位置、运动速度及钟差等参数。目前，美国正致力于进一步提升系统各部分的性能，如为了降低对地面监控系统的依赖，提升系统的自主性，使用卫星间相互跟踪的方式来确定卫星轨道。

3. 发展历史

GPS 是一种无线电导航和定位系统，利用 GPS 卫星向世界各地提供三维位置和三维速度等全天候实时信息。GPS 前身是美军于 1958 年开发的子午仪（Transit）卫星定位系统，该系统于 1964 年正式投入使用，用由 5～6 颗卫星组成的星网工作。该网络每天绕地球运行 13 次，但不能提供卫星高度信息，其定位精度也不如预期的好。子午仪卫星定位系统的开发，使研发部门获得了初步的卫星定位经验，验证了卫星定位系统的可行性，为 GPS 的发展铺平了道路。

在 20 世纪 70 年代，美国陆军、海军和空军联合开发了一种新的全球定位系统。GPS 的主要目的是提供实时、全天候和全球性的导航服务，用于一些军事目的，如情报收集、核爆炸监测和应急通信。经过 20 多年的研究和测试，成本为 300 亿美元、全球覆盖率达 98% 的 24 颗 GPS 卫星星座在 1994 年完成部署。GPS 历经第一代和第二代，现已升级到第三代。

最初的 GPS 计划是在 3 个互成 120° 的轨道面上部署 24 颗卫星，每个轨道上有 8 颗卫星，从地球上的任意一点都可以观测到 6～9 颗卫星。这样，系统粗码精度可达到 100m，精码精度可达到 10m。由于预算限制，GPS 计划不得不减少卫星发射的数量，仅在 6 个轨道面上部署了 18 颗卫星。然而，这种解决方案并不能保证卫星的可靠性。GPS 计划在 1988 年又进行了一次修订，21 颗工作卫星和 3 颗备用卫星在 6 个相互成 60° 的轨道面上工作。这就是目前 GPS 卫星的工作方式。

7.6 卫星互联网

卫星互联网是通过卫星为全球提供互联网接入服务的网络系统，它使用低轨高通量卫星实现高带宽、低时延网络覆盖。低轨道卫星空间有限，因此成为全球各国都在抢占的稀缺资源。2020 年 4 月，国家发展和改革委员会首次明确"新基建"范围，将卫星互联网与 5G、物联网、工业互联网一并纳入通信网络基础设施。2021 年 4 月，中国卫星网络集团有限公司正式成立，标志着我国正加快建设具有全球竞争力的世界一流卫星互联网，低轨道卫星互联网进入高速发展阶段。

7.6.1 卫星互联网的概念

卫星互联网是近年来发展迅速的一种网络连接技术，主要通过卫星和空间通信技术实现网络通信。它通过发射数百颗到数万颗卫星，形成一个环绕地球的球形"卫星网络"。每颗卫星都可以直接向地面发送信号，也可以在卫星与卫星之间、卫星与地面站之间建立网络连接。这些卫星相对于地球不是静止的，而是不断运动的，因此需要多颗卫星协同工作，才能实现网络信号的不间断覆盖。

卫星互联网针对地面网络的不足（如覆盖受限、易受自然灾害影响、对高速移动应用支持有限等），利用卫星通信覆盖广、容量大、不受地域影响等特点，作为地面通信的补充手段，可为用户提供宽带接入互联网服务，能有效解决边远地区、海上、空中等用户的互联网服务问题。

7.6.2　卫星互联网发展趋势

卫星互联网技术广阔的应用前景引起了世界各国的密切关注，各国争相加大投入，加强技术研发。

美国是较早启动卫星互联网技术研发的国家，美国在卫星互联网领域的领先者是"星链"卫星。"星链"计划由 SpaceX 公司在 2015 年提出，计划发射多达 12000 颗卫星，实现全球互联网覆盖。2020 年，"星链"系统共完成了 14 次组网发射，累计发射卫星突破 1000 颗。亚马逊的"柯伊伯计划"也在 2020 年获得美国联邦通信委员会的批准，计划发射 3236 颗卫星，预计在 2029 年发射完成。

英国等国也非常关注卫星互联网技术。例如，除"星链"之外，在轨卫星数量第二多的是"一网"星座，"一网"星座是一网公司提出的低轨道地球卫星星座。"一网"星座计划最终实现 1980 多颗卫星的全球覆盖，构建全球高速低时延的卫星网络连接。

目前，我国也在积极有序推进卫星互联网的建设，下面介绍几个具有代表性的工程。

（1）"鸿雁"星座

"鸿雁"星座（见图 7-9）是由中国航天科技集团有限公司主推的全球低轨道卫星星座通信系统。"鸿雁"星座由 300 余颗低轨道小卫星，以及全球数据业务处理中心组成，具有数据通信、导航增强等功能，可实现全天候、全时段及在复杂地形条件下的实时双向通信能力，为用户提供全球无缝覆盖的数据通信服务和综合信息服务。

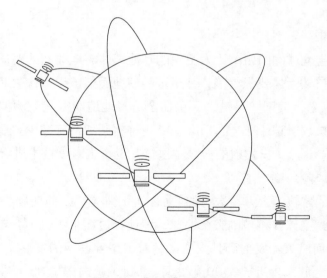

图7-9　"鸿雁"星座系统

（2）"行云工程"星座

"行云工程"星座计划发射 80 颗行云小卫星，建设中国首个低轨窄带通信卫星星座，打造最终覆盖全球的天基物联网。通过卫星系统对全球范围内各通信节点进行连结，并提

供人 - 物、物 - 物有机联系的信息生态系统。"行云工程"星座具有覆盖地域范围广、不受气候条件影响、系统抗毁性强、可靠性高等特点，具有广阔的应用前景。该工程由中国航天科工四院所属航天行云科技有限公司负责实施。

（3）"虹云工程"

"虹云工程"是由中国航天科工集团有限公司牵头研制的、覆盖全球的低轨宽带通信卫星系统。该工程计划发射 156 颗小卫星，在距离地面 1000 千米的轨道上组网运行，致力于构建一个星载宽带全球移动互联网络，以满足中国及国际互联网欠发达地区、规模化用户单元同时共享宽带接入互联网的需求。该系统将以天基互联网接入能力为基础，融合低轨道卫星导航增强、多样化遥感，实现通、导、遥的信息一体化。

当前，卫星互联网已经作为信息基础设施的一部分，被纳入国家新型基础设施建设的总体纲要，用卫星互联网的高覆盖能力，解决全球通信问题将具有十分广阔的应用场景。未来的 6G 时代，移动通信网将融合卫星通信，成为覆盖空、天、地、海的泛在网络。人们可以用卫星把地面互联网拓展到海上、空中、太空中，并将信息传送至深空；可以用通信星座组网的方式实现全球无缝覆盖的互联网接入；还可以通过快速提升卫星容量，支持宽带互联网接入，为天基宽带互联网星座的建设和应用提供最根本的驱动力。卫星互联网的发展前景一片光明。

7.6.3　卫星互联网的安全与治理

虽然卫星互联网仍处于建设初期，但可能带来的负面影响已引起国际社会广泛讨论。主要有以下几个方面。

（1）空间光污染严重

由于人造卫星与地球间的距离比太空中的其他天体与地球间的距离要近得多，反射太阳光的亮度比其他自然天体要强得多，甚至可能使地面射电望远镜失明，严重影响全球天文观测。2019 年以来，美国"星链"卫星在全球多地造成空间观测被干扰或取消，在全球天文界引发激烈抗议。迫于压力，SpaceX 声称将采取措施减少"星链"卫星产生的光污染，并在 2020 年 8 月 7 日发射的一颗"星链"卫星上对该技术进行了测试。

（2）空间安全风险急剧增加

近年来，随着地球轨道上卫星数量的增加，形成被称为"凯斯勒综合症"的恶性循环。在最坏的情况下，太空碎片将包围整个地球，即使经过数千年也不会自行掉落，人类将不再能够安全地将任何航天器发射到外太空。随着卫星互联网的发展，卫星数量激增，"凯斯勒综合症"不再是危言耸听。2009 年 2 月 10 日，美国铱星 33 号在西伯利亚上空与一颗废弃的俄罗斯卫星相撞，成为人类历史上第一起卫星相撞事故。而 2019 年 9 月上旬新发射的"星链 44 号"卫星则被曝险些与欧洲航天局风神气象卫星发生碰撞。

（3）加剧空间资源分配问题

卫星互联网需要占用两个关键资源——卫星轨道资源和卫星频谱资源。两者都是稀缺资源，在国际上都遵循"先到先得"的分配原则。在卫星频谱方面，目前人类可用的电磁频谱在 275GHz 以下，而 3GHz 以下最优质的频谱资源使用趋于饱和，可开发利用的新频谱资源越来越少。为此，应制定更加合理的国际卫星轨道和频谱资源分配规则，完善卫星轨道和电磁频谱的定期审查和退出机制，杜绝对卫星轨道和频谱资源的"圈地运动"。

（4）为网络空间监管带来风险

卫星互联网星座一般是由成百上千颗卫星组成的巨型星座，这些卫星被称为"空中的基站"，对于设置地面信关站进行用户连接准入的地基卫星互联网星座系统，该类接入方式可对运营企业实行落地监管。但是，对于采用了星间链路技术的天基卫星互联网星座系统，即可跳过地面信关站，仅靠特定微小卫星设备终端直接接入互联网，从而导致监管失效。

（5）危害军事安全和冲击国际战略稳定

卫星互联网的卫星数量多，轨道高度低，具有在轨机动性。如果未来几年数万颗卫星全部发射，将会给全球战略稳定带来巨大影响。在商业卫星上搭载军用传感器的做法尚未受到国际规则的明确约束，这可能会进一步加剧大国之间的军事紧张局势，严重违反国际太空非军事化共识。

7.7　本章小结

1. 微波是指频率在 300MHz ～ 300GHz（波长在 1mm ～ 1m）的电磁波。

2. 根据波长的不同，微波可以大致划分为分米波、厘米波、毫米波；根据频率的不同，微波可以大致分为特高频、超高频、极高频。微波常用的波段代号有 L、S、C、X、Ku、K、Ka、U、V、W。

3. 数字微波通信是一种基于时分复用技术的多信道数字通信方式，与此相对应的是模拟微波通信，这是一种基于频分复用技术的多信道通信方式。

4. 卫星通信是使用放置在轨道上的卫星进行的通信，其主要目标是通过空间启动或协助地面通信。卫星通信工作在微波频段，其频率范围为 1 ～ 40GHz。

5. 卫星通信系统由空间分系统、通信地球站分系统、跟踪遥测与指令分系统、监控管理分系统 4 部分组成。

6. 根据卫星运行的轨道不同，卫星通信系统可以分为低轨道地球卫星通信系统、中轨道地球卫星通信系统、高轨道地球卫星通信系统；根据通信范围不同，卫星通信系统可以分为国际通信卫星系统、区域通信卫星系统、国内通信卫星系统；根据用途不同，卫星通信系统可以分为综合业务通信卫星系统、军事通信卫星系统、海事通信卫星系统、电视直播卫星系统等；根据卫星转发能力不同，卫星可以分为无星上处理能力卫星、有星上处理能力卫星，由此再分别构成两种卫星通信系统。

7. 全球定位系统是一种基于人造地球卫星的高精度无线电导航和定位系统。北斗导航卫星系统是我国自主建设和独立运营的全球卫星导航系统。

8. 卫星互联网是近年来发展迅速的一种网络连接技术，主要是通过卫星和空间通信技术实现网络通信。

7.8　思考与练习

7-1　微波波段划分的依据是什么，具体可以划分为哪些波段？

7-2　简述数字微波通信技术特点，它具有哪些技术优势？

7-3　简述卫星通信系统的组成和作用。

7-4　卫星通信系统有哪些分类？

7-5　卫星运动遵循哪些基本规律？

7-6　简述北斗导航卫星系统的定位原理、基本组成、应用领域。

7-7　什么是卫星互联网，其发展可能带来哪些问题？

第8章
通信网络安全

08

学习目标

（1）理解网络安全基础概念；

（2）了解通信网络安全发展历程与我国网络安全发展现状；

（3）了解信息安全标准与规范；

（4）理解信息安全管理体系和网络安全等级保护体系；

（5）了解常见的通信网络攻击方式与防御技术；

（6）了解通信网络安全未来发展趋势。

8.1 通信网络安全发展历程与现状

8.1.1 网络安全基础概念

信息可以以多种形式存在，可以是电子形式，如信息设施中存储与处理的数据、程序；也可以是纸质形式，如打印或书写的书籍、信件、设计图纸、策划方案等；还可以是正在使用的通信内容，如显示在胶片等载体上或表达在会话中的消息。通俗地讲，信息可以表现为消息、信号、数据、情报或知识等，如图 8-1 所示。

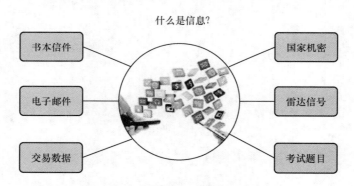

图8-1 信息的主要表现形式

信息安全是指综合应用计算机软硬件技术、网络技术、加密技术等安全技术和管理措施，确保在通信过程中，包括信息的产生、传输、交换、处理和存储等各个环节，信息的机密性、完整性和可用性不被破坏。而网络安全则是指通过各种技术手段来保护网络系统的硬件、软件及系统中的数据，使数据不因各种偶然的或恶意攻击事件而遭到破坏、修改、泄露，从而确保系统可以连续可靠地正常运行，提供无中断的网络服务。

一般来说，网络安全的范畴应包含网络设备的安全、网络信息的安全及网络软件的安全 3 个方面。广义上的网络安全，应包括所有涉及网络信息保密性、完整性、可用性、真实性和可控性的相关技术和理论。网络安全是多个学科交叉的综合性学科，包括计算机科学、网络技术、通信技术、密码技术、信息安全技术、应用数学、数论、信息论等。

根据环境和应用的不同，网络安全产生了不同的方向，主要有以下 4 种。

（1）网络系统安全。网络系统安全侧重于保证网络系统正常运行，即保证用于信息处理和传输的各种网络设施的安全运行，避免系统出现崩溃和损坏，从而对系统存储、处理和传输的消息造成破坏、产生损失，此外网络系统安全还应避免电磁泄漏等造成的信息泄露或系统干扰。

（2）网络信息安全。网络信息安全指的是保证网络上各种系统信息的安全，包括用户口令鉴别、用户权限控制、数据权限控制、安全审计、安全问题的跟踪管理、计算机病毒的防治与消杀、数据的加密解密等。

（3）信息传播安全。信息传播安全指的是保证网络上信息传播后果的安全。它侧重于防止和控制非法、有害的信息随意传播，以防造成在公用互联网平台上信息传播出现失控的不良后果。

（4）信息内容安全。信息内容安全侧重于保护网络信息的内容安全，包括保证内容的保密性、真实性和完整性。防止网络攻击者利用系统的安全漏洞窃取用户信息，损害用户合法权益。信息内容安全的本质是保护用户的合法利益和用户隐私。

8.1.2　通信网络安全发展历程

信息安全领域在中国信息化建设的进程中属于新兴产业，其产业发展大体经历了以下 3 个阶段。

（1）通信保密阶段

20 世纪初期，通信技术还不发达，数据只是零散地分布存储在各个不同的地点上，信息系统的安全主要侧重于解决通信的保密问题。在该阶段，一般只需把信息分布式安置在相对安全的不同地点上，不容许非授权用户接近，并采用一些密码技术就基本可以保证数据的安全性了。

（2）信息安全阶段

20 世纪 60 年代，计算机和互联网的发展给信息安全带来了新的挑战，攻击者可以通过网络威胁信息安全，信息安全产业进入信息安全阶段。在该阶段，由于互联网技术开始出现并得到了一定的发展，信息的传递和交互过程越来越开放，保障信息安全则需要跨越时间和空间两个维度，信息安全原则也从 3 个增加到 5 个，即在原来的保密性、完整性和可用性的基础上，增加了可控性和不可否认性两个原则。

扩展后的信息安全五大原则介绍如下。

① 保密性：确保信息只可由被授权的合法用户获取。

② 完整性：信息在传输和处理的过程中没有受到损坏或篡改，确保信息的内容准确并且是完整的。

③ 可用性：确保被授权的合法用户在需要时可随时获取并使用信息及相关的资产。

④ 可控性：对信息和信息系统实施安全监控管理，防止未被授权的用户非法使用信息系统并窃取信息。

⑤ 不可否认性：信息系统应具有权威性和不可抵赖性，防止发送方或接收方否认传输或接收过信息。

（3）信息保障阶段

20 世纪 80 年代之后，信息安全产业进入信息保障阶段。在该阶段，产业理念发生了重大变化，从传统的安全理念转变为信息化安全理念。当进入信息保障阶段后，信息安全的保障需要从多个角度入手，以确保对信息安全进行全面保障。

从具体业务入手，充分考虑不同业务流量的风险特点，有针对性地采取防御措施；从安全体系入手，通过更多的技术手段把安全管理与技术防护联系起来，主动地防御攻击而不是被动保护，防患于未然，提高网络主动防御能力；从企业管理入手，培养专业的安全管理人才，建立安全管理制度，保障网络安全。

8.1.3 我国通信网络安全发展现状

2017 年，《中华人民共和国网络安全法》（以下简称《网络安全法》）正式实施，网络安全市场进入全面发展期，网络安全产品与服务都迎来了更好的市场环境。经过多年的发展，我国的通信网络安全（以下简称"网络安全"）现状可概括如下。

1．网络安全市场进入快速增长期

中国网络安全市场起步晚，网络安全产业整体规模及增长幅度有限。近年来，在国家政策法规支持下，政府部门和机构加大在网络安全上的投入，数字经济蓬勃发展带动市场需求逐渐增加，为网络安全产业规模提升注入新的驱动力。互联网数据中心（IDC）的数据显示，2019 年，全球网络安全相关硬件、软件、服务投资约为 1066.3 亿美元；2019—2023 年，全球网络安全相关支出年均复合增长率约为 9.44%；2023 年，该支出达到 1512.3 亿美元。2019 年，中国网络安全市场总体支出约为 73.5 亿美元，政府、通信、金融是中国网络安全市场前三大支出行业，占中国总体网络安全市场份额的 60% 左右。2019—2023 年，中国网络安全相关支出的年均复合增长率将达到 25.1%，增速领跑全球，2023 年，该支出达到 179 亿美元。

2．行业集中度和竞争力逐渐增强

虽然我国网络安全产业近年来发展快速，但是，产业总体规模仍然较小，在全球网络安全市场份额中的占比不到 10%。在市场规模有限的情况下，我国约有 2000 余家网络安全从业公司，产业竞争十分激烈。《2023 年中国网络安全市场与企业竞争力分析》报告显示，2022 年我国网络安全市场规模约为 633 亿元，同比增长率为 3.1%。近三年行业总体保持增长态势，预计未来三年将保持 10%+ 增速，到 2025 年市场规模预计将超过 800 亿元。

3. 网络安全产业快速发展

我国网络安全产业正处于快速发展阶段，市场规模逐年增长，行业趋势和市场需求也在不断变化。2023 年，我国网络安全的市场规模达到 683.6 亿元，同比增长 8.0%，预计到 2027 年将增长至 884.4 亿元。这得益于数字经济、人工智能、数据安全、合规先行、信创加速和服务化转型等多方面因素的推动。2023 年上半年，我国共有 3984 家公司开展网络安全业务，同比增长 22.4%，产业规模快速扩张。在网络安全市场方面，政府、金融服务和电信行业是主要的支出领域，它们在 2024 年上半年度的支出占比分别为 24.9%、18.9% 和 15.0%。超大型企业是网络安全投资的主要终端用户，约占市场总投资规模的 70%。同时，中小型企业逐渐增加网络安全投资，可见市场需求的多元化和细分化。在区域市场方面，经济发达地区（如华北、华东和华南地区）的网络安全投入正在增加，因此区域市场占比有所提升。这表明网络安全需求与地区经济发展水平密切相关，政府行业由于客户数量多、政策监管严格、项目需求量大，依然占主导地位。随着技术进步和政策支持，预计未来几年，我国网络安全市场将继续保持增长态势，为通信网络安全领域的发展提供有力支撑。

8.2 通信网络安全体系架构

8.2.1 信息安全标准与规范

标准是广泛使用的或由官方规定的一套规则和程序。国际信息安全标准化工作兴起于 20 世纪 70 年代中期，20 世纪 80 年代有了较快发展，20 世纪 90 年代引起了世界各国的普遍关注。相关的信息安全标准列举如下。

① ISO 下设多个分技术委员会从事信息安全标准的研究工作，包括 ISO 与 IEC 联合成立的第一联合技术委员会，编号为 JTC1，即 ISO/IEC JTC1。1987 年，ISO/IEC JTC1 成立了第七分技术委员会 SC7，负责通用信息技术安全标准的制定，而其他分技术委员会则负责信息应用等方面的信息技术安全标准的制定。

② 在信息安全标准化方面，IEC 除了联合 ISO 成立 ISO/IEC JTC1，还在电磁兼容等方面成立技术委员会，并制定相关国际标准，如设备电气安全相关的标准——IEC 60950。

③ ITU 下设电信标准化部门 ITU-T，2001 年 3 月 ITU-T 将下设的 SG7 研究组（原负责研究数据通信及数据通信网）、SG10 研究组（原负责电信系统的语言和一般的软件问题）合并形成新的 SG17 研究组（数据网络和电信软件研究组），负责从事安全、网络、通信软件等方面的研究工作，其中通信安全标准研究是 SG17 研究组最活跃的工作内容。截至目前，ITU-T 正式发布了多个信息安全标准，如 ITU-T X.509（关于电子商务认证的标准）、ITU-T X.805(关于端到端网络安全架构的标准），以及 ITU-T X.1254

（关于实体认证安全保障框架的标准）等。

④ IETF 制定了 200 多个安全方面的标准，如简单网络管理协议（RFC 1352）、电子邮件保密协议（RFC 1421 ～ RFC 1424），以及因特网协议安全体系架构（RFC 1825）等。

⑤ 全国信息安全标准化技术委员会（以下简称"信息安全标委会"，编号为 TC260）。经国家标准化管理委员会批准，全国信息安全标准化技术委员会于 2002 年 4 月 15 日在北京正式成立。信息安全标委会是在信息安全技术专业领域内，从事信息安全标准化技术工作的组织，负责组织开展国内信息安全有关的标准化技术工作，主要包括安全技术、安全机制、安全服务、安全管理、安全评估等领域的标准化技术工作。

⑥ 中国通信标准化协会成立于 2002 年 12 月 18 日，下设多个技术工作委员会，其中包括网络与数据安全技术工作委员会，编号为 TC8。TC8 主要研究领域有信息通信网络与数据安全、融合新兴技术和业务安全等。

常见的信息安全标准包括 ISO 发布的 ISO/IEC 27001 标准、我国发布的网络安全等级保护国家标准、美国发布的 TCSEC 标准，以及欧盟发布的 ITSEC 标准。其中，ISO/IEC 27001 标准是目前国际上认可度最高的标准，而我国则实施网络安全等级保护制度。

8.2.2　信息安全管理体系

信息安全管理体系（ISMS）是组织在整体或特定范围内建立信息安全方针和目标，以及完成这些目标所用方法的体系。它是直接管理活动的结果，表示成方针、原则、目标、方法、过程、核查表（Checklist）等要素的集合。

信息安全管理体系的标准称为 ISO/IEC 27000 系列标准，其中 ISO/IEC 27001 是主标准，其前身为英国的 BS7799 标准。该标准由英国标准协会（BSI）于 1995 年 2 月提出。

2000 年 12 月，BS7799 标准获得了 ISO 的认可，正式成为国际标准，经过了多年的发展与完善，2005 年 ISO 正式发布了 ISO/IEC 27001 标准，此后该标准成为国际上认可度最高的安全标准。

1. ISO/IEC 27000 信息安全管理体系家族

ISO/IEC 27000 信息安全管理体系家族共有四大部分。

第一部分的标准主要是一些关于信息安全的要求及支持性指南，包括 ISO/IEC 27000（原理与术语）、ISO/IEC 27001（信息安全管理体系要求）、ISO/IEC 27002（信息技术 - 安全技术 - 信息安全管理实践规范）、ISO/IEC 27003（信息安全管理体系实施指南）、ISO/IEC 27004（信息安全管理体系指标与测量）、ISO/IEC 27005（信息安全管理体系风险管理）。

第二部分的标准则是一些认证认可要求及审核指南，包括 ISO/IEC 27006（信息安全管理体系认证机构的认可要求）、ISO/IEC 27007（信息技术 - 安全技术 - 信息安全管理体系审核员指南）、ISO/IEC 27008（信息安全管理体系 - 信息安全控制评估指南）。

第三部分则是一些关于特定行业的信息安全管理要求，如金融业、电信业及其他专门应用的行业。

第四部分则是关于医疗信息安全管理标准，主要指 ISO 27799 标准，目前该标准还处于研究阶段并以新项目提案方式体现成果，如供应链安全、存储安全等方面的研究成果。

2. ISO/IEC 27000 的作用

任何公司都可以建立 ISMS，但是怎么建立呢，要达到哪些要求呢？ISO/IEC 27000 就给出了详细的要求或标准，任何公司或组织可以依据 ISO/IEC 27001 的详细标准或要求去建立 ISMS。

作为 ISMS 的国际规范性标准，ISO/IEC 27001 的理念是基于风险评估的信息安全风险管理，采用 PDCA（Plan、Do、Check、Action）的过程方法，全面、系统、持续地改进组织的信息安全管理，可应用于所有公司或组织的信息安全管理体系的建立及实施，从而保障该组织的信息安全。

ISO/IEC 27001 强调建立可持续循环的长效管理机制，是一个总体指导思想和信息安全管理框架。而 ISO/IEC 27002 则是在 ISO/IEC 27001 整体框架的指导下具体的信息安全细节，是一个具体的信息安全管理流程。在目前的所有标准中，只有 ISO/IEC 27001 是可以被认证的，其他的标准都是为这个认证所服务的具体条款和操作指导。

ISO/IEC 27002 从 14 个方面提出 35 个控制目标和 113 个控制措施，这些控制目标和措施是信息安全管理的最佳实践，是信息安全管理的具体操作过程。

3. ISO/IEC 27001 项目实施方法论及步骤

ISO/IEC 27001 的实施过程如图 8-2 所示。按照 PDCA 的指导思想，ISO/IEC 27001 的实施过程可分为以下 5 个阶段。

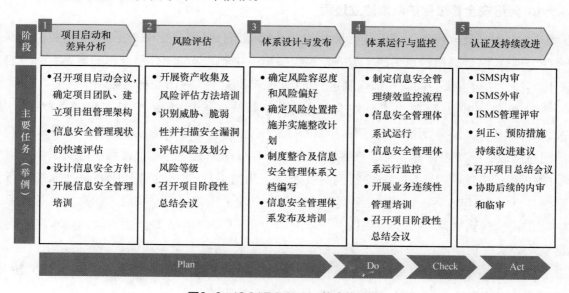

图8-2　ISO/IEC 27001的实施过程

（1）项目启动和差异分析

该阶段的主要任务包括召开项目启动会议、信息安全管理现状的快速评估、设计信息安全方针和开展信息安全管理培训等。

（2）风险评估

该阶段的主要任务包括开展资产收集及风险评估方法培训、识别威胁、脆弱性并扫描安全漏洞、评估风险及划分风险等级、召开项目阶段性总结会议等。

（3）体系设计与发布

该阶段的主要任务包括确定风险容忍度和风险偏好、确定风险处置措施并实施整改计划、制度整合及信息安全管理体系文档编写、信息安全管理体系发布及培训。

（4）体系运行与监控

该阶段的主要任务包括制定信息安全管理绩效监控流程、信息安全管理体系试运行、信息安全管理体系运行监控、开展业务连续性管理培训、召开项目阶段性总结会议等。

（5）认证及持续改进

该阶段的主要任务包括ISMS的内审、外审、管理评审，纠正、预防措施持续改进建议、召开项目总结会议，以及协助后续的内审和临审等。

8.2.3　网络安全等级保护体系

网络安全等级保护是指对国家秘密信息，以及法人和其他组织及公民的专有信息，还有公开信息和存储、传输、处理这些信息的信息系统分等级实行安全保护，对信息系统中使用的信息安全产品实行按等级管理，对信息系统中发生的信息安全事件分等级响应、处置。保护对象主要包括基础信息网络、信息系统、物联网平台、大数据应用平台及资源、云计算平台及系统、工业控制系统和采用移动互联技术的系统等。

1.　网络安全等级保护制度建立过程

1994 年，我国颁布的《中华人民共和国计算机信息系统安全保护条例》（国务院 147 号令）规定，"计算机信息系统实行安全等级保护。安全等级的划分标准和安全等级保护的具体办法，由公安部会同有关部门制定。"这意味着我国正式提出安全等级保护制度。

2008 年，我国颁布《信息安全技术　信息系统安全等级保护基本要求》（GB/T 22239-2008），该条例被广泛应用于各个行业中，指导用户开展信息系统安全等级保护的建设整改、等级测评等工作，在我国信息安全等级保护制度的推进过程中起到了非常重要的作用。2016 年 10 月，公安部网络安全保卫局对 GB/T 22239-2008 系列标准进行了修订。2017 年 6 月，《中华人民共和国网络安全法》正式出台。从此"信息安全等级保护"正式过渡到"网络安全等级保护"，《中华人民共和国网络安全法》明确要求实施网络安全等级保护制度。2019 年 5 月，《信息安全技术　网络安全等级保护基本要求》（GB/T 22239-2019）、《信息安全技术　网络安全等级保护测评要求》（GB/T 28448-2019）等标准的正式发布，标志着"等保 2.0"标准体系全面启动。

目前，网络安全等级保护已成为国家信息安全保障工作的基本制度。通过全面开展网络安全等级保护工作，我国信息和信息系统安全建设的整体水平得到了有效提高。企业和组织在信息化建设过程中同步建设信息安全设施，可有效保障信息安全与信息化建设相协调，为企业信息化系统的建设和管理提供系统性的、有针对性的、可行的指导和服务，可有效控制信息安全建设成本，优化信息安全资源的配置。通过对信息系统分级实施保护，可重点保障基础信息网络和重要信息系统的安全，尤其是关系国家安全、经济命脉、社会稳定等方面的信息系统。网络完全等级保护的实施，明确了国家、法人和其他组织、公民的信息安全责任。

2．网络安全等级保护 2.0 标准体系

网络安全等级保护 2.0 标准体系主要包括以下 4 项标准。

（1）《信息安全技术 网络安全等级保护基本要求》（GB/T 22239-2019）

该标准主要定义了网络安全等级保护工作的保护对象范围及等级划分依据，同时规定了不同等级保护对象的安全保护通用要求和扩展要求，其中的扩展要求主要针对采用移动互联、云计算、大数据、物联网和工业控制等新技术、新应用的保护对象。

（2）《信息安全技术 网络安全等级保护安全设计技术要求》（GB/T 25070-2019）

该标准主要包括对网络安全等级保护不同等级保护对象的信息系统的安全设计技术要求，包括安全计算环境、安全区域边界、安全通信网络、安全管理中心、系统互联等各个方面，体现了定级系统安全保护能力的整体控制机制，可用于指导信息系统运营使用单位、信息安全企业、信息安全服务机构等开展信息系统等级保护安全设计。

（3）《信息安全技术 网络安全等级保护测评要求》（GB/T 28448-2019）

该标准主要阐述了网络安全等级保护的测评原则、测评内容、测评强度、单元测评要求、整体测评要求、等级测评结论产生方法等内容，可用于规范和指导测评人员开展等级测评工作。

（4）《信息安全技术 网络安全等级保护测评过程指南》（GB/T 28449-2018）

该标准主要针对网络安全等级保护的测评过程，明确了测评的工作任务、分析方法及工作结果等，包括测评准备活动、方案编制活动、现场测评活动、分析与报告编制活动，可用于规范测评机构的等级测评过程。

3．网络安全等级保护的安全等级划分

在网络安全等级保护 2.0 标准体系中，安全等级共划分为 5 个级别，安全能力从第一级到第五级逐渐增强。

第一级，自主保护级。该级别的信息系统受到破坏后，会对公民、法人和其他组织的合法权益造成损害，但不损害国家安全、社会秩序和公共利益。该级别信息系统运营使用单位应当依据国家有关管理规范和技术标准对信息系统进行保护。

第二级，指导保护级。该级别的信息系统受到破坏后，会对公民、法人和其他组织的

合法权益造成严重损害，或者对社会秩序和公共利益造成损害，但不损害国家安全。国家信息安全监管部门对该级别信息系统安全等级保护工作进行指导。

第三级，监督保护级。该级别的信息系统受到破坏后，会对社会秩序和公共利益造成严重损害，或者对国家安全造成损害。国家信息安全监管部门对该级别信息系统安全等级保护工作进行监督、检查。

第四级，强制保护级。该级别的信息系统受到破坏后，会对社会秩序和公共利益造成特别严重损害，或者对国家安全造成严重损害。国家信息安全监管部门对该级别信息系统安全等级保护工作进行强制监督、检查。

第五级，专控保护级。该级别的信息系统受到破坏后，会对国家安全造成特别严重损害。国家信息安全监管部门对该级别信息系统安全等级保护工作进行专门监督、检查。

4. 网络安全等级保护工作流程

网络安全等级保护工作包括定级、备案、安全建设、等级测评、监督检查 5 个阶段，其流程如图 8-3 所示。

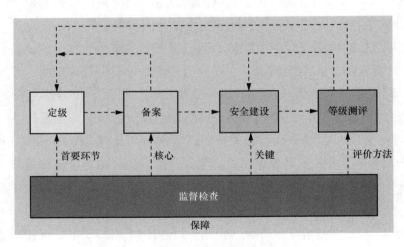

图8-3　网络安全等级保护工作流程

① 定级：定级是网络安全等级保护工作的首要环节，主要步骤包括确定定级对象、初步确定等级、专家评审、主管部门审核、公安机关备案审查、最终确定等级。

② 备案：备案指的是组织持定级报告和备案表等材料到公安机关网安部门进行备案。备案环节可指导、监督定级是否准确，为后续建设、整改、测评提供可靠的依据。

③ 安全建设：以《信息安全技术　网络安全等级保护基本要求》中对应等级的要求为标准，对当前不满足要求的定级对象进行建设整改。

④ 等级测评：委托具备测评资质的测评机构对定级对象进行等级测评，并形成正式的测评报告。

⑤ 监督检查：组织向当地公安机关网安部门提交测评报告，配合完成对网络安全等

级保护实施情况的检查。

网络安全等级保护工作过程涉及 4 个不同的角色，分别是运营使用单位、公安机关、安全厂商和测评机构，它们的角色分工如表 8-1 所示。

表 8-1　网络安全等级保护工作角色分工

	运营使用单位	公安机关	安全厂商	测评机构
定级	确定安全保护等级，填写定级备案表、编写定级报告	—	协助运营使用单位确认定级对象，为其提供定级咨询服务、辅导运营使用单位准备定级报告，并组织专家评审（二级以上）	可承接运营使用单位的定级咨询服务
备案	准备备案材料，到当地公安机关备案	当地公安机关审核受理备案材料	辅导运营使用单位准备备案材料和提交备案申请	可承接运营使用单位的备案服务
安全建设	建设符合等级要求的安全技术和管理体系	—	依据相应等级要求对当前实际情况进行差距分析，针对不符合项及行业特性要求进行个性化的整改方案设计，协助运营使用单位完成建设整改工作	
等级测评	准备和接受测评机构测评	—	指导运营使用单位配合测评中心开展等级测评工作	对等级保护对象符合性状况进行测评
监督检查	接受公安机关的定期检查	监督检查运营使用单位是否按要求开展网络安全等级保护工作	根据运营使用单位需要，配合完成自查工作，协助运营使用单位接受检查和整改	—

8.3　通信网络安全威胁

网络安全等级保护实施的目的是保证网络信息的保密性、完整性、可用性、可控性和不可否认性，网络安全威胁是指网络所面临的、已经发生的或潜在的事件对网络信息的保密性、完整性、可用性、可控性和不可否认性所造成的威胁。网络攻击是对网络安全造成威胁的主要原因。网络攻击是指利用网络中存在的漏洞和安全缺陷对网络中的硬件、软件及信息进行的攻击，其目的是破坏网络中信息的保密性、完整性、可用性、可控性和不可抵赖性，削弱甚至停止网络的服务功能，使网络瘫痪。互联网发展至今，网络攻击一直如影随形，攻击方式与手段越来越复杂，攻击目的也逐步多样化。

8.3.1　网络攻击分类

从攻击者的行为对网络攻击进行区分，网络攻击可以分为主动攻击和被动攻击两大类。

主动攻击是指攻击者通过网络线路将虚假信息或计算机病毒传入信息系统内部，破坏信息的真实性、完整性及系统服务的可用性，即通过中断、伪造、篡改、重放和重排信息内容，造成信息破坏，使系统无法正常运行，主动攻击包括伪装、重放攻击、消息篡改、拒绝服务攻击等攻击方式。

被动攻击是指攻击者非常规截获、窃取网络中的信息，破坏了信息的保密性。由于被动攻击一般只收集信息，并不涉及对数据的更改，因此很难被用户察觉，可能在无形中给用户带来巨大的损失。常见的被动攻击方法包括网络嗅探、流量分析等。

8.3.2 常见的网络攻击方式

常见的网络攻击方式有信息收集攻击、暴力破解、欺骗攻击、拒绝服务攻击、漏洞利用攻击、恶意软件攻击等。

1. 信息收集攻击

信息收集攻击一般被用来为进一步攻击做准备，信息收集本身并不会对目标造成直接危害。常见的信息收集攻击类型包括网络扫描、网络嗅探、网络信息服务利用、社会工程学攻击等。

（1）网络扫描

网络扫描指的是利用一定的工具探测目标网络，确定网络中有哪些存活主机存在可被利用的弱点或缺陷。攻击者可以利用它查找网络上有漏洞的系统，收集信息，为选择合适的后续攻击方法提供支持。

一次网络扫描通常包括以下 3 个阶段。第一个阶段是查看网络中有哪些存活主机，也就是划分攻击范围；第二个阶段是对网络中的存活主机进一步进行探测，查看其运行的操作系统、安装的软件、开启的服务、开放的端口等，也就是进一步掌握攻击目标的状态；第三个阶段是检测目标系统存在的安全漏洞或缺陷。

（2）网络嗅探

网络嗅探也称网络监听，是一种利用计算机的网络接口截获目标与其他计算机间传输的数据报文的技术。网络嗅探属于被动攻击，很难被察觉，对局域网构成了持久的安全威胁。网络嗅探可能造成的危害有捕获口令、捕获专用的或机密的信息、获取更高级别的访问权限、分析网络结构、进行网络渗透等。

（3）网络信息服务利用

网络信息服务利用是一种利用网络服务、服务旗标（banner）识别、TCP/IP 协议栈检测等方法收集目标系统的网络结构、操作系统和应用系统类型、版本等信息的技术。

利用网络服务：人物资讯（Whois）是一个标准网络服务，用于提供域名相关信息的查询。攻击者通过向 Whois 提交查询请求获得目标域名的相关信息，包括联系人、联系电话、域名解析服务器等，这些信息有助于攻击者实施域名攻击。另外，攻击者还可以使用 ping、tracert 等系统命令或其他工具，获得目标网络的拓扑结构信息。

利用服务旗标识别：在用户登录某些应用时，应用的欢迎信息中会包含应用程序的基本信息。例如，某些服务器给出的欢迎信息是"220 Serv U FTP Server v6.0 For Winsock Ready"，这暴露了 FTP 服务软件名称及版本号等信息。

利用 TCP/IP 协议栈检测：不同操作系统的 IP 协议栈实现之间存在细微的差别，通过这些差别，可以区分出操作系统的类型及版本，这种方法也称为 TCP/IP 协议栈指纹识别法。例如，对远端计算机进行 ping 操作，不同操作系统回应的数据包中的初始 TTL 值是不同的。根据回应的数据包中的 TTL 值，可以大致判断操作系统的类型。

（4）社会工程学攻击

社会工程学攻击是一种利用攻击对象的心理弱点、本能反应、好奇心、信任、贪婪等心理对信息系统进行攻击，攻击者通常采取欺骗、伤害等手段以获取自身利益的网络攻击手法。从某种意义上来说，社会工程学攻击的对象并不是信息系统的弱点，而是人性的弱点。

常见的社会工程学攻击方式和手段如下。

① 利用特定的环境。例如，搜集企业内部员工的个人简历，从中找寻姓名、生日、电话号码、电子邮箱等信息，进而判断被攻击者的账号、密码等，从而获取敏感数据。

② 伪装欺骗。例如，伪造电子邮件诱骗被攻击者下载带有恶意代码的附件，或通过钓鱼网站获取被攻击者的账号、密码等。

③ 利用恭维、说服、恐吓等方式，引诱或迫使被攻击者透露商业机密等信息。

2．暴力破解

暴力破解主要针对"保密性"进行攻击，其攻击原理也非常简单，攻击者通过尝试所有的可能性以破解用户的账号、密码等敏感信息，其过程与枚举破解数字密码锁相似。

暴力破解的本质是通过反复地尝试获得一次成功破解，这种破解过程会导致服务器日志中出现大量异常记录，所以暴力破解防范比较简单，只需要在服务器上进行有效的监控和分析即可避免。

3．欺骗攻击

欺骗攻击也称假消息攻击，是一种利用计算机之间的相互信任关系来获取目标系统非授权访问的攻击方法。最常见的欺骗攻击方式包括地址解析协议（ARP）欺骗攻击、域名系统（DNS）欺骗攻击、IP 源路由欺骗攻击、会话劫持攻击等。

（1）ARP 欺骗攻击

ARP 负责将某个 IP 地址解析成对应的 MAC 地址。ARP 的基本功能就是通过目标设备的 IP 地址，查询其 MAC 地址，以保证通信的正常进行。基于 ARP 的这一工作特性，攻击者向目标计算机不断发送伪造的 ARP 报文，造成目标计算机的 ARP 表映射错误，从而导致目标计算机不能进行正常的网络通信。一般情况下，受到 ARP 欺骗攻击的计算机会出现"IP 地址冲突""网络中断"两种现象。

（2）DNS 欺骗攻击

DNS 用于域名和 IP 地址之间的解析。DNS 欺骗实际上就是攻击者冒充域名服务器的一种欺骗行为，其基本原理是攻击者冒充域名服务器，使目标计算机在进行域名解析时，将域名解析请求发送给攻击者的 IP 地址，这样，用户上网只能看到攻击者设定的主页，而不是用户的目标网站的主页。

（3）IP 源路由欺骗攻击

为便于测试，TCP/IP 在 IP 报文首部中设置了一个可选项——IP Source Routing（源路由），该选项用于直接指明到达节点的路由。攻击者可以利用这个可选项进行欺骗并绑定非法链接。

IP 源路由欺骗的一般过程如下。攻击者首先冒充某个可信节点的 IP 地址，并构造一个通往某个服务器的直接路径和返回路径，然后向服务器发出请求；由于 IP 源路由选项记录了来时的路径，服务器收到请求后，把本应发给可信节点的应答包返回给攻击者主机。

（4）会话劫持攻击

会话劫持结合了网络嗅探技术和欺骗技术。会话劫持攻击指的是在一次正常的会话过程中，攻击者作为第三方参与其中，会话劫持可能在正常数据包中插入恶意数据，也可能监听双方的会话过程，甚至可能代替某一方主机接管会话。

4．拒绝服务攻击

拒绝服务（DoS）攻击是一种极其常见的网络攻击手法，其目的是使目标计算机的网络或系统资源耗尽，中断或停止目标计算机的网络服务，从而影响正常用户的网络访问。

分布式拒绝服务（DDoS）攻击指的是将多个计算机或物联网设备联合起来作为攻击平台，对一个或多个目标发动攻击。与传统的"一对一"的 DoS 攻击方式相比，DDoS 属于"多对一"或"多对多"的攻击形式，其攻击强度和破坏效果更大。

按照攻击对象资源的不同来分类，DDoS 攻击可分为网络带宽资源攻击、系统资源攻击和应用资源攻击。

（1）网络带宽资源攻击

使用大量的受控主机直接向目标发送大量的网络数据包，以占满目标的网络带宽，并消耗其网络数据处理能力，从而达到拒绝服务攻击的目的。典型的网络带宽资源攻击方式有 UDP 洪水攻击（UDP Flood）、ICMP 洪水攻击（ICMP Flood）、ACK 反射攻击、DNS 放大攻击等。

（2）系统资源攻击

通过消耗和占用系统的连接资源，阻止正常连接的建立，从而达到拒绝服务攻击的目的。典型的系统资源攻击方式有 SYN 洪水攻击、TCP 连接洪水攻击、SSL 洪水攻击等。

（3）应用资源攻击

针对应用提交大量请求以消耗资源，从而达到拒绝服务攻击的目的。典型的应用资源攻击方式有 DNS Query 洪水攻击、HTTP 洪水攻击、Slowloris 攻击等。

5．漏洞利用攻击

漏洞是在硬件、软件、协议的具体实现中或系统安全策略上存在的缺陷，或是程序设计人员有意无意留下的不受保护的入口点。操作系统、数据库、应用软件、网络设备均不可避免地存在着漏洞，这些漏洞都有可能被攻击者利用，对通信网络安全造成威胁。

最常见的漏洞利用攻击类型如下。

（1）缓冲区溢出攻击

缓冲区溢出攻击的原理是针对目标应用程序的缓冲区写入超出其长度的内容，从而造成缓冲区溢出，破坏程序的堆栈，迫使程序转而执行其他指令，以达到攻击的目的。

由于缓冲区溢出漏洞在各种操作系统、应用软件中广泛存在，因此缓冲区溢出攻击也是一种非常常见的攻击手段。MS08-067、MS17-010 就是两个最典型的缓冲区溢出漏洞，攻击者可以利用它们获取操作系统的控制权，并远程执行任意代码。

（2）SQL 注入攻击

SQL 注入攻击是针对应用程序数据库的安全漏洞而进行的攻击，用于非法获取网站控制权。一般来说，在 Web 系统开发过程中，如果程序员没有对用户提交数据的合法性进行判断，那么攻击者就可以提交一段精心构造的数据库查询代码，根据网页返回的结果，获得某些他想得知的信息，并发起更进一步的攻击以获取管理员账号、密码，进而进入系统窃取或者篡改文件、数据等。

（3）跨站脚本攻击（XSS）

XSS 针对的是网站的用户，而不是 Web 应用本身。黑客恶意在有漏洞的网站里注入一段代码，然后网站访客执行这段代码。此类代码可以入侵用户账户，激活木马程序，或者修改网站内容，其可被用于窃取隐私、钓鱼欺诈、传播恶意代码等。

（4）跨站请求伪造（CSRF）攻击

在 CSRF 攻击中，攻击者诱导受害者进入第三方网站，在第三方网站中，向被攻击网站发送跨站请求，利用受害者在被攻击网站已经获取的注册凭证，绕过后台的用户验证，达到冒充用户对被攻击的网站执行某项操作的目的。

6．恶意软件攻击

恶意软件是指故意编制或设置的、对网络或系统产生威胁或潜在威胁的计算机程序。

恶意软件攻击主要是针对系统完整性的攻击，分为病毒和蠕虫两大类，两者的区别在于感染过程是否需要与用户交互。一般来说，病毒是需要用户交互来感染的恶意程序，如 CIH 病毒、梅丽莎病毒、蓝宝石病毒、木马病毒等，而蠕虫则可利用网络主动进行复制和传播，无须任何明显用户交互就能进入目标计算机及设备，如尼姆达、熊猫烧香、WannaCry 等。

根据防特网（Fortinet）发布的 2023 年全球网络威胁态势报告，网络传播的恶意软件对网络中的数据安全威胁巨大，且呈现出如下六大趋势。

① 持续的勒索软件威胁：勒索软件攻击持续增加，并且攻击者可能会采取更具针对性的方法来攻击特定行业或组织。

② 供应链攻击的增加：随着供应链的复杂性增加，供应链攻击增加，并且这种攻击影响整个生态系统。

③ 物联网（IoT）设备的威胁：IoT设备在全球网络安全中的重要性增加，攻击者可能针对IoT设备的弱点实施攻击，如数据窃取和篡改等。

④ 新型威胁的出现：新型的网络威胁，如基于人工智能或机器学习的攻击，以及对新兴技术的安全威胁。

⑤ 安全漏洞的利用：网络攻击者利用已知的安全漏洞进行攻击，如执行恶意代码、获取系统权限等。

⑥ 加密货币相关的威胁：随着加密货币的普及，加密货币相关的网络犯罪活动增加，如加密货币勒索软件和加密货币挖矿恶意软件。

▎拓展阅读

信息技术的快速发展极大地开拓了互联网平台，网络攻击不再仅仅依附于传统的常规战争而存在，已经拓展和波及所有与网络相关的事件和人员。

2022年9月，国家计算机病毒应急处理中心发布了关于西北工业大学遭受境外网络攻击的调查报告，调查发现，美国国家安全局下属的特定入侵行动办公室经过长期的精心准备，使用其自有的网络攻击平台——"酸狐狸"漏洞攻击武器平台，对西北工业大学内部主机和服务器实施中间人劫持攻击，利用窃取的信息渗透控制路由器、服务器等基础设施，进而窃取敏感身份人员的隐私数据。

国际社会上频频发生的网络安全事件，为我们敲响了警钟，构建强大的网络安全防御能力迫在眉睫。正如外交部发言人所说的，网络空间是人类的共同家园，网络攻击是全球面临的共同威胁，一方面，我们希望有些国家停止针对其他国家的网络窃密和攻击，另一方面，我们自身要保持高度警惕，进一步加快和提升网络基础设施国产化，提高网络安全从业人员专业化水平与防御能力。

8.4 通信网络安全防御技术

在网络中，有攻击就会有防御，矛与盾的交锋是一个永恒的话题。在了解与分析网络攻击方式的基础上，需要针对具体的信息系统，制定完善的安全策略，采用有效的安全防御技术，构建强有力的网络安全保障体系。本节将介绍常用的安全防御技术。

8.4.1 加密技术

互联网中，基于TCP/IP协议栈封装的数据是明文传输的，这样就会存在很多潜在的危险，如密码泄露、银行账户信息被窃取或篡改、用户身份被冒充、遭受恶意网络攻击等。在网络中应用加密技术，可对传输的数据进行保护处理，降低信息泄露风险。

加密技术是指利用数学方法将需要保护的明文数据转换为不易理解的密文数据，从而达到保护数据的目的，如图 8-4 所示。图中，$C=E_n(K，P)$ 表示利用 K，P 作为参数，加密得到信息密文 C。

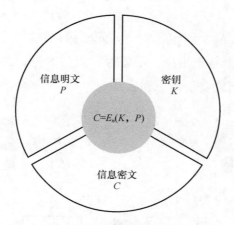

图8-4　加密技术示意

加密技术的历史非常久远，最先使用加密技术来加密信息的可能是公元前 500 年的古希腊人。他们使用一根叫作"scytale"的棍子作为密码棒，送信人先将一张羊皮纸缠绕在棍子上，然后把要加密的信息写在上面，接着打开纸送给收信人，此时纸上是杂乱无章的字符。此时棍子的直径就相当于密钥，如果不知道棍子的直径，接收者不可能解密信里面的内容。再比如大约在公元前 50 年，古罗马的统治者恺撒使用了一种战争时用于传递加密信息的方法，后来称之为"恺撒密码"。它的原理是将 26 个字母按自然顺序排列，并且首尾相连，明文中的每个字母都用其后的第三个字母代替，例如"tongxinanquan"通过加密之后就变成"wrqjalqdqtxdq"。

中国古代有着丰富的军事实践和发达的军事理论，其中不乏巧妙、规范和系统的保密通信和身份认证方法。公元前 1100 多年前，由中国西周姜子牙所著中国古代兵书《六韬》中的阴符和阴书就提到了君主如何在战争中与在外的将领进行保密通信。其中阴符共有八种，具体如下：一种长一尺，表示大获全胜，摧毁敌人；一种长九寸，表示攻破敌军，杀敌主将；一种长八寸，表示守城的敌人已投降，我军已占领该城；一种长七寸，表示敌军已败退，远传捷报；一种长六寸，表示我军将誓死坚守城邑；一种长五寸，表示请拨运军粮，增派援军；一种长四寸，表示军队战败，主将阵亡；一种长三寸，表示战事失利，全军伤亡惨重。只有国君和主将知道这八种阴符的秘密。这就是不会泄露朝廷与军队之间相互联系内容的秘密通信语言。现代密码学中，运用公钥－私钥体系进行身份认证的方法也与"符"相通。

根据使用密钥的不同，加密技术可以分为对称加密和非对称加密。

对称加密原理如图 8-5 所示，A 使用对称密钥对明文进行加密，然后将密文发送给 B，B 收到密文后，利用相同的对称密钥对密文进行解密，得到最初的明文。对称加密技术是一种行之有效的数据保护方法，其优点是效率高、算法简单、系统开销小，适用于加密大量数据。但是收发双方使用相同的对称密钥，如何安全地进行密钥交换不太容易实现。常见的对称密钥算法包括流加密算法的 RC4，分组加密算法的 DES、3DES、AES 等。

与对称加密不同，非对称加密也称为"公开密钥系统"，它使用私钥和公钥两个不同的密钥。其中，私钥归属于特定用户，用于保护用户数据；公钥则由使用同系统的人共享，用于校验信息及发送者的身份信息和合法性。

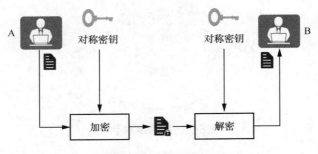

图8-5　对称加密原理

非对称加密原理如图 8-6 所示，A 事先通过系统获取 B 的公钥，然后使用 B 的公钥对明文进行加密，之后将密文发给 B，B 收到密文后，使用自己的私钥对密文进行解密，从而得到最初的明文数据。非对称加密算法无须在收发双方之间传输密钥，使用公钥加密的信息可以用私钥进行解密，适用于对密钥或身份信息等敏感信息进行加密，从而提高业务的安全性。目前常用的非对称加密算法主要包括 DH、RSA、DSA 和 ECC 等算法。

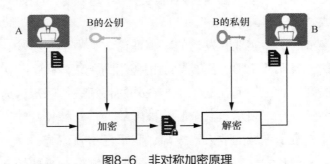

图8-6　非对称加密原理

8.4.2　防火墙技术

"防火墙"一词起源于建筑领域，在建筑领域中，防火墙一般用来隔离火灾，即阻止火势从一个区域蔓延到另一个区域。引入通信领域后，防火墙这种安全设备通常用于两个网络之间逻辑意义上的针对性隔离。当然，这种隔离是逻辑上的分类隔离，隔离的是"火"的蔓延，而又保证"人"能穿墙而过。这里的"火"是指网络中的各种攻击，而"人"是指正常的通信报文。

防火墙主要用于保护一个网络区域免受来自另一个网络区域的网络攻击，并防御网络入侵行为，如图 8-7 所示。防火墙因其隔离、防守的属性，灵活应用于网络边界、子网隔离等位置，具体如企业网络出口、大型网络内部子网隔离、数据中心边界等。

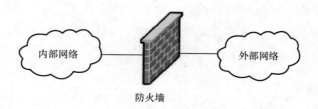

图8-7　防火墙的功能

在现代信息安全体系中，防火墙的功能不仅是一个"入口的屏障"，它还应该是几个不同网络区域的接入控制点，形成一个信息进出的关口，所有需要被防火墙保护的网络数据流都应该首先经过防火墙，因此防火墙不但可以保护内部网络在互联网中的安全，也可以保护计算机在特定内部网络中的安全。在每一个被防火墙分割的网络内部，所有的计算机之间均被认为是"可信任的"，它们之间的通信不受防火墙的干涉，但在各个被防火墙分割的网络之间，必须按照防火墙规定的"安全策略"进行通信控制。

广义上的防火墙，一般包括个人防火墙和网络防火墙。个人防火墙一般用于个人计算机的安全防护，其部署过程类似于软件产品的安装，因此也被称为软件防火墙。网络防火墙则用于加强网络之间的访问控制与安全防护，是一种特殊的网络硬件设备。本节主要侧重网络防火墙的介绍，后文中的防火墙（如无指定）都指网络防火墙。根据实现技术的不同，防火墙可以分为包过滤防火墙、代理防火墙、状态检测防火墙和人工智能（AI）防火墙。

1. 包过滤防火墙

包过滤防火墙主要基于数据包中的源 / 目的 IP 地址、源 / 目的端口号、IP 标识和报文传递的方向等信息，对流经网络的报文进行过滤。包过滤防火墙的设计简单，一般基于访问控制列表（ACL）来实施，容易实现且价格便宜。但是，包过滤防火墙也有明显的缺点，主要表现为以下 3 点。

① 过滤性能与 ACL 的复杂度和长度相关。

② 无法动态适应安全要求。

③ 对内容完全没有感知，不检查会话状态也不分析数据，很容易被攻击。例如，攻击者可以使用假冒 IP 地址进行欺骗，通过把自己主机的 IP 地址设成一个合法主机的 IP 地址，就能很轻易地通过报文过滤器。

2. 代理防火墙

代理防火墙的功能主要在应用层实现。当代理防火墙收到一个客户的连接请求时，先核实该请求，然后将处理后的请求转发给真实服务器，在接受真实服务器应答并进行进一步处理后，再将回复交给发出请求的客户。代理防火墙在外部网络和内部网络之间，发挥了中间转接的作用。使用代理防火墙的好处是，它可以提供用户级的身份认证、日志记录和账号管理，彻底分隔外部网络与内部网络。但是，所有内部网络的主机均需通过代理防火墙才能获得网络资源，因此会造成使用上的不便，而且代理防火墙很有可能会成为系统的"瓶颈"。

3．状态检测防火墙

状态检测防火墙是包过滤防火墙的扩展，它不仅把数据包作为独立单元进行类似于 ACL 的检查和过滤，同时也考虑前后数据包的应用层关联性。状态检测防火墙通过对连接的首个数据包（以下简称"首包"）进行检测，而确定连接的状态。后续数据包根据所属连接的状态进行控制（转发或阻塞）。简而言之，状态检测防火墙支持状态检测功能，它考虑到报文前后的关联性，检测的是连接状态而非单个报文。

4．人工智能防火墙

人工智能防火墙是下一代防火墙产品，它结合了 AI 算法或 AI 芯片，通过智能检测技术进一步提高了防火墙的安全防护能力和性能。人工智能防火墙没有统一的标准。例如，通过用大量数据和算法"训练"防火墙，让其学会自主识别威胁；通过内置 AI 芯片，提高应用识别能力和转发性能等。

8.4.3 虚拟专用网技术

简单来说，虚拟专用网（VPN）技术就是在公用网络上建立专用网络，将某个报文封装到另外的数据报文中，使得内部数据报文在公网传输时是不透明的，从而实现端到端的安全加密传输。

1．VPN 关键技术

VPN 在复杂的公网上提供安全的端到端加密数据传输，需要依赖一些关键技术以确保数据的安全性。VPN 主要通过隧道技术来实现业务交付，除此之外，VPN 还采用了数据认证技术和身份认证技术、加解密技术、密钥管理技术等。

（1）隧道技术

作为 VPN 所需最关键的技术，隧道技术在隧道的一端将数据报文重新封装在新的报文中，新的报文中包含公网上的路由信息，从而使得被封装的新报文可通过公网传输到基于隧道的另一端，被封装的新报文在公网上传输所经过的逻辑路径称为隧道。隧道协议是隧道技术的最重要的网络协议，可分为二层隧道协议和三层隧道协议。二层隧道协议使用数据链路层协议进行传输，它主要应用于构建远程访问虚拟专用网，二层隧道协议主要有第二层转发协议（L2FP）、点到点隧道协议（PPTP）、第二层隧道协议（L2TP）等。三层隧道协议使用网络层协议进行传输，它主要应用于构建企业内部虚拟专用网和扩展的企业内部虚拟专用网，三层隧道协议主要有 VLAN 中继协议（VTP）、IPSec 等。

（2）数据认证技术和身份认证技术

为保证数据在网络传输过程中不会被非法篡改，需要用到数据认证技术。数据认证技术主要采用哈希算法（散列算法），哈希算法具有不可逆特性及理论上的结果唯一性，因此在摘要相同的情况下可以保证数据不被篡改。常见的哈希算法包括信息摘要算法 5（MD5）、安全散列算法（SHA）等。

另外，为保证 VPN 接入用户的合法性及有效性，VPN 还需要采用身份认证技术。目前 VPN 主要采用"用户名 + 密码"的方式进行认证，对安全性要求较高的用户还可以使用 USB KEY 等认证方式。

（3）加解密技术

加解密技术是数据通信中一项较成熟的技术，VPN 可以借助加解密技术保证数据在网络中传输时不被非法获取。即当数据被封装入隧道后立即进行数据加密，只有当数据到达隧道对端后，才能由隧道对端对数据进行解密。

（4）密钥管理技术

在 VPN 技术中，密钥管理的主要任务是确保在复杂不安全的公网上安全地传递密钥而密钥不被窃取。

2. VPN 分类

VPN 的业务类型及实现方式非常多，可以按照不同的分类方式进行 VPN 分类。

（1）按业务用途分类

按业务用途的不同，VPN 可分为接入（Access）VPN、内联网（Intranet）VPN 和外联网（Extranet）VPN 3 类。这 3 种类型的 VPN 分别与传统的远程访问网络、企业内联网，以及企业网和相关合作伙伴的企业网所构成的外联网对应。

Access VPN 适用于公司内部经常有流动人员远程办公的情况。出差员工利用当地互联网服务提供商（ISP）提供的互联网接入，远程拨号接入公司 VPN，进而访问企业内部资源。

Intranet VPN 一般应用于企业内部各分支机构、办事处之间的互联。

Extranet VPN 一般用于企业与客户、供应商、合作伙伴、授权机构之间的互联。Extranet VPN 通过一个使用专用连接的共享基础设施，将客户、供应商、合作伙伴或兴趣群体的企业网连接到企业内部网络，并赋予相同的安全特性、服务质量、可靠性和可管理性。

（2）按实现层次分类

按照 OSI 参考模型的实现层次来分类，VPN 可以分为二层 VPN（L2 VPN）、三层 VPN（L3 VPN）和七层 VPN（L7 VPN）3 类，如图 8-8 所示。

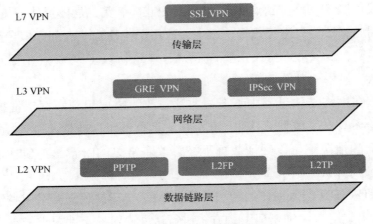

图8-8　VPN按实现层次分类

二层 VPN 指 VPN 技术工作在数据链路层，二层 VPN 使用的协议有 PPTP、协议 L2FP、L2TP，以及多协议标签交换（MPLS）等。

三层 VPN 指 VPN 技术工作在网络层，三层 VPN 包括 GRE VPN、IPSec VPN 等。

七层 VPN 指 VPN 技术工作在应用层，应用层的 VPN 主要指的是安全套接字层（SSL）VPN。

3. 常见的 VPN 技术

（1）MPLS VPN

MPLS VPN 基于 MPLS 技术实现，通过在路由器和交换机上应用 MPLS 技术，简化路由器的路由选择过程。MPLS 技术很好地结合了二层交换技术和三层路由技术，在解决 VPN、服务类别（CoS）和流量工程（TE）等问题中具有很优异的表现。因此，MPLS VPN 在解决企业互联、提供各种新业务方面也越来越被运营商看好，是目前网络运营商提供增值业务的重要手段。MPLS VPN 又可分为二层 MPLS VPN（L2 MPLS VPN）和三层 MPLS VPN（L3 MPLS VPN）。

（2）IPSec VPN

IPSec VPN 是一种基于 IP 安全协议——IPSec 的 VPN 技术，由 IPSec 对数据报文进行保护并提供隧道安全保障。IPSec 由 IETF 设计，可基于 IP 网络实现端到端的数据安全传输，为互联网上传输的数据提供了高质量的、可互操作的、基于密码学的安全保证。

（3）SSL VPN

SSL VPN 是一种基于 HTTPS 实现的 VPN 技术，工作在传输层和应用层之间。HTTPS 支持 SSL 协议，是一种安全的 HTTP。SSL 协议可提供基于证书的身份认证、数据加密和消息完整性验证机制，可以为应用层与传输层之间的通信建立安全可靠的连接。SSL VPN 广泛应用于基于 Web 的远程安全接入，为用户远程访问公司内部网络提供了安全保证。

8.4.4　入侵检测与防御技术

入侵检测技术是一种能够及时发现系统中未授权用户接入或出现异常情况的现象，并能根据系统安全规则进行检测和报警的技术，是一种用于检测通信网系统中恶意行为的技术。

入侵防御技术是一种能够对网络中的入侵行为进行检测，并能够即时阻断入侵行为的网络安全技术。在通信网络中，用于实现入侵检测技术的设备或机制称为入侵检测系统（IDS）；用于实现入侵防御技术的设备或机制则称为入侵防御系统（IPS）。

1. IDS 与防火墙

网络安全系统示意如图 8-9 所示。由图 8-9 可知，防火墙类似于安防系统中的门禁系统及保安；IDS 是继防火墙之后的又一道防线，类似于安防系统中的监控系统，包括入侵探测系统和控制中心。防火墙的功能主要是防御，而 IDS 则可主动检测威胁，两者相结合有力地保证了内部系统的安全。IDS 通过收集网络设备或主机系统中的一些关键点信息，然后对信息进行分析，从中发现网络设备或系统中是否有违反安全策略的非法行为和被恶意攻击的迹象。IDS 的主动检测机制可及时发现一些防火墙无法发现的入侵行为，统计分析入侵行为的规律，并将这些入侵行为的规律应用于防火墙进而提高网络系统的整体防护力度。

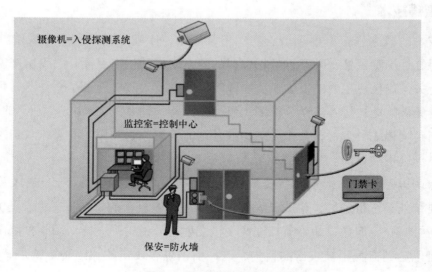

图8-9　网络安全系统示意

2. IDS 与 IPS

IDS 专注于检测流经网络的"所关注流量"，发现可能存在的威胁。在这里，"所关注流量"主要包括两部分，一是指来自不受信任的网络区域的访问流量，二是需要进行统计、监视的网络报文。在网络中，IDS 一般是旁接在交换机上的。

IPS 除了检测流经网络的"所关注流量"还将检查流经网络的数据包，分析鉴别其功能，然后决定允许这些数据包中的哪些可以进入网络，因此 IPS 更关注的是检测的准确率和误报率。

3. IDS/IPS 分类

根据检测方式和技术分类，IDS/IPS 可以分为基于知识的 IDS/IPS 和基于行为的 IDS/IPS。其中，基于知识的 IDS/IPS，通过某种方式预先定义规则（知识库），然后监视系统的运行，从中找出符合知识库的入侵行为，也称为误用检测技术。基于行为的 IDS/IPS 又称为异常检测技术，一般来说，入侵行为和滥用行为通常与正常的行为存在严重的差异，检查这些差异就可以检测出入侵行为并判断网络访问行为。

根据部署位置和工作方式分类，IDS/IPS 可以分为主机入侵检测系统（HIDS）/主机入侵防御系统（HIPS）和网络入侵检测系统（NIDS）/网络入侵防御系统（NIPS）。其中，HIDS/HIPS 一般运行于被检测的主机上，通过查询、监听当前系统中各种资源的使用运行状态，检测系统资源被非法使用和修改的事件，上报和处理这些事件。而 NIDS/NIPS 可应用于主机或网络设备上，它通过连接在网络上的"探针"捕获网络上的数据包，并分析其是否具有已知的攻击模式，以此来判断是否有入侵行为。当 NIDS/NIPS 发现某些可疑的行为时会进行报警，同时还可以根据安全策略对该行为进行阻断。

8.4.5 蜜罐技术

蜜罐技术的概念来自军事领域。在军事领域中，以响尾蛇导弹为代表的红外制导武器，可利用红外探测器捕获并跟踪目标辐射的能量来自动追击目标。对飞机来说，它在飞行时不可能关停产生热辐射的发动机，所以响尾蛇导弹对飞机而言是一种非常可怕的致命武器。为避免被响尾蛇导弹击落，很多飞机都会配备一种名为"红外诱饵弹"的防御武器，在飞机检测到响尾蛇导弹时，会主动放出红外诱饵弹，吸引响尾蛇导弹去攻击诱饵弹，从而达到让飞机逃生的目的。

将红外诱饵弹的理念引入网络安全领域，就诞生了蜜罐技术。一个接入互联网的节点，必然要和外部进行通信，也就是说必然会有被黑客攻击的可能——就像飞机飞行时无法关停发动机一样。但是，如果节点能像飞机发射红外诱饵弹一样，用某种陷阱来引诱攻击者，就可以达到自身不被攻击的目的，这种引诱黑客攻击的"陷阱"就是"蜜罐"。从广义上看，"蜜罐"并不具体指某种技术，而是一种思想。

较其他网络安全防御技术，蜜罐技术是一种主动防御技术，它通过模拟一个或多个易受攻击的主机或服务来吸引攻击者，捕获攻击流量与样本，发现网络威胁、提取威胁特征，蜜罐的价值在于被探测、攻陷。

从本质上来说，蜜罐技术是一个与攻击者进行攻防博弈的过程。蜜罐提供服务，攻击者提供访问，通过蜜罐对攻击者的吸引，攻击者对蜜罐进行攻击，在攻击的过程中，有经验的攻击者也可能识别出目标是一个蜜罐。为此，为更好地吸引攻击者，蜜罐也需要加强攻击诱骗能力。

1. 蜜罐分类

根据部署目的不同，蜜罐可分为产品型蜜罐和研究型蜜罐。产品型蜜罐可以为网络安全提供保障，主要包括攻击检测、防范攻击造成破坏等功能，且不需要管理人员投入太多精力，大部分的蜜罐软件都属于产品型蜜罐。研究型蜜罐则是专门用于对黑客攻击进行的研究，通过部署研究型蜜罐，追踪和分析黑客的行为，了解黑客所使用的攻击工具及方法。这种蜜罐绝大多数都会面对高频、高强度的网络攻击。研究型蜜罐一般是安全组织、政府机构用来研究和检测网络攻击的工具。

根据蜜罐的攻击诱骗能力或交互能力的高低，蜜罐可分为低交互蜜罐与高交互蜜罐。低交互蜜罐主要通过模拟一些服务，为攻击者提供少量简单的交互，而高交互蜜罐模拟了整个系统与服务，它们大多是真实的系统或设备，存在配置难、部署难的问题。相反，低交互蜜罐配置简单，可以较容易地完成部署，但是受限于其交互能力，无法捕获高价值的攻击。

2. 蜜罐系统的逻辑结构

蜜罐系统的逻辑结构可归纳为"两部分三模块"，如图 8-10 所示。

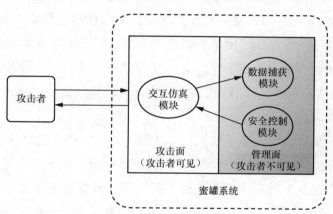

图8-10　蜜罐系统的逻辑结构

"两部分"包括攻击者可见的攻击面和攻击者不可见的管理面，其中，攻击面是专门面向攻击者设计的，而管理面则是面向研究人员设计的。

"三模块"包括交互仿真模块、数据捕获模块和安全控制模块这 3 个模块。交互仿真模块属于攻击者可见的部分，数据捕获和安全控制模块属于攻击者不可见的部分。交互仿真模块通过在网络中暴露自身的虚假服务或资源，诱导攻击者进行网络探测、漏洞利用等恶意行为；数据捕获模块则通过对网络、系统和应用业务等方面的监测，捕获网络连接记录、原始数据包、系统行为数据、恶意代码样本等高价值的威胁数据；安全控制模块通过阻断、隔离和转移攻击等手段，确保蜜罐系统不被攻击者恶意利用，防止引发蜜罐系统对外发起的恶意攻击。

3．蜜网技术

蜜网也称为诱捕网络，是一个在蜜罐技术的基础上逐步发展起来的新概念。当多个蜜罐通过网络连接在一起时，构建成一个大型的蜜罐系统，利用其中一部分主机吸引攻击者入侵，通过监测攻击者入侵过程，一方面收集攻击者的攻击行为，另一方面可以更新相应的安全防护策略。这种由多个蜜罐组成的模拟网络就称为蜜网。

蜜网技术是一种研究型的高交互蜜罐技术。由于涉及多个蜜罐之间的网络体系架构设计，同时蜜罐之间需要非常多的交互以提供一些真实的业务逻辑，因此蜜网的设计相对蜜罐来说要复杂得多。一般来说蜜网设计有三大核心需求，包括网络控制、行为捕获和行为分析。网络控制设计能够确保攻击者不能利用蜜网危害正常业务系统，以减轻架设蜜网的风险；行为捕获技术能够检测并审计攻击者的所有行为数据；行为分析技术能够帮助安全研究人员从捕获的数据中分析攻击者的具体活动。

8.5　通信网络安全的未来展望

根据 Gartner 公司发布的行业报告，过去的 10 年间，云计算、物联网市场爆发式增长，勒索软件等组织化网络犯罪及隐私和数据保护问题使得网络安全格局发生重大变化。而在 2020—2030 年这 10 年中，网络格局安全将迎来新一轮的重大变革。

2022 年，Gartner 公司重新修订了六大热门网络安全项目，具体如下。

① 网络防御技术：包括防火墙、IDS/IPS、网关防毒软件等，用于保护网络免受恶意攻击和未经授权的访问。

② 终端安全：涉及终端设备（如笔记本电脑、移动设备）上的安全措施，如终端防病毒软件、终端加密、终端访问控制等，旨在保护终端设备免受安全威胁。

③ 云安全：随着企业对云计算的采用不断增加，云安全变得越来越重要。这包括云安全网关、云安全管理平台、云安全委托等技术和服务，用于保护云环境中的数据和应用安全。

④ 身份和访问管理：包括身份验证、访问控制、单点登录、多因素认证（MFA）等技术，用于确保只有授权用户能够访问企业资源。

⑤ 安全信息和事件管理（SIEM）：这是一类安全软件，用于集中管理和分析来自各种安全设备和系统的安全事件和日志，帮助企业及时发现和应对安全威胁。

⑥ 应用程序安全：包括 Web 应用程序防火墙、应用程序漏洞扫描、应用程序安全测试等技术，用于保护应用程序免受攻击和免被漏洞利用。

这些项目是企业在 2022 年关注和投资的主要网络安全项目。通过采用相应的技术和服务，企业可以提高其网络安全水平，降低遭受安全威胁的风险。

根据 Gartner 公司发布的热门网络安全技术，未来通信网络安全防御的发展趋势如下。

（1）安全防御服务化

未来，安全防御方案很可能不再是一个甚至多个设备构成的，而是通过远程服务。用户访问网络的流量全部通过代理的方式引导至安全厂商的数据中心，在数据中心进行分析、过滤、清洗，用户只需配置一个安全代理服务器的地址即可。可管理安全风险监测与响应、云访问安全代理都属于这类安全服务。

（2）终端防御的重要性日渐凸显

对于企业内部，单纯的终端杀毒软件最终会演进成分布式监控与集中化分析的架构，以前，终端安全与网络安全是分离的两个阵营，终端杀毒软件厂商专心检查终端中的文件，网络安全设备厂商只关注网络流量。现在，双方功能在相互融合，尤其是终端安全软件与网络防御设备的联动，将流量中的恶意部分直接与终端中的进程、文件建立联系，做到精确的威胁溯源。未来，终端中的安全软件会更加密切地与设备进行配合。

（3）流量管控向应用演进

Gartner 公司的热门安全技术中绝大多数是针对云的，在云化时代，主机概念被弱化，服务概念被强化，所以流量的管理也要达到应用级别、容器级别。运维人员看到的网络拓扑图不再是主机之间的，而是服务与服务之间、服务与客户端之间的。同时图论原理也会更好地应用于安全检查，及时发现云数据中心异常的通信路径，找到潜在的威胁。

（4）安全防御方案软件化

未来的安全也会由软件定义，即用软件定义安全。未来的安全设备可能会演进成软件形态，运行在容器或者虚拟主机中。运维人员可以方便地改变不同应用数据流的检查过程，如有些网站应用的数据流需要经过网站应用防火墙（WAF）的检查，有些应用的数据流需要经过杀毒软件扫描或者 IPS 检查，甚至这种改变是根据流量与进程行为的分析而智能实现的。

8.6　本章小结

1. 网络安全是指网络系统的硬件、软件及系统中的数据受到保护，不因偶然的或者恶意的事件而遭受到破坏、更改、泄露，系统连续可靠正常地运行，网络服务不中断。它包含网络设备的安全、网络信息的安全和网络软件的安全 3 个方面。

2. 通信网络发展经历了通信保密、信息安全和信息保障 3 个阶段。总体来看，我国网络安全市场发展迅速，但依然存在很多不足，如产品结构偏硬件，国内企业跟国际龙头企业还有差距。

3. 常见的信息安全标准包括 ISO 发布的 ISO/IEC 27001 标准、我国发布的网络安全等级保护国家标准（GB）、美国发布的 TCSEC 标准及欧盟发布的 ITSEC 标准。

4. ISMS 的标准也称为 ISO/IEC 27000 系列标准，是目前国际上认可度最高的安全标准。该标准共有 4 个部分，其实施过程按照 PDCA 的指导思想可分为 5 个阶段。

5. 在我国，网络安全等级保护制度是国家信息安全保障工作的基本制度。网络安全等级保护 2.0 标准体系主要包括《信息安全技术 网络安全等级保护基本要求》《信息安全技术 网络安全等级保护安全设计技术要求》《信息安全技术 网络安全等级保护测评要求》《信息安全技术 网络安全等级保护测评过程指南》4 个标准。

6. 网络安全等级保护 2.0 标准体系按照安全能力的不同可以分为 5 个等级，包括自主保护级、指导保护级、监督保护级、强制保护级和专控保护级。

7. 网络安全等级保护工作流程包括定级、备案、安全建设、等级测评、监督检查 5 个阶段。

8. 网络攻击按照攻击者行为可以区分为主动攻击和被动攻击两大类。常见的网络攻击类型有信息收集攻击、暴力破解、欺骗攻击、拒绝服务攻击、漏洞利用攻击、恶意软件攻击等。

9. 信息收集攻击包括网络扫描、网络嗅探、网络信息服务利用、社会工程学攻击等。

10. 欺骗攻击也称假消息攻击，是一种利用计算机之间的相互信任关系来获取目标系统非授权访问的方法。最常见的欺骗攻击方式包括 ARP 欺骗攻击、DNS 欺骗攻击、IP 源路由欺骗攻击、会话劫持攻击等。

11. DDoS 攻击是一种非常常见的攻击类型，按照攻击对象资源的不同来分类，DDoS 攻击可分为网络带宽资源攻击、系统资源攻击和应用资源攻击。

12. 漏洞利用攻击指的是利用操作系统、数据库、应用软件、网络设备中存在的漏洞进行网络攻击，常见的漏洞利用攻击包括缓冲区溢出攻击、SQL 注入攻击、XSS、CSRF 攻击等。

13. 恶意软件攻击是针对系统"完整性"的攻击，包括病毒和蠕虫两大类。一般来说，病毒是通过用户交互来入侵系统的恶意程序，如 CIH 病毒、梅丽莎病毒、蓝宝石病毒、木马病毒等，而蠕虫是利用网络主动进行复制和传播，无须任何明显用户交互就能进入设备的恶意程序，如尼姆达、熊猫烧香、WannaCry 等。

14. 加密技术利用数学方法将需要保护的明文数据转换为不易理解的密文数据，从而达到保护数据的目的。根据使用密钥的不同，加密技术可以分为对称加密和非对称加密。常见的对称加密算法包括流加密算法的 RC4，分组加密算法的 DES、3DES、AES 等，常用的非对称加密算法主要包括 DH、RSA、DSA 和 ECC 算法。

15. 防火墙介于内部网络和外部网络之间，主要用于保护内部网络免受来自互联网的网络攻击，并防御网络入侵行为。根据实现技术的不同，防火墙可分为包过滤防火墙、代理防火墙、状态检测防火墙和人工智能防火墙。

16．VPN 在公用网络上建立专用网络，将某个报文封装到另外的数据报文中，使得内部数据报文在公网传输时是不透明的，从而实现端到端的安全加密传输。VPN 的关键技术包括隧道技术、数据认证技术和身份认证技术、加解密技术、密钥管理技术等。

17．VPN 按业务用途可分为 Access VPN、Intranet VPN 和 Extranet VPN。按照 OSI 参考模型的实现层次可以分为二层 VPN、三层 VPN 和七层 VPN。目前，应用较为广泛的 VPN 技术有 MPLS VPN、IPsec VPN 和 SSL VPN。

18．入侵检测技术是一种能够及时发现系统中未授权用户接入或出现异常情况的现象，并能根据系统安全规则进行检测和报警的技术，是一种用于检测通信网系统中恶意行为的技术。入侵防御技术是一种能够对网络中的入侵行为进行检测，并能够即时阻断入侵行为的网络安全技术。在通信网中，用于实现入侵检测技术的设备或机制，称为 IDS；用于实现入侵防御技术的设备或机制，称为 IPS。

19．IDS 专注于检测流经网络的"所关注流量"，发现可能存在的威胁；IPS 除专注于检测流经网络的"所关注流量"外，更关注后续的检查、分析与阻断，也就是说 IPS 更关注检测的准确率和误报率。

20．蜜罐技术是一种主动防御技术，它通过模拟一个或多个易受攻击的主机或服务来吸引攻击者，捕获攻击流量与样本，发现网络威胁、提取威胁特征，蜜罐的价值在于被探测、攻陷。根据部署目的的不同，可以将蜜罐分为产品型蜜罐和研究型蜜罐；根据蜜罐的诱骗攻击能力或交互能力的高低，蜜罐可分为低交互蜜罐与高交互蜜罐。

21．蜜罐系统的逻辑结构可归纳为"两部分三模块"："两部分"指面向攻击者设计的攻击面和面向研究人员设计的管理面，其中，攻击面对攻击者而言是可见的，管理面对攻击者而言是不可见的。"三模块"指交互仿真模块、数据捕获模块和安全控制模块 3 个模块。交互仿真模块属于攻击者可见的部分，数据捕获模块和安全控制模块属于攻击者不可见的部分。

8.7　思考与练习

8-1　信息安全的发展经历了哪些阶段？

8-2　对称加密算法有哪些？

8-3　信息安全有哪些基本属性？

8-4　防火墙的作用有哪些？

8-5　蜜罐技术根据部署目的的不同，可以分为哪几种？

8-6　信息安全管理体系遵循什么指导思想？实施过程可以分为哪几个阶段？

8-7　简述网络安全等级保护的工作流程。

8-8　简述网络安全等级保护 2.0 标准体系中，安全等级的 5 个级别。

8-9　简述对称加密的基本原理。

8-10　简述非对称加密的基本原理。

第9章
通信新技术

09

学习目标

（1）了解物联网的基本体系结构与关键技术；

（2）了解工业互联网及其应用；

（3）了解量子保密通信原理及量子通信的发展；

（4）了解空间激光通信与大气激光通信的原理及特点；

（5）了解天地一体化通信网络与发展情况；

（6）了解云计算的架构和特征；

（7）了解云网融合的含义和算力网络的核心要素；

（8）了解大数据概念及其主要应用；

（9）了解人工智能概念及其主要应用；

（10）了解区块链技术及其应用。

9.1 物联网

9.1.1 基本概念与架构

1. 物联网的基本概念

物联网的起源最早可以追溯到 1991 年，剑桥大学特洛伊计算机实验室的研究员们利用终端摄像机为楼下一个普通咖啡壶开了"直播"，这样他们便可随时查看咖啡是否煮好。如图 9-1 所示，仅仅为了窥探"咖啡煮好了没有"，这样一个"懒人发明"吸引了全世界近 240 万互联网用户访问这个名噪一时的"咖啡壶"网站。

图9-1 "咖啡壶事件"插图

1995 年，微软的缔造者之一比尔·盖茨曾撰写过一本书《未来之路》，他在这本书中预测了微软乃至整个科技产业未来的走势。他在书中写道："如果您的孩子需要零花钱，您可以从计算机钱包中给他转 5 美元。"如今的电子支付系统印证了他的预测；"您可以亲自进入地图中，这样可以方便地找到每一条街道、每一座建筑。"如今，我国自主研发的北斗导航卫星系统，几乎可以覆盖地球上所有地方。

我国最早的关于物联网的政策可以追溯至 2006 年国务院发布的《国家中长期科学和技术发展规划纲要（2006-2020 年）》，此后工业和信息化部印发了《物联网"十二五"发展规划》。"十三五"期间，物联网被列为我国战略性新兴产业之一，加速推动物联网自身发展的同时，开始逐步尝试"物联网+"形式的业态模式转变。而在"十四五"时期，我国开始深入推进物联网全面发展。

物联网的英文名称是 Internet of Things，简称"IoT"，也就是物物互联的网络。具体存在以下两类应用。第一类应用是近距离设备之间的直接互联，如手机与耳机之间通过蓝牙（Bluetooth）无线技术互联、家电设备与遥控器之间通过蓝牙、红外遥控技术或射频遥控技术传递信号；第二类应用是远距离设备之间通过广域网互联，如远程视频监控，即远端视频摄像头将采集到的视频信号通过广域网传送到视频监控中心。第一类应用是最早的物与物之间的通信，并得到了广泛应用，直到今天仍具有广阔的应用市场；第二类应用则是随着广域网通信技术的发展和终端设备元器件的发展而越来越广泛，逐渐成为"物联网"一词的指代。虽然物物互联越来越多，甚至出现第一类应用与第二类应用相结合的应用，但根据技术的复杂度，通常将其归类于第二类应用。因此，当前的"物联网"通常指的是"远距离设备之间通过广域网互联"，而广义的"物联网"还包括"近距离设备之间的直接互联"。

2．物联网基本架构

物联网的基本架构包括感知层、网络层、应用层，如图 9-2 所示。

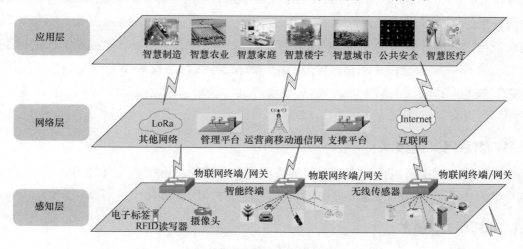

图9-2　物联网的基本架构

感知层：感知层（或设备层）处在物联网的最底层，主要通过各种无线传感器等来获取相应的物理世界中真实发生的事件和数据。

网络层：网络层包括各类信息通信网络，如有线网络/专线、移动通信网、互联网，以及一些私有协议网络等，该层主要用于传送感知层与应用层之间的数据，起到"桥梁"的作用。

应用层：应用层是物联网业务应用的具体实现，其业务功能软件应可基于云计算资源池部署，并具备大数据分析和数据可视化能力。其功能有两方面，一是完成海量数据的管理和数据的处理，二是将这些数据与各行业信息化需求相结合，实现广泛而贴近业务的智能化应用，如智慧城市、智慧家庭、智慧医疗等。

此外，围绕物联网的 3 个逻辑层，还存在一个包括标识与解析、安全技术、网络管理和服务质量（QoS）管理等的具有普遍意义的公共技术层。

从信息通信的角度来看，感知层通过相应的仪器仪表采集相关的原始信息，通过网络层的数据通信网将信息传送到应用层，应用层的业务平台进行相应的信息处理，完成物联网业务功能。举例如下。

① 远程视频监控系统。远端摄像装置实时采集视频影像信息后，通过数据网将信息送至后台的视频监控信息处理平台完成相应的处理，然后按需向远端的控制系统返回相应的数据。

② 水文监测系统等环境监控系统。远端仪器仪表周期性或实时地采集水文等环境信息，通过数据网将信息送至集中的水文等环境监控信息处理平台进行处理，生成相关的统计报表。

③ 远程医疗监测及诊断。医疗手环等医用传感器周期性地收集人体相关原始数据信息后，通过数据网将信息送至对应的医院远程医疗信息收集处理平台，生成相关格式化的数据后，提供给相应的医生进行医疗诊断。

上述 3 个例子中的远端摄像装置、远端仪器仪表、医用传感器设备，均属于感知层设备，可统称为物联网终端设备。而视频监控信息处理平台、水文等环境监控信息处理平台、医院远程医疗信息收集处理平台，均属于应用层设备，可统称为物联网业务平台。根据物联网终端设备与物联网业务平台之间的物理距离、物联网终端的通信方式（终端的通信模组）、信息传送的 QoS 和安全性要求等，可以选用局域范围内的 LAN 或 WLAN，或者选用广域范围的互联网、移动通信网（分组域）、移动蜂窝物联网、远距离无线电（LoRa）等，这些可统称为网络层。

9.1.2 物联网关键技术

物联网具有数据海量化、连接设备种类多样化、应用终端智能化等特点，其发展依赖感知与标识技术、信息传输与处理技术、信息安全技术等诸多技术，具体可归纳如下。

1. 感知层关键技术

感知层负责实现对外部世界信息的感知和识别，它使得物联网扩大了传统互联网的通信范围，不仅局限于人与人之间的通信，还扩展到人与物、物与物之间的通信。感知层关键技术主要包括传感器技术和识别技术。

（1）传感器技术

从定义上讲，传感器是一种能感受到被测量信息，并将其按一定规律变换成电信号或其他形式的信息输出，以满足信息的传输、处理、存储、显示、记录和控制等要求的检测装置。传感器是物联网系统中的关键组成部分，传感器的科学、合理、有效的应用对物联网系统的性能提升有着举足轻重的作用。物联网领域常见的传感器有温湿度传感器、烟雾传感器、心率传感器等，传感器可以是有源的，也可以是无源的。

配置了无线通信模块的一组传感器可以以自组织的方式构成一个无线传感器网络（WSN），无线传感器网络中的节点（传感器）之间通过蓝牙、低速无线个人区域网（LR-WPAN）、Zigbee、Wi-Fi 等方式互联，可采用多跳（multi-hop）的方式进行通信，可以在独立的环境下运行，也可以通过汇聚节点等网关设备通过广域网连接到中心服务器上。WSN 中的传感器再配置微处理器则可以实现智能传感，如一个传感器采集到数据后，逐跳地将数据传送至其他传感器，沿途的传感器可以对数据进行处理，最后将数据传送到汇聚节点。无线传感器网络通过将一定数量的传感器部署在作用区域内，一方面可以通过不同的传感器组合完成特殊任务，如对复杂多变的环境的监测；另一方面能够提升传感的可靠性。随着物联网应用的普及及在新应用领域中的扩展，无线传感器网络将会被应用到更多的物联网业务场景中，并扮演着更加重要的角色。无线传感器网络分狭义和广义，狭义的无线传感器网络特指通过一组传感器完成信息收集，属于感知层技术；广义的无线传感器网络不但包含感知层技术，还包含网络层和应用层技术，是一个完整的物联网。

（2）识别技术

对物理世界的识别是实现物联网全面感知的基础，常用的识别技术有二维码、射频识别（RFID）、条形码等，涵盖物品识别、位置识别和地理识别。以 RFID 技术为例，它是一种通过无线电信号识别特定目标，并读写相关数据的无线通信技术。RFID 不需要在识别系统与特定目标之间建立机械或光学接触，并且在多种恶劣的环境中也能进行信息的传输，适用于短距离识别，目前已经被应用在门禁系统、食品安全溯源、图书管理等方面，在物联网应用中有着重要的意义。

如图 9-3 所示，汽车传感器是感知层的核心部件，遍布车辆全身。甚至可以说，一辆汽车所搭载的传感器数量的多少，直接决定了其智能化水平的高低。

图9-3　车身上的传感器

2. 网络层关键技术

网络层通过传输信道使分布在各地的数据终端互联，实现信息共享。物联网业务平台接入数据网通常采用互联网接入方式或专线接入方式。

物联网终端接入数据网的方式分为有线接入方式和无线接入方式。有线接入方式通常采用 LAN 接入 IP 网的方式，但存在需要布线等问题。无线接入方式按照接入覆盖范围可分为广域接入方式和短距接入方式。短距接入方式包括利用蓝牙、Zigbee 等接入，主要用于感知层设备组网及无线传感器网络。广域接入方式中，存在 WLAN、LoRa、Sigfox 等技术，基于非授权频谱，有可能存在无线频谱干扰的问题；广域接入方式中，移动通信网工作在授权频段，但需要利用电信运营商的资源，且需要物联网终端支持相应的通信模组，并插入运营商提供的 USIM 卡。2020 年，《工业和信息化部办公厅关于深入推进移动物联网全面发展的通知》指出"建立 NB-IoT（窄带物联网）、4G（含 LTE-Cat1，即速率类别 1 的 4G 网络）和 5G 协同发展的移动物联网综合生态体系，在深化 4G 网络覆盖、加快 5G 网络建设的基础上，以 NB-IoT 满足大部分低速率场景需求，以 LTE-Cat1（以下简称"Cat1"）满足中等速率物联需求和语音需求，以 5G 技术满足更高速率、低时延联网需求"，移动物联网综合生态体系如图 9-4 所示。

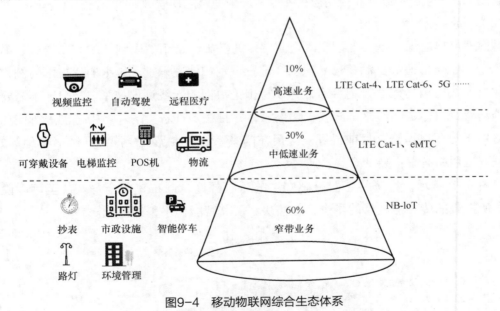

图9-4 移动物联网综合生态体系

3. 应用层关键技术

应用层可利用云计算资源池提供的硬件资源和工具软件实现软件应用的敏捷开发和迭代，以及容量的弹性伸缩；利用 AI 为大数据处理技术赋能，对感知层采集的数据进行计算，以及利用这些数据进行 AI 训练及知识挖掘，从而实现对物理世界的实时控制、精确管理和科学决策。根据应用对象的不同，物联网可分为消费物联网和产业物联网。

消费物联网通常指的是围绕在用户智能手机或其他移动设备上运行的应用，通过蓝牙或 Wi-Fi 局域网连接物联网设备或可穿戴设备。

产业物联网则是指传统产业借助云计算、大数据、人工智能、区块链等技术，以及信息通信网络和智能通信终端，实现数字化转型升级。从广义上来说，工业物联网、智能制造也属于物联网应用的范畴。

因此，物联网产业链上下游涉及众多行业主体和技术，通过整合物联网整个产业体系的资源来激发产业链上下游发展活力，逐渐成为该行业发展的重要趋势之一。

9.1.3 AIoT 技术与应用

1. AIoT 概念

AIoT 是 "AI+IoT" 的有机融合与协同应用，即人工智能物联网。数据是物联网的价值所在，一方面，物联网能够触达海量数据，为 AI 模型的训练提供必要输入；另一方面，AI 模型训练结果可改善用户体验，赋予海量数据价值。AIoT 将是未来数字化转型的重要发展方向，其发展必将影响各行各业。

2. AIoT 应用场景

AIoT 技术的运用，逐步将算力置于更贴近数据产生的地方。AIoT 经过数据获取、数据处理、算法训练、智能决策、自动部署等一系列动作后，可以从海量的物联网设备中获取有价值的信息进行实时监控，提升用户体验，并减少维护成本和停机时间，从传统繁杂的工作中解放出更多的生产力。

以自动驾驶场景为例，自动驾驶汽车在车载计算机上搭载完全自动驾驶（FSD）系统，实现实时数据采集并基于此进行神经网络模型训练，再将模型通过空中激活（OTA）推送到用户端，通过自动化的数据闭环，逐步覆盖各种车联网场景并提升自动驾驶可靠性。

在未来，海量的市场需求将为物联网带来难得的发展机遇和广阔的发展空间。物联网作为新一代信息技术与各行业深度融合的产物，通过对人、机、物的全面互联，构建起全要素、全产业链、全价值链、全面连接的新型生产制造和服务体系，是数字化转型的实现途径，拥有巨大的创新空间。

9.2 工业互联网

9.2.1 工业互联网概述

当前，以人工智能、大数据、工业互联网等为代表的新一代信息技术正迅猛发展，并逐渐向实体经济渗透，这改变了原本的生产方式，促进了生产力发展的又一次飞跃。值此产业升级的关键节点，以制造业最核心的三大诉求 "提质、降本、增效" 为出发点，在新一代信息技术与制造业深度融合的背景下，以泛在互联、智能优化、全面感知、安全稳固为特征的工业互联网应运而生。

中国工业互联网研究院发布的《中国工业互联网产业经济发展白皮书（2021年）》指出，工业互联网是新一代信息通信技术与工业经济深度融合的新型基础设施、应用模式和产业生态，通过对人、机、物系统等的全面连接，构建起覆盖全产业链、全价值链的全新制造和服务体系，为工业乃至产业数字化、网络化、智能化发展提供了实现途径。

工业互联网所覆盖的产业通常分为直接产业和渗透产业。如图9-5所示，直接产业由工业互联网技术体系的网络、平台、安全三大部分相关的产业构成。"网络"包括网络互联、数据互通和标识解析体系，通过建设低时延、高可靠、广覆盖的工业互联网网络基础设施，实现数据在工业各个环节的无缝传递；"平台"下连设备，上接应用，通过海量数据汇聚、建模分析与应用开发支撑工业生产方式、商业模式创新和资源高效配置；"安全"涉及设备安全、控制安全、网络安全、数据安全、平台安全、应用程序安全六大方面，通过建设工业互联网安全防护体系有效识别和抵御各类安全威胁，化解多种安全风险，为工业智能化发展保驾护航。渗透产业是指通过直接产业赋能从而实现生产效率提高的产业。工业互联网能够连接生产信息和需求信息，有效实现资源高效配置，促进产业生态协同发展。例如，在电力行业，通过工业互联网平台接入源、网、荷实时数据，利用大数据分析建模，可以有效解决电力设备远程维护、新能源并网消纳等问题。

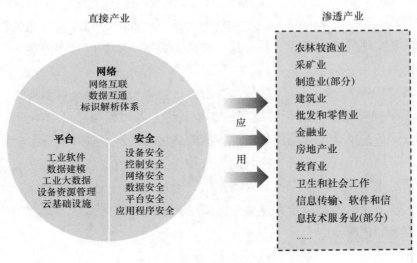

图9-5　工业互联网产业结构图

（来源：《中国工业互联网产业经济发展白皮书（2021年）》）

我们日常生活中接触到的互联网，主要是消费互联网。消费互联网与工业互联网有很多不同之处。第一，连接对象不同。消费互联网的连接对象是人，场景比较简单。工业互联网将人、机、物及全产业链连接起来，连接种类、数量远超消费互联网，场景更为复杂。第二，技术不同。工业互联网与工业生产直接相关，要求承载网具有高可靠性、高安全性和低时延。第三，用户属性不同。消费互联网面向普通用户群体，而专业化程度相对较低。工业互联网面向各行各业，需要与各行业多种专业技术、经验、痛点结合起来。这些特点决定了工业互联网的多元性、复杂性和专业性，也决定了发展工业互联网并非短期就能实现，需要做好长期持续发展的准备。

9.2.2 工业互联网产业链

我国工业互联网高速发展，在网络基础、平台中枢、数据要素、安全防护等工业互联网核心体系建设上均取得了一定进展，但工业互联网发展进一步提速也面临着较大挑战，主要包括传统网络架构不能满足工业互联网新业务的需求；工业互联网标准不统一，对制造设备依赖性强，数据互通难；数据处理及人工智能应用能力不足，无法开展灵活的应用创新；现有的工业互联网安全保障体系还不够完善等。

工业互联网产业链主要由网络和设备层、边缘层、IaaS 层、平台层（工业 PaaS）、应用层（工业 SaaS）及工业企业组成，分别处于产业链的上、中、下游，如图 9-6 所示。上游主要提供传感环境、网络等基础保障，包括智能终端生产设备、传感器、工业以太网等；中游为工业互联网提供开发环境、运营环境、软件应用和安全保障等，主要包含工业大数据平台、工业 App、云基础设施、数据集成平台、边缘数据处理等；下游主要为在工业企业中应用的典型工业互联网场景，如高耗能设备、通用动力设备、新能源设备、高价值设备等全面系统性优化场景。

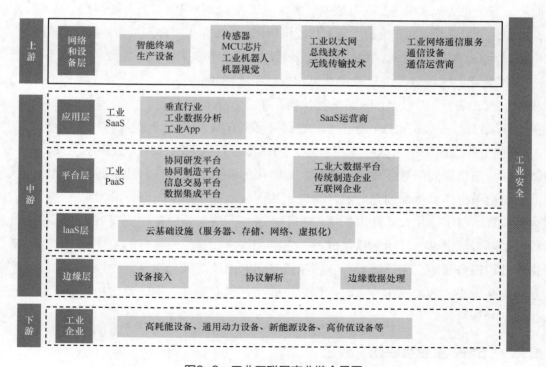

图9-6 工业互联网产业链全景图

目前，上游行业在芯片、传感器等的制造上仍和发达国家有一定差距，数据采集与感知能力有待提升；中游行业的平台层资源整合能力和综合能力有待加强，应用层工业软件与控制系统落后，工业建模分析能力与数据分析能力较弱；下游行业面临的网络安全形势严峻，迫切需要提升安全保障能力。要打造产业链坚韧、供应链敏捷的工业互联网产业体系，着力补齐技术短板，全面增强工业互联网产业链核心环节至关重要。因此，需要从以下几方面进行提升。

① 夯实数据与网络基础，提升数据采集与感知能力。推进国产工业传感器、国产工业芯片、国产工业机器人等底层硬件的研发与应用。加快工业企业网络建设，推动工业企业的内网改造升级与外网建设。加快推进宽带基础设施建设与改造，为实现产业链各环节的泛在互联和数据流通提供保障。推进标识解析体系建设，拓展成熟工业互联网标识解析的应用场景。

② 提升平台技术能力，推动平台开发与应用。围绕协议解析、边缘计算、工业机理模型等技术短板开展协同攻关，推动平台关键软、硬件发展；加快培育设备和协议兼容的开源社区，引导企业开放各类标准兼容的技术，实现工业数据在多源设备、异构系统之间顺利互通；结合对人工智能、大数据、机器学习等技术的运用，提高数据分析能力。培育骨干平台企业，加速建设形成一批具备国际一流水平的平台发展高地。

③ 推进安全技术发展，完善工业互联网安全保障体系。全面强化设备、网络、控制、应用和数据的安全保障能力，支撑工业互联网安全风险监测、预警通知及应急处置；引导科研院所、安全企业积极参与工业互联网创新发展工程，加快推进工业互联网安全技术产品研发；大力支持工业互联网安全技术研发和成果转化，为安全保障体系夯实核心技术支撑。

④ 推动融合技术创新，构建融通发展新生态。增强前沿技术融合创新，积极推动5G、人工智能、区块链等信息技术在工业领域中的应用；引导"工业互联网+5G""工业互联网+人工智能""工业互联网+区块链"等技术的深度融合，围绕医疗、教育、金融等多个领域打造一批面向工业场景需求的系统解决方案，带动行业融通发展。

⑤ 在工业生产中引入数字孪生技术，加速工业互联网的实现。数字孪生技术是一种实体空间与虚拟空间的数字化、网络化、智能化的映射关系，在物理空间与数字空间两个空间同时记录个体全生命周期的运行轨迹，从而可以在网络空间中记录和观察物体或设备的运行特征。数字孪生技术使人们可以在不靠近或无法靠近设备的情况下，进行相应的预估检测。随着数字孪生技术的日趋成熟，它将会逐渐覆盖越来越多的工业领域，可以应用于企业规划设备服务、生产线操作、预测设备何时出现故障、提高操作效率、帮助新产品开发等。在未来，数字孪生技术将有望与工业生产彻底融合，推动第四次工业革命全面进入智能化的新阶段。

9.2.3 "5G+工业互联网"应用

当前，新一轮科技革命和产业变革突飞猛进，信息技术日新月异。在新型工业化建设中，"5G+工业互联网"将主要发挥基础性作用、聚合性作用、融合性作用，推动产业升级与行业转型，助力企业实现降本、提质、增效、绿色、安全发展。

5G 具备强大的内生能力、融合能力和行业应用通用能力，将与传统制造业逐渐融合，驱动传统制造业不断向数字化、智能化、网络化转型升级。工业互联网将是最具代表性的 5G 行业应用，"5G+ 工业互联网"将连接对象延伸到整个工业系统中。其中 5G 的增强型移动带宽、低时延高可靠通信、海量机器类通信的三大应用场景和能力，能极大地满足工业互联网的业务需求，而时间敏感网络、精准定位、上行大带宽传输等一系列关键新技术，也将作为基础能力推动工业互联网业务的快速发展。

《中华人民共和国国民经济和社会发展第十四个五年规划和 2035 年远景目标纲要》明确提出，构建基于 5G 的应用场景和产业生态，积极稳妥发展工业互联网和车联网，推动"5G+ 工业互联网"在经济高质量发展进程中发挥重要作用。

着力打造一批 5G 赋能工业互联网的典型应用场景，包括协同研发设计、远程设备操控、设备协同作业、柔性生产制造、现场辅助装配、机器视觉质检、设备故障诊断、厂区智能物流、无人智能巡检、生产现场监测等。

下面介绍一些 5G 赋能工业互联网的典型应用场景。

① 远程设备操控是指综合利用 5G、自动控制、边缘计算等技术，建设或升级设备操控系统，通过在工业设备、摄像头、传感器等数据采集终端中内置 5G 模组，并通过 5G 网关连接集中或边缘的操控系统，实现工业设备与各类数据采集终端的网络化。设备操控员可以通过 5G 网络远程实时获得生产现场全景高清视频画面及各类终端数据，并通过设备操控系统实现对现场工业设备的实时精准操控，有效保证控制指令快速、准确、可靠执行。

② 机器视觉质检是指在生产现场部署工业相机或激光扫描仪等质检终端，通过质检终端内嵌的 5G 模组，实现工业相机或激光扫描仪的 5G 网络接入，实时拍摄产品的高清图像，并将其通过 5G 网络传输至部署在移动网络边缘的专家系统，专家系统基于边端、云端算法进行实时分析，对比系统中的规则或模型要求，判断物料或产品是否合格，实现缺陷实时检测与自动报警，并有效记录瑕疵信息，为质量溯源提供数据基础。

③ 设备故障诊断是指在现场设备上加装功率传感器、振动传感器和高清摄像头等，并通过内置 5G 模组接入 5G 网络，实时采集设备数据，并将数据传输到设备故障诊断系统中。设备故障诊断系统负责对采集到的设备状态数据、运行数据和现场视频数据进行全周期监测，建立设备故障知识图谱，对发生故障的设备进行诊断和定位，通过数据挖掘技术，对设备运行趋势进行动态智能分析、预测，并通过网络实现报警信息、诊断信息、预测信息、统计数据等信息的智能推送。

④ 厂区智能物流主要包括线边物流和智能仓储。线边物流是指实现生产线上物料定时定点定量配送。智能仓储是指通过物联网、云计算和机电一体化等技术共同实现智慧物流。通过内置 5G 模组可以实现厂区内自动导引车（AGV）、自动移动机器人（AMR）、叉车、机械臂和无人仓视觉系统的 5G 网络接入。部署智能物流调度系统，结合 5G 多接入

边缘计算（MEC）和超宽带（UWB）室内高精度定位技术，可以实现物流终端控制、商品入库存储、搬运、分拣等作业全流程自动化、智能化。

9.3 量子通信技术

9.3.1 量子通信技术概述

量子是一个广泛的概念。在微观世界中，很多物理量都有一个不能再分下去的最小单元，如能量、动量、电荷等，我们把它们统称为量子。量子具有不可分割性，如水分子的化学式是 H_2O，如果将水分子再次分割，则为两个氢原子和一个氧原子，不再是水分子本身，即一个水分子就是一个量子。量子还具有不可克隆性，如果我们要克隆一个东西，则要先对其进行测量，然而量子通常处于极其脆弱的"叠加态"，一旦被测量就会立刻改变，不再是原有的量子。

量子通信是量子论和信息论相结合的新的研究领域，它应用了量子力学的海森堡不确定性原理和量子态不可克隆定理，真正实现了信息论中绝对安全的通信。现阶段对于量子通信技术开展的应用研究主要集中在量子隐形传态和量子保密通信两方面。

1. 量子隐形传态

量子隐形传态的核心思想基于量子纠缠态的分发与量子联合测量，基于量子纠缠态的分发是把两个具有量子纠缠的量子分发到相距很远的两个点，通过量子联合测量两个点的结果来实现量子所携带信息的空间转移，而不是在空间中移动量子这个物理载体。量子隐形传态里有两个重要的概念：量子比特和量子纠缠。

目前的信息存储和通信，都是使用经典比特的物理学规律进行的。一个经典比特在特定时刻只有一种特定状态，要么是 0，要么是 1。但量子比特和经典比特不同，量子信息起源于量子物理学，相比于一个经典比特只有 0 或 1 其中一个值，一个量子比特可以是 0 和 1 的所有可能组合的叠加态。

具有量子纠缠的两个粒子，即使相隔极远，当其中一个粒子状态改变时，另一个状态也会发生相应的改变。比如当 A 粒子处于 0 态时，B 粒子一定处于 1 态；反之，当 A 粒子处于 1 态时，B 粒子一定处于 0 态。这种超越空间的、刹那间又影响粒子双方的量子纠缠，被爱因斯坦称为"鬼魅般的超距作用"。

由于量子纠缠是非局域的，即两个纠缠的粒子无论相距多远，测量其中一个粒子的状态必然能获得另一个粒子的状态，这是不受光速、距离限制的。因此，基于量子纠缠的量子通信方式——量子隐形传态便应运而生。

量子隐形传态的过程如图 9-7 所示。

① 制备一组长纠缠粒子对。粒子 1 在 A 点，粒子 2 在 B 点。

② 在 A 点，另一个粒子 3 携带一个想要传输的量子比特。位于 A 点的粒子 1 和位于 B 点的粒子 2 对于粒子 3 会一起形成一个总的态。在 A 点同时测量粒子 1 和粒子 3，得到

一个测量结果。

　　③ 在 A 点的一方，利用经典信道把测量结果告诉 B 点一方。

　　④ B 点收到 A 点的测量结果后，就知道了位于 B 点的粒子 2 处于哪个态。只要对粒子 2 稍进行一个简单的操作，它就会变成粒子 3 在测量前的状态。也就是粒子 3 携带的量子比特无损地从 A 点传输到了 B 点，而粒子 3 本身只留在 A 点，并没有到 B 点。

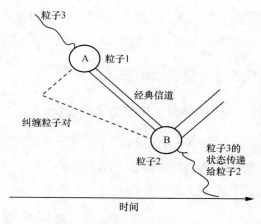

图9-7　量子隐形传态的过程

　　以上就是通过量子纠缠实现量子隐形传态的方法，即通过量子纠缠把一个量子比特无损地从一个地点传到另一个地点，它传输的不再是经典信息，而是量子态携带的量子信息，在量子纠缠的帮助下，待传输的量子态实现了如同科幻小说中的"超时空传输"。但是单量子态极易损耗，因此这种形式的量子通信还在实验室阶段，尚不具备产业化的能力。

2. 量子保密通信

　　基于量子密钥分发（QKD）的量子保密通信，是一种与经典对称密码算法相结合的量子保密通信技术，在量子通信领域中率先实现实用化和产业化，并有望为信息安全领域的长期安全性保障，提供通信保密的方案。

　　量子保密通信突破了传统加密方法的束缚，它采用量子态作为密钥对信息进行加密和解密。量子保密通信技术的原理是在甲乙通信时，如果有第三方丙介入本次通信，则丙的介入必定会改变传输粒子的量子态，而甲和乙之间接收到的量子信息与无窃听情况下得到的量子信息相比，一定会产生很大的误差。如果丙想窃听而又不被发现，则必须把窃听到的甲或乙发出的量子信息无失真地转发给乙或甲，根据海森堡不确定性原理，量子态信息不可被复制，因此丙的窃听行为造成信道上的误码率增大，甲和乙通过比较误码率，就可判断通信过程中是否存在窃听，一旦发现被窃听，就立刻更改通信密钥，从而确保信息的传输安全。

　　量子保密通信系统如图 9-8 所示。

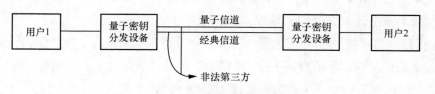

图9-8　量子保密通信系统

　　典型的量子保密通信系统由量子密钥分发设备、量子信道、经典信道组成。量子密钥分发设备是量子保密通信系统的量子态发生、接收设备。量子信道是用于承载量子信号的传输通道。经典信道则包括用于传送密钥协商信息的协商信道和用于承载业务数据的数据信道。发送端（用户1）利用生成的量子密钥对所要传送的信息进行加密，加密后的密文通过经典信道发送给接收端（用户2），接收端再对密文进行解密处理，获得传送的信息。

9.3.2　量子通信发展现状

1. 国外量子通信的发展现状

国外量子通信系统目前处于示范性应用阶段，美国、欧盟、日本相继提出了空间量子通信计划，探索基于卫星的量子密钥分发系统和服务。世界多个国家或地区正在加速发展量子通信，如表9-1所示。

表9-1　国外量子通信发展现状

国家/地区	具体情况
欧盟	欧盟委员会2016年发布《量子宣言》，提出欧洲量子技术旗舰计划，2019年建设低成本量子城域网并建立量子通信设备和系统的认证及标准，2022年左右利用可信中继、高空平台或卫星实现城际量子保密通信网络建设，预计2026年建成量子互联网。2020年3月，量子技术旗舰计划战略咨询委员会正式向欧盟委员会提交了《量子技术旗舰计划战略工作计划》报告，明确发展远距离光纤量子通信网络和卫星量子通信网络，最终目标为实现量子互联网
美国	2018年12月，通过《国家量子计划法案》，计划未来10年内向量子研究注入12亿美元资金，由美国能源部、商务部国家标准与技术研究院和美国国家科学基金会配合联邦政府共同落实量子计划项目。2020年2月，美国发布了《量子网络战略愿景》，提出聚焦量子互联网的基础发展。联邦政府将在2021—2025年间，向能源部科学办公室拨款1亿美元，推进国家量子网络基础设施建设并加速量子技术广泛实施
英国	英国2015年启动总额4亿英镑的"国家量子技术专项"，设立量子通信、传感、成像和计算研发中心，开展学术与应用研究；计划在2025年内建成国家量子通信网络
日本	日本信息通信研究机构2017年宣布首次用超小型卫星成功进行了量子通信实验，预计未来将有更多研究机构和企业投入量子通信产业

2. 国内量子通信的发展现状

我国作为率先部署大规模量子保密通信网络的国家，为推动量子保密通信网络的进一步发展和产业链成熟，正在尝试建立完整的网络运营模式，由专业的量子保密通信网络运营商，构建广域量子保密通信网络基础设施，为各行业的客户提供稳定、可靠、标准化的量子安全服务。近年来，我国量子保密通信网络建设主要分为两部分：量子保密通信骨干网的建设和量子保密通信城域网的建设。

在量子保密通信网络干线网的建设中，2017年9月，我国建成了量子保密通信干线（"京沪干线"）技术验证及应用示范项目——"墨子号"量子科学实验卫星广域量子密钥应用平台，同年建成了北京—上海的量子保密通信干线（"京沪干线"）和南京—苏州的量子保密通信干线（"宁苏量子干线"）。2018年，我国同时建成了武汉—合肥的量子保密通信干线（"武合干线"）、北京—雄安的量子保密通信干线（"京雄干线"），目前各省市的量子保密通信骨干网都在不断建设中。2021年10月，国家广域量子保密通信330千米的"成渝干线"全线贯通，并通过量子卫星通信系统接入国家骨干网。2022年9月，建成覆盖京津冀、长三角、粤港澳大湾区、成渝、长江中游以及东北等区域地面总里程超过 10000 千米的广域量子通信保密通信骨干网络，于 2022 年 12 月顺利通过验收。2023 年 12 月，量子保密通信"京哈干线"通过评估并完成备案。

在我国量子保密通信城域网及专网建设中，2009 年北京建成了新中国成立 60 周年阅兵量子保密热线，2012 年同时建成了"合肥城域量子通信试验示范网"和北京"十八大"量子安全通信保障网络，2015 年建成了抗战胜利 70 周年阅兵量子密话及传输系统，2019 年乌鲁木齐建成了乌鲁木齐量子保密通信城域网。广州、西安、成都、贵阳、重庆、南京、海口、乌鲁木齐、宿州等地已启动本地量子保密通信城域网规划，预计未来 3～5 年，京津冀、长三角、珠三角、西南地区、中西部地区的城市带将陆续新建或扩建量子保密通信城域网。2023 年 8 月，首个量子通信领域国家标准《量子保密通信应用基本要求》正式发布。2024 年，上海中创产业创新研究院联合中国电信上海分公司发布了《上海量子科技产业发展白皮书（2024）》，白皮书中提出中国电信上海分公司规划在上海区域建设量子保密通信城域网，有望在 2024 年完成一期建设，成为全国首个实用化量子通信网络的标杆范例，为量子保密通信在政务、金融、工业互联网等多个应用领域提供新质基座。

▌拓展阅读

"墨子号"量子科学实验卫星是由我国自主研发的全球首颗空间量子科学实验卫星，也是中国科学院空间科学战略性先导科技专项于 2011 年首批确定的 5 颗科学实验卫星之一。"墨子号"的取名源自我国古代思想家、教育家、科学家、墨家学派创始人墨子。

"墨子号"量子科学实验卫星旨在建立卫星与地面远距离量子科学实验平台，并在此平台上完成空间大尺度量子科学实验，以期取得量子力学基础物理研究重大突破和一系列具有国际显示度的科学成果，并使量子通信技术的应用突破距离的限制，向更深层次发展，促进广域乃至全球范围量子通信的最终实现。"墨子号"量子科学实验卫星的成功发射，在国际上首次成功实现了从卫星到地面的量子密钥分发和从地面到卫星的量子隐形传态。

9.3.3　量子通信发展展望

当前，量子信息技术已经成为全球主要国家发展战略和安全战略的关注焦点，围绕该技术领域的全球性竞争也已经展开。量子通信作为量子信息技术的重要领域迎来了重大发展机遇，同时也面临着一些艰巨的挑战，需要进一步加大技术研究力度，加快推动产业发展。

1. 自由空间量子通信

从研究中可以发现，光子如果处于真空环境中，将不会有损耗，自由空间量子通信会更加高效与便捷。量子通信发展趋势将从地面光纤量子通信，向空间、星间、星地量子通信发展，相关技术研究在开展中。2021 年 1 月，中国科研团队成功实现了跨越 4600 千米的星地量子密钥分发，此举标志着我国已成功构建全球首个星地量子通信网。

2．量子中继技术

远距离通信中，因为单光子会受到外在因素的影响而出现较多的损耗，所以需要运用量子中继技术来控制和解决光子损耗问题，扩大量子通信的距离。但由于量子态是不可克隆的，无法使用现有中继技术。另外，当前正在研究的量子中继技术一般在光子没有达到最远距离时就接收信号，之后再进行信号保存，最后以单光子的模式进行信号传送，这时需要量子存储器具备长存储时间和高提取效率。要解决以上问题，需要不断对光子与固态原子进行优化，对量子中继技术进行更深层次的研发。

3．量子通信网建设

目前在量子通信网的建设方面存在诸多挑战，包括如何低成本、高效率地部署量子通信网，如何高效地利用现有网络资源，适应复杂的网络拓扑、业务环境，如何实现差异化服务以满足各类用户的安全需求，如何保证网络的兼容性和安全性要求等。

4．量子通信技术应用

量子通信技术的近期应用主要集中在基于量子密钥分发链路加密的典型 ICT 安全应用领域，包括终端设备加密与认证、网络基础设施加密、云计算与大数据安全、区块链等，涉及金融、政务、国防、工业互联网、能源设施等领域的信息安全应用。随着量子卫星、量子中继、量子传感等技术不断取得突破，通过量子通信网将分布式的量子计算机和量子传感器连接，实现量子信息的采集、传递、计算、处理，将有望构成新一代"量子互联网"。

9.4 大气激光通信

9.4.1 空间激光通信

空间激光通信利用激光作为信息载体进行空间通信，这里的空间包括大气空间、近地轨道、中地球轨道、同步轨道、星际间和太空间。

空间激光通信的技术核心是激光，与微波通信相比，由于激光的波长比微波的波长短，因此激光通信具有高度的相干性和空间定向性。激光通信的优点体现在如下 6 个方面。

① 通信速率高、容量大。激光的频率比微波高 3～5 个数量级，因此，以激光作为通信载波的通信，频带更宽。传统微波通信载波频率在几吉赫兹到几十吉赫兹，而激光通信载波频率具有数百太赫兹量级，可携带更多信息，未来能以太比特每秒的速率传输信息。因此，激光通信具有远大于微波通信的通信容量。

② 通信设备重量轻、体积小。空间技术对通信设备的重量、体积等要求是比较苛刻的，激光通信系统比微波通信系统更有优势。激光波长比微波波长短相差 3～5 个数量级，激光通信系统所需的收发光学天线、发射与接收部件等器件与微波通信所需的器件相比，尺寸小、重量轻，可满足空间通信对小型化、轻量化的要求。

③ 功耗低。由于激光的发散角很小，激光能量高度集中地落在接收机的望远镜天线小，因此，激光发射机的发射功率可大幅降低，功耗较低。

④ 建造和维护费用低。空间激光通信系统的建设与维护费用低廉。

⑤ 可靠性高、保密性好。激光光源的发散角小，能量集中在很窄的光束中，且激光定向性好，发射波束纤细，光打到的地方才能接收。因此，激光通信对邻近卫星间的通信干扰很少，避免了相互影响，提高了通信的稳定性和通信效率。

⑥ 无卫星电磁频谱资源限制。光通信的频段不像射频那样由国家或国际机构管理，没有电磁频谱资源限制约束。

空间激光通信系统是传输信息量大、覆盖空间广的通信网络系统。它采用激光进行传输，是实现高码率通信的最佳方案。

空间信息如何传送是关键，目前的空间通信一般采用微波通信方式，如广播、电视。随着传输的信息量不断增多，需要更高的频率承载信息。因此，空间激光通信发展起来了，从微波通信到地面的激光通信再到空间激光通信，载波的频率越来越高，能传输的信息量也越来越大。

9.4.2　大气激光通信

大气激光通信（ALC）是指通过大气利用激光进行信息传递的一种通信方式。

大气激光通信技术是一种无线光通信技术。由于光纤通信需要预先铺设光缆线路，它在很多地方受到限制，因此，人们开始研究不需要预先建设传输线路就可以进行远距离通信的技术。大气激光通信就是近年来出现的一种新兴技术，其基本原理就是载波光信号将大气作为传输信道，完成点到点、点到多点的信息传输。

大气激光通信系统主要由光发射端机、光接收端机、大气信道等组成，有的系统还配有遥控、遥测等辅助设备，如图 9-9 所示。

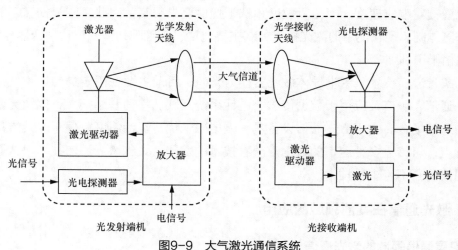

图9-9　大气激光通信系统

在发射端，需要传输的信号可以从电端口输入，也可以从光纤端口输入，电信号先通过放大器输出到激光驱动器来推动激光器，再通过光学发射天线将已调制的光信号发射到大气空间。光信号经大气信道传输到达接收端后，通过光学接收天线进行聚焦，再送到光电检测器，经放大器恢复成原来的电信号。输出方式可以是电信号形式也可以是光信号形式。为提高接收可靠性，每台端机要配置一个瞄准望远镜。激光通信端机既有电端口又有光纤端口，可实现与其他通信设施的接口匹配。

每套端机都包括光发射端机和光接收端机，安装于一个机箱之内。

大气激光通信的关键技术如下。

（1）瞄准、捕获、跟踪系统

瞄准、捕获、跟踪系统是集光、机、电为一体的关键技术。该系统由光学天线伺服平台、误差检测处理器、信标信号产生器及信标光源和控制计算机等组成。该系统的难点是如何实现高精度、大范围和高动态响应的瞄准、捕获和跟踪。

（2）光学天线的收发技术

光学天线的发射角越大，接收视场越大，瞄准、捕获、跟踪的难度就越小。发射视场和接收视场的设计需要考虑发射功率、探测灵敏度、通信距离等相关因素。

（3）激光器恒温驱动技术

由于激光器的阈值会随温度的变化而变化，这种变化会造成输出波形的失真。为保证激光器正常工作，需要设计高效的温控系统。

（4）光调制技术

光调制可分为直接调制和间接调制两类。直接调制是将传送的信息转换为电信号输入 LD或 LED，获得相应的光信号。这种方法适用于半导体光源。间接调制是利用晶体的电光效应、磁光效应和声光效应特性来实现对激光辐射的调制。这种调制方式可适用于各种类型的激光器。直接调制具有简单、经济、易实现等特点，是目前激光通信中最常用的调制方式。

（5）激光探测技术

激光通信对响应速度、探测灵敏度和抗干扰性要求很高，因此，应根据实际需要选择不同的探测体制。现在使用的激光探测体制主要包括二极管阵列型、电荷耦合器件（CCD）成像型和相干识别型等。

大气激光通信技术采用半导体激光器作为光源，目前主要在固定通信地点使用，也可用于应急通信，可广泛应用于数据传输、电话系统互联、移动基站接入，以及无法敷设光缆线路的通信场合。大气激光通信设备具有无电磁干扰、灵活组网、便于安装维护、性价比高等特点，可传输多种速率的数据。随着技术的发展，大气激光通信技术已成为构建世界范围通信网必不可少的技术。

9.4.3 激光通信在其他领域的应用

1. 卫星通信领域的激光通信

卫星激光通信技术以激光取代传统微波作为信息载体，能够突破微波通信带宽瓶颈，缓解卫星频谱资源紧张等问题，实现卫星高速通信。

卫星激光通信技术不受电磁频谱限制，占用的资源非常少，传输容量大。但由于激光发散角小，卫星激光通信需要光学系统及高精度的跟瞄辅助机构配合完成，这使得卫星激光通信系统更为复杂。同时，由于卫星激光通信技术发展历史较短，系统所用的激光器、电光调制器、光放大器、光电探测器等核心光电器件在空间环境中的寿命及可靠性未得到大规模验证，需要在卫星激光通信技术实用化后，通过长期的实践和大量的案例来检验和提升。

国际上利用激光通信的卫星网络有很多，如侦察卫星、多媒体卫星、小卫星、导航定位卫星等。由于光通信受云、雨影响较大，因此对地往往还是采用微波进行通信的。从 1995 年开始，国际上就有人研究激光通信。在这个领域我国也紧跟发展的脚步。

很多国家在卫星激光通信领域已成功完成多项高轨和低轨等在轨技术验证，并进入规模化建设和实用阶段。2013 年，美国在月球上利用激光通信，把一段视频从月球传到了地球，这段视频的激光发射终端口径只有 10cm，传输速率达到了 622Mbit/s。

我国非常重视研究激光通信技术的应用，激光通信的商业价值被广泛关注。2016 年，"墨子号"量子科学实验卫星就搭载了星地高速相干激光通信载荷，速率已提高到 5Gbit/s，灵敏度大大提高。

2. 深空探测中的激光通信

月球与地球间的平均距离为 38 万千米，如果用传统的微波调制，则激光发射功率超过 500W，现有的卫星的能源系统是无法支撑的。而基于光子探测的激光通信可以将原来的灵敏度提高 2 ～ 3 个数量级，这引起了国际社会的广泛关注。

NASA 原计划于 2022 年发射一颗能够运行在木星和火星之间的探测器 Psyche，并搭载深空激光通信系统。通过这颗卫星进行深空激光通信试验，通信距离将达到 5500 万千米。预计 2026 年该 Psyche 运行至工作轨道。

3. 海洋探测中的激光通信

传统的水下通信利用声呐传输，但是声呐通信速率低、保密性差。因此，激光通信被提上日程。研究发现，在蓝绿光波段可以实现水下激光通信。理论上来说，水下通信容量可达到 10Gbit/s，但由于水对光的吸收较大，传输距离与水的干净程度有关。因此，蓝绿光波段穿过的海洋，在大洋深处可传输 200m，近岸处可传输 50m。

┃ 拓展阅读

2020 年 8 月，在天基物联网（"行云工程"）首发卫星"行云二号"01 星、02 星之间实现了建立链路流程完整、遥测状态稳定的双向通信，"行云二号"双星搭载了目前我国最小的星间激光通信载荷，这意味着我国卫星物联网星座实现了星间激光通信的新突破。目前，星间激光链路技术已成为全球卫星通信系统发展的关键技术。

9.5　天地一体化通信

9.5.1　天地一体化信息网络

随着网络融合技术的发展，人们提出了天地一体化信息网络的建设思路，基于 6G 的空天地海一体化的通信网络的技术发展思路越来越清晰。

天地一体化信息网络以地面网络为基础，以天基网络为延伸，覆盖太空、天空、陆地、海洋等自然空间，为天基（含深空）、空基、陆基、海基等用户提供信息基础设施，如图 9-10 所示。

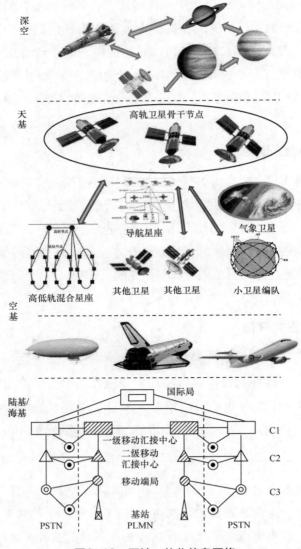

图9-10　天地一体化信息网络

由于地面网络的建设技术已经比较成熟，因此，各个国家都把研究的重点放在空天一体化网络的研究与实践方面，且已取得突破性的成果。

近年来，国外以一网（OneWeb）、星链（StarLink）等为代表，国内以"鸿雁""行云"等星座计划为代表的新型低轨道地球卫星通信星座发展迅速，利用其可覆盖全球的特点，与地面信息网络争夺互联网入口。卫星数据中继系统的规模化应用，推动了高轨道地球卫星通信系统的发展。通过高轨道地球卫星超强的覆盖能力，可以实现高效的全球数据中继和回传。

我国也开展了天地一体化信息网络研究与实践，该计划被列入国家首批"科技创新2030—重大项目"，利用高轨道地球卫星的广覆盖特性及低轨道地球卫星的低时延接入特性，构建高轨道地球卫星与低轨道地球卫星混合的一体化信息网络。

世界各国对于空间互联网也非常重视和支持。空间技术发展之后，通、导、遥一体化，一颗卫星兼有通信、导航、遥感等功能，提升了在天上通信的效率。各类天地一体化信息网络计划的实施，推动了宽带卫星通信技术的发展。

9.5.2　国外天地一体化网络的发展

近年来，世界各国积极布局一体化信息网络建设规划，争夺网络制天权、制空权、制海权、制陆权，推动天基网络与地面互联网络、移动通信网络融合。已经形成的天基网络包括同步轨道和低轨星座系统。国外代表性天基信息系统如表 9-2 所示。

表 9-2　国外代表性天基信息系统

系统名称	类型	特点
转型卫星通信系统（TSAT）	高轨道地球卫星星座系统	转型卫星通信系统是一款高轨道地球卫星星座系统，由 5 颗高轨道地球卫星组成。该系统的研究已于 2009 年取消，其部分功能被相关的军事卫星所替代
全球通信的综合空间基础设施（ISICOM）	混合星座	ISICOM 是一种混合星座，包括高轨道地球卫星、中轨道地球卫星、低轨道地球卫星、高空平台（HAP）、无人驾驶飞机（UAV）等空天节点和多种地面节点，构成基于 IP 交换、微波、激光混合的大容量星际互联网，可连接通信、导航、对地观测卫星与地面网络
卫讯（ViaSat）系统	高轨道地球卫星系统	卫讯系统是高轨道地球卫星系统，可提供宽带服务，目前有 4 颗高轨道地球卫星。已部署的 ViaSat-2 总容量为 300Gbit/s，可为 250 万用户提供 25Mbit/s 的宽带服务
第二代铱星（Iridium Next）系统	低轨道地球卫星星座系统	第二代铱星系统是低轨道地球卫星星座系统。通过 66 颗卫星实现全球覆盖，采用端到端的 IP 技术，星间链路采用 Ka 频段，可实现全球数字化个人通信，不依靠地面转接为地球上任意位置的终端提供服务
星链系统	低轨道地球卫星、极低轨道地球卫星多轨道地球卫星混合星座系统	星链系统是低轨道地球卫星和极低轨道地球卫星多轨道地球卫星混合星座系统。采用批量化流水线生产，计划发射 40000 多颗卫星（含星间链路），为全球提供 5G 级别的高速互联网服务

系统名称	类型	特点
一网系统	低轨道多轨混合星座系统	一网系统是一种低轨道多轨混合星座系统，计划发射超过6000颗卫星，无星间链路和星上处理，业务就近落地到关口站，目前已发射上百颗卫星
Telesat系统	低轨道多轨混合星座系统	Telesat系统是一种低轨道多轨混合星座系统。计划发射298颗卫星，位于极轨与倾斜轨道上，支持星上路由，具备激光星间链路，已发射1颗试验卫星

不同系统的定位和服务的用户各有侧重，既有民用系统，如星链系统、一网系统，也有军用系统，如先进极高频（AEHF）卫星通信系统，还有融合共用系统，如第二代铱星系统。

9.5.3　国内天地一体化网络的发展

我国非常重视天地一体化信息网络建设，正在推进天基信息网、未来互联网、移动通信网全面融合发展。2016年，天地一体化信息网络重大项目列入国家"十三五"规划纲要。我国科研机构和相关企业积极开展了天基网络的探索实践，在低轨小卫星星座的试验和研发方面成果显著，开发研制了"鸿雁"星座与"虹云工程"等项目，完成了在轨卫星关键技术验证。

我国在新一代高通量通信卫星方面也取得了很大的进展，"实践十三号""亚太6D"卫星发射成功，还有基于新技术体制的试验卫星"实践二十号"也成功抵达地球同步轨道；发射的高通量通信卫星对地覆盖范围不断扩大，通信容量不断增加，初步形成了天地一体化的网络结构。我国天基信息系统的基本情况如表9-3所示。

表9-3　我国天基信息系统的基本情况

系统名称	类型	特点
天地一体化信息网络	混合星座系统	天地一体化信息网络是混合星座系统，按照"天基组网、天地互联、全球服务"的思路，形成高轨道和低轨道多层多轨面空间组网，建设全球覆盖、随遇接入、按需服务、安全可信的公用信息基础设施，为陆、海、空、天的用户提供移动通信、宽带互联、天基物联、增强导航、航海、航空监视等服务，2019年完成了2颗试验卫星在轨验证
"鸿雁"星座	低轨道多轨混合星座系统	"鸿雁"星座是低轨道多轨混合星座系统，由300多颗低轨道小卫星及全球数据业务处理中心组成，可实现宽窄带相结合的通信保障能力，采用微波星间链路实现空间组网，提供移动通信、宽带通信、导航增强、航空/航海监视等服务，2018年发射首颗试验卫星"重庆号"
"虹云工程"	低轨道多轨混合星座系统	"虹云工程"是一种低轨道多轨混合星座系统，计划发射156颗卫星，实现全球覆盖的宽带通信，采用激光星间链路组网，2018年试验卫星发射成功。"虹云工程"具备通信、导航和遥感一体化、全球覆盖、系统自主可控的特点
实践十三号	高轨道地球卫星	"实践十三号"卫星是我国首颗高通量通信卫星，首次应用Ka频段通信载荷，通信总容量为20Gbit/s。"实践十三号"卫星纳入"中星"卫星系列，命名为"中星十六号"卫星，可为我国通信设施不发达地区的用户提供通信服务，推进宽带卫星通信在高铁、船舶、飞机等移动载体、应急通信等领域中的应用

系统名称	类型	特点
实践二十号	高轨道地球卫星	"实践二十号"是一种高轨道地球卫星，它是基于我国新一代大型公用平台——"东方红五号"卫星平台研制的，搭载 Q/V 频段载荷、宽带柔性转发器，带宽可达 5GHz；搭载星地激光通信载荷，可实现 10Gbit/s 的通信速率。"实践二十号"卫星开展了超高速激光通信技术的试验研究
亚太 6D	高通量卫星	"亚太 6D"卫星是全球首颗针对卫星航空移动业务设计的高通量卫星，它采用 Ku 频段、Ka 频段载荷，通信总容量为 50Gbit/s，单波束最高可达 1Gbit/s

与高轨道地球卫星相比，低轨道地球卫星覆盖范围有限，因此，低轨道地球卫星要形成有规模的互联网覆盖面积，必须靠数量取胜。低轨道地球卫星系统需要以大量的低轨道地球卫星为依托，形成星座或星链，才能达到全球覆盖。"鸿雁"星座与"虹云工程"就是由这种低轨道地球卫星组成的。低轨道地球卫星可以为地面或海上用户提供通信服务。

9.6　云计算与算力网络

9.6.1　云计算

1. 云计算概念与架构

互联网业务应用服务提供商的业务平台采用"硬件 + 软件"的方式建设，最初均基于专用硬件（如 IBM 小型机、EMC 磁盘阵列）及数据库（如 Oracle 数据库）开发和部署应用软件。信息通信网络的技术演进，包括大规模部署无源光网络（PON）实现光纤到户（FTTH）、移动智能终端的普及和 3G/4G/5G 移动互联网的规模建设，以及国家和运营商的"提速降费"，促进了互联网业务的快速发展。由于多硬件设备并行处理能力扩展依赖设备厂家的技术能力，同时专用硬件及其操作系统价格昂贵，基于专用硬件建设的互联网业务平台难以快速、灵活地扩容和缩容，因此，互联网业务应用服务提供商将"云计算"作为一种可行的技术解决方案，一方面通过虚拟化技术将廉价的通用硬件服务器按照业务应用软件的需求"切割"为多个相互独立的虚拟机（VM）；另一方面改造自己的业务应用软件和开发所需的工具软件，使自身的业务应用软件能够基于通用的 VM 部署，通过灵活地增加 / 减少 VM 的数量或者调整 VM 的规格（单 VM 的规格不能超过单物理服务器的规格）的方式实现业务应用服务的快速上线和容量快速、灵活地调整。

云计算领域存在众多的开源组织，为云计算提供开源产品和技术支撑；多家互联网业务应用服务提供商也开发了各自的云计算平台，其技术解决方案既存在一定的相通性，又存在较大的差异性。为了便于理解，可以对云计算架构进行抽象，如图 9-11 所示。

云计算架构的中间一层是虚拟化软件（占用相应的硬件资源），由"虚拟化技术 + 云平台管理系统（占用硬件资源）"构成，是云计算的核心。业务应用软件由多个软件模块组成，每个软件模块必须要有相应规格的硬件（包括 CPU、内存、内置或外置硬盘、网卡）

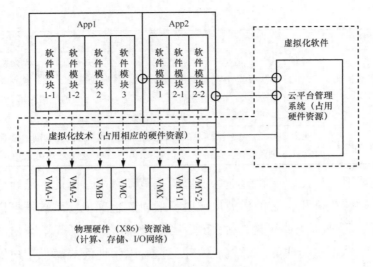

图9-11　云计算架构

作为载体；业务应用软件通过离线（Offline）或在线（Online）的方式向云平台管理系统申请所需的VM规格（即业务应用软件各个软件模块的载体）及其数量。然后，云平台管理系统指示Hypervisor软件（虚拟化技术软件）创建相应规格的VM；Hypervisor软件将底层的多个通用物理机硬件（包括CPU、内存、硬盘、网卡）纵向"切割"为云平台管理系统指定规格的相互独立的多个VM；每个VM均具备完整的CPU、内存、硬盘、I/O网卡能力，具备一个独立物理硬件的各类资源（一个VM的所有资源必须位于同一个通用物理机内，即VM不能跨物理机实现），同时，虚拟化软件还负责VM的监控和调度。最后，业务应用软件提供方将业务应用软件的各个软件模块装载在虚拟化软件为其创建的对应的VM上，完成业务应用软件的调测后即可形成对外提供业务应用服务的能力。云计算的本质就是通过虚拟化技术为业务应用软件按需创建／调整其各个软件模块所需要的硬件载体，这些硬件载体就是Hypervisor软件创建的VM，业务应用系统基于虚拟化硬件资源部署业务应用软件，形成业务应用服务提供能力。

云计算实现了"软件与软件解耦"，一方面，云计算通过虚拟化技术将通用硬件服务器组成云资源池，为上层业务应用软件提供硬件基础设施资源；另一方面，业务应用软件需要基于云资源池提供的虚拟化资源完成软件部署，形成业务应用能力。

因此，云计算具有3个显著特征：IP接入，目前云计算虚拟化技术仅支持IP接口的虚拟化；快速弹性（Rapid Elastic），能够根据上层业务应用软件的需求快速灵活地为其创建／调整其所需的VM规格和数量；按需付费，以VM的规格和数量计算上层业务应用软件所占用的云资源池硬件资源。

2. 云计算服务模式

从云计算的技术架构可以看出，云计算可以提供3种类型的服务，分别为基础设施即服务（IaaS）、平台即服务（PaaS）和软件即服务（SaaS），云计算服务模式如图9-12

所示。

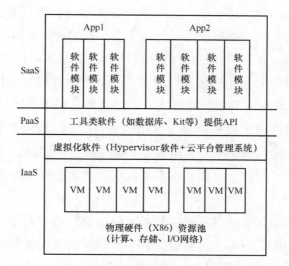

图9-12　云计算服务模式

（1）IaaS

云计算平台拥有方建设云资源池硬件（包括计算、存储、网络资源）和虚拟化软件，向云计算平台使用方提供虚拟机租赁服务，即由云计算平台使用方负责提供业务应用软件，并按需向云计算平台拥有方提出硬件资源需求和支付虚拟机的租用费。云计算平台使用方仅需将精力放在自己的业务应用软件的开发和迭代更新上，而不用关注硬件资源的建设和维护更新，硬件资源的可用性和可靠性由云计算平台拥有方负责。

（2）PaaS

在IaaS的基础上，云计算平台拥有方还为云计算平台使用方提供数据库、软件开发工具Kit等软件中间件，并提供API供云计算平台使用方的业务应用软件调用，使云计算平台使用方的业务应用软件的开发更加便捷。

（3）SaaS

云计算平台拥有方不但负责云资源池基础设施的建设，还负责根据云计算平台使用方的需求为其开发业务应用软件，满足其用户的业务需求，即所有硬件和软件均由云计算平台拥有方提供。

3. 云计算的应用

云计算最初在互联网公司提供的互联网业务服务中得到了广泛应用，最为典型的是基于阿里云提供的淘宝、天猫等服务，基于腾讯云提供的微信等服务，以及百度互联网内容搜索服务等，这些都属于SaaS类应用。

互联网公司依托其强大的云计算平台及商业模式在互联网业务服务领域取得巨大成功，起到了良好的示范作用，越来越多的互联网内容提供者将其业务应用系统部署或迁移至云计算平台上（如12306将其车票查询业务部署在阿里云上），具体的实现方式通常是采用 IaaS 或 PaaS 模式，甚至是 SaaS 模式。

云计算服务模式的成功，进一步引发了各行各业及社会综合治理系统的"上云"，如政务、医疗、教育、金融等行业。依托云计算平台部署的业务应用软件，其业务应用的最终使用者又可以分为两类，一类是公众用户；另一类是内部用户，即本企事业单位的职员。企事业单位可以自建云计算平台，但更多的是租用云计算平台拥有方提供的 IaaS 或 PaaS 部署自己的应用系统。采用此种方式，可以避免自己采购、硬件资源、建设平台和准备安装部署硬件资源所需的机房环境（包括供电、散热、安防等方面的保障），不需配备云资源池硬件和虚拟化软件的维护人员，也不必关心云资源池技术的更新换代，只需专注于自身业务应用软件的开发、更新和维护，甚至可将业务应用软件也委托给云计算平台拥有方负责。

电信运营商部署云计算平台主要面向 3 类应用场景。第一类是对外提供公有服务，包括运营商提供的互联网应用服务；运营商为其他互联网内容提供者提供 IaaS、PaaS，甚至是提供 SaaS，最终用户是公众用户；运营商为企事业单位提供的 IaaS、PaaS，甚至是SaaS，最终用户是企事业单位的内部用户。第二类是用于部署网管系统、计费系统、客户关系管理（CRM）系统等网络运营所需的各类服务器系统及公司内部的办公系统，主要用于电信运营商内部。第三类是随着网络功能虚拟化（NFV）技术的发展，电信运营商部署 NFV 云，承载信息通信网内各类虚拟化的网元，如 5G 核心网控制面网元、IP 多媒体子系统（IMS）控制面网元等。

9.6.2　云网融合架构

云计算为最终用户提供业务应用服务的网络架构如图 9-13 所示。业务应用集中部署在"云"资源池中，必须通过"网"连接到终端 / 企业局域网 CPE 才能为最终用户提供业务服务；采用分布式部署的云计算业务应用还需要通过云资源池之间的云专网 / 线实现互联（也可以利用互联网实现业务平台之间的互联）。由此可见，没有"网"连接的"孤岛式"的"云"是无法对外提供服务的，也可以说"云是离不开网的"。

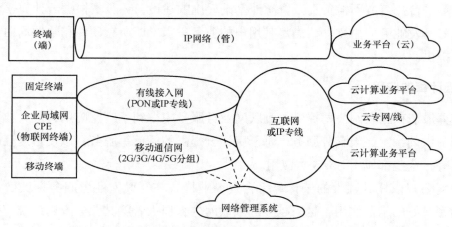

图9-13　云计算为最终用户提供业务应用服务的网络架构

　　对于需要"上云"的企事业单位来说，能够为其提供 IaaS/PaaS 的云计算平台主要有两类，一类是互联网公司提供的云计算平台，如阿里云、华为云等；另一类是电信运营商提供的云计算平台，如中国电信的天翼云、中国移动的移动云、中国联通的沃云。互联网公司在云计算领域中具有一定的先发优势，但在"网"方面，虽然能够在用于云计算业务平台之间互联所需的云专网 / 线上发力，但对于云计算业务平台连接最终用户的有线接入方面、连接移动通信网的专线方面，则需要依靠与电信运营商的合作，即只有等电信运营商提供的网络 / 专线到位后，才能开展云资源池内企事业单位各类服务器与企业局域网 CPE 之间的端到端的 IP 网络联调和测试，然后才能开通业务。电信运营商虽然在云计算领域中的起步落后于互联网公司，但因具有较强的"网"的优势，可以提供"云""网"打包的一体化服务。为此中国电信率先提出了"云网融合"，并于 2020 年 11 月正式发布了《云网融合 2030 技术白皮书》，提出了"云为核心，网随云动，云随应用而生"；同时划分了 3 个阶段，即协同阶段（2020—2022 年）实现云网基础设施层"对接"；融合阶段（2023—2027 年）实现资源和能力"物理反应"；一体阶段（2028—2030 年）实现物理和逻辑层"化学反应"。中国移动也在 2020 年发布了《中国移动网络技术白皮书（2020年）》，提出了"极致网络、极简网络和融合创新"，其中"融合创新"中又包括"云网融合""网智融合""行业融通"。

　　"云网融合"的具体做法是：前台通过统一门户网站受理企事业单位集团客户的云网需求，后台拉通云计算业务平台管理的虚拟机资源创建和业务应用软件部署、云资源池与企事业单位局域网 CPE 之间 IP 管道涉及的相应的底层传输资源、PON 接入网 / 接入专线、IP 骨干网 / 专线、移动通信网 APN/DNN 配置，以及跨越 IP 管道的 IP 通路配置（如 SD-WAN 技术）等，实现各环节工作有序并行开展，以期在最短的时间内为集团客户开通业务，屏蔽集团客户对于"云"和"网"的独立感知，为集团客户提供云网一体化的服务，从而提升电信运营商的云计算服务相比互联网公司云计算服务的竞争优势。因此，"云网融合"的本质就是与云计算业务应用软件部署同步，快速、高效地打通"云"与"端"之间的网络连接，以使"云"能够快速上线为"端"提供服务。同时，"云网融合"需要的不仅仅是技术层面的解决方案，还需要电信运营商在业务受理、业务开通和计费、网络维护和资源调度、工程建设和实施等环节完成一系列的组织优化和调整，形成跨部门、跨专业的高效协同机制，强化支撑手段和定位并提升解决问题的能力。

　　"云网融合"一方面能够增加电信运营商的云计算业务平台在市场上的竞争力，另一方面能够为企事业单位集团客户提供更优质的服务。

　　另外，在运营商的网络中同样存在对计算能力要求较高的网络节点，如 BRAS-C、5G 核心网控制面网元等，也逐步通过 NFV 技术实现了云化部署，即将信息通信网网元部署在 NFV 云计算资源池中，可称为"引云入网"，也属于广义的"云网融合"范畴。

9.6.3 算力网络

我国逐步发展进入数字经济时代。数字经济是以数字化的知识和信息作为关键生产要素，以数字技术为核心驱动力，以现代信息网络为重要载体，通过数字技术与实体经济深度融合，不断提高数字化、网络化、智能化水平，加速重构经济发展与治理模式的新型经济形态。数字经济的"四化"内涵为数字产业化、产业数字化、数字化治理、数据价值化。数字化转型催生海量的数据，2020年3月，国家已经将数据正式列为五大生产要素之一，并且要求加快培育数据要素市场。可以说，价值化的数据是数字经济发展的关键生产要素，是实体经济数字化、网络化、智能化发展的基础性战略资源。因此，数字产业化和产业数字化重塑生产力，是数字经济发展的核心；数字化治理引领生产关系变革，是数字经济发展的保障；数据价值化重构生产要素体系，是数字经济发展的基础。

2020年，《关于加快构建全国一体化大数据中心协同创新体系的指导意见》中提出加强全国一体化大数据中心顶层设计，形成"数网"体系、"数纽"体系、"数链"体系、"数脑"体系和"数盾"体系的总体思路。其中，形成"数网"体系主要是指优化数据中心基础设施建设布局，要实现数据中心集约化、规模化、绿色化发展，并且"使用率明显提升"，标志着我国"东数西算"工程正式提上工作日程；形成"数纽"体系强调的是建立完善云资源接入和一体化调度机制，降低算力使用成本和门槛，其实质是要求算力和网络资源能够匹配上层业务的需求，实现资源的灵活调配，是对电信运营商提出的"云网融合"的进一步阐释和要求；形成"数链"体系的目的是打造数字供应链，实现跨部门、跨区域、跨层级的数据流通与治理，即数据的按需流动；形成"数脑"体系的目的是繁荣各行业数据智能应用，要求深化大数据在社会治理与公共服务、各领域协同创新，其本质是充分利用大数据资源，利用人工智能等技术手段对业务应用赋能；形成"数盾"体系是强化对算力和数据资源的安全防护，以保障大数据的安全，具体涉及算力、网络和数据安全的技术和制度保障。综上所述，"数网"体系和"数纽"体系是对基础设施建设的要求；"数链"体系和"数脑"体系是对部署在基础设施之上的业务应用的要求，是对产业数字化转型注智赋能的要求；而"数盾"体系贯穿始终，是对"数网""数纽""数链""数脑"体系的安全防护。

2021年5月，国家发展和改革委员会联合中央网络安全和信息化委员会办公室、工业和信息化部、国家能源局印发《全国一体化大数据中心协同创新体系算力枢纽实施方案》，明确提出在8个"国家枢纽节点"建设数据中心集群，包括用户规模较大、应用需求强烈的4个国家枢纽节点（京津冀、长三角、成渝、粤港澳大湾区），满足重大区域发展战略实施需要；可再生能源丰富、气候适宜、数据中心绿色发展潜力较大的4个国家枢纽节点（内蒙古和林格尔、宁夏中卫、甘肃庆阳、贵州贵安），积极承接全国范围的后台加工、离线分析、存储备份等非实时算力需求，打造面向全国的非实时性算力保障基地。

上述 8 个国家枢纽节点重点支持对海量数据的集中处理，支撑工业互联网、金融证券高频交易、灾害预警、远程医疗、视频通话、人工智能推理等抵近一线、高频实时交互型的业务。在国家枢纽节点外地区建设城市内部数据中心，优先支撑金融市场高频交易、虚拟现实 / 增强现实（VR/AR）、超高清视频、车联网、联网无人机、智慧电力、智能工厂、智能安防等实时性要求高的业务。此实施方案及其 8 个复函标志着我国"东数西算"工程正式全面启动。"东数西算"工程就是将东部算力需求有序引导至西部，让西部的算力资源更充分地支撑东部数据的运算，更好为数字化发展赋能。

2021 年 7 月，工业和信息化部印发《新型数据中心发展三年行动计划（2021—2023年）》，明确用 3 年时间，基本形成布局合理、技术先进、绿色低碳、算力规模与数字经济增长相适应的新型数据中心发展格局。具体包括云边协同、数网协同、数云协同、产业链增强、绿色低碳发展、安全可靠保障 6 项重点任务。

助力国家数字经济的发展，离不开算力和网络。国家"东数西算"工程规范的是云资源池数据中心的布局，以及企事业单位业务应用系统及其数据在云资源池的布局，属于"数网"体系的范畴，而"数纽"体系、"数链"体系、"数脑"体系、"数盾"体系的实现还离不开大数据、人工智能、终端、区块链和安全技术，以及连接终端和业务应用系统并承载数据流的网络。《中国移动算力网络白皮书》中将算力网络归纳为"ABCDNETS"八大核心要素；其中云、边、端（Cloud/Edge/Terminal）作为信息社会的核心生产力，共同构成了多层立体的泛在算力架构；网络（Network）作为连接用户、数据和算力的桥梁，通过与算力的深度融合，共同构成新型基础设施；大数据（Data）和人工智能（AI）是影响社会数智化发展的关键，需要通过"融数注智"，构建算网大脑，打造统一、敏捷、高效的资源供给体系；区块链（Blockchain）作为可信交易的核心技术，是探索基于信息和价值交换的信息数字服务的关键，是实现算力可信交易的核心基石；安全（Security）防护是保障系统可靠运行的基石，需要将"网络 + 安全"的一体化防护理念融入整个体系中，形成内生安全防护机制。

"ABCDNETS"共同构成了算力网络，即算力网络是以算力为中心、以网络为根基，网（N）、云（C）、数（D）、智（A）、安（S）、边（E）、端（T）、链（B）等深度融合、提供一体化服务的新型基础设施。"算力"从宏观上看，主要是云资源池在"东数"节点、"西算"节点及城市边缘节点的布局；"算力"从微观上看，主要是芯片的演进和发展，包括提供通用计算能力的 CPU、用于 I/O 网卡的芯片 [如 SmartNIC 芯片、用于智能网卡的现场可编程门阵列（FPGA）芯片、DPU 等）、提供图形处理和 AI 机器学习的图形处理单元（GPU）、用于人工智能领域的 NPU 和 TPU，以及超异构架构的 SoC 芯片，不仅涉及云资源池的服务器，而且也涉及终端芯片。业务应用数据处理、AI 应用及算法训练、区块链及系统安全防护等都离不开"算力"。算力网络的目标是实现"算力泛在、算网共生、智能编排、一体服务"，逐步推动算力成为与水电一样，可"一点接入、即取即用"的社会级服务，达成"网络无所不达、算力无处不在、智能无所不及"的愿景。

9.7 大数据技术

9.7.1 大数据概述

随着新技术、新业态、新服务的快速兴起，数字经济的浪潮已经到来。如前所述，数字经济发展的核心是数字产业化和产业数字化。数字产业化是通过现代信息技术的市场化应用，推动数字产业的形成和发展。产业数字化是利用现代信息技术对传统产业进行数字化转型。随着数字经济的蓬勃发展，数据产生速度之快、数量之大已经远远超出了传统的计算机技术和信息系统的处理能力，从而催生了一个新的概念——大数据。

目前，业界对"大数据"有多种定义，其中麦肯锡全球研究所的定义是：大数据是指一种规模大到在获取、存储、管理、分析方面大大超出了传统数据库软件、工具能力范围的数据集合，具有数据量大、数据类型繁多、处理速度快和价值密度低四大特征，这四大特征的具体含义如下。

① 数据量大。互联网数据中心估测，人类社会产生的数据量大约每两年就会增加一倍。

② 数据类型繁多。大数据的数据来源众多，如企业应用、科学研究、互联网应用、智能终端等每天都在生成类型繁多的数据。医院里病人的检验报告、高速公路上的监控摄像头拍摄的影像、移动通信数据、银行的交易流水、学校教学视频等，各行各业每天都会产生不同类型的海量数据。

③ 处理速度快。大数据时代的数据产生速度非常快，只有对数据快速进行处理分析，数据才能产生实际的应用价值，然而传统技术不能满足大数据高速存储、管理和使用的需求。因此，大数据时代的应用，需要数据处理和分析的响应速度达到秒级甚至是毫秒级，这样才能对生产和管理决策起到指导性作用。

④ 价值密度低。大数据的价值密度低，其数据价值密度远低于传统关系数据库中的数据价值密度。在大数据时代，很多有价值的信息都分散在海量数据中。以小型私人商铺里安装的监控摄像头为例，在正常情况下监控视频数据是没有多大价值的，只有在商品被盗窃、商铺遭到抢劫、商品被人为损坏等事件发生时产生的监控视频数据才是有用的。

9.7.2 大数据价值

在大数据时代，数据已经渗透到各个行业中成为重要的生产要素，数据是企业获取核心竞争力的关键要素，数据已经成为重要的资源，数据是有价值的。数据的共享和流通是数据产生价值的重要方式，拥有大量数据的企业或者政府部门，可以对数据进行很好的管理和利用，从而使数据能够更好地服务于生产和生活，并且产生新的价值。对外提供数据查询服务，或者是与外部数据进行融合分析应用，能使数据产生同黄金一样的价值。

过去由于数据采集、数据存储和数据处理能力非常有限，在科学实验和数据分析中，通常采用抽样的方法分析、推断全集数据的总体特征，分析的结果具有不稳定性，因为抽样分析的结果被应用到全集数据之后，误差会被放大。因此，为了保证抽样分析的结果是合理的而且能够被接受，就必须确保抽样分析的结果具有较高的精确度。现在，随着大数据技术的发展，大数据技术不仅可以提供理论上几乎无限的数据存储空间，而且可以对海量数据进行并行处理，从而实现了对全集数据的科学分析，不存在误差被放大的情况。

大数据时代，数据产生的速度和数据体量都在快速提升，同时数据采集、存储、处理、分析的能力也在不断提高，利用统计学研究大量数据之间的关系，可能会发现在彼此之间没有因果关系的现象之间存在一定的相关性，进而可以推演或预测某个事件发生的可能性，这正是大数据的意义所在。在大数据时代，事物之间的因果关系没有过去那么重要了，人们更加关注事物之间的相关性，如蝴蝶效应。数据为人们提供了解决问题的方法，数据帮助人们找到了现象后面隐藏的真相。所以，数据之间的相关性在某种程度上可以取代因果关系。

9.7.3 大数据技术生态

近年来，伴随着大数据产业的发展，大数据技术的内涵也在演进，从面向海量数据的存储、处理、分析等核心技术延展到相关的数据管理、流通、安全防护等周边技术，逐渐形成了一整套大数据技术体系，成为数据能力建设的基础设施。伴随着大数据时代数据特征的不断演变及数据价值释放需求的不断增加，大数据技术已逐步演进为针对大数据的多重数据特征，围绕数据存储、处理、计算的基础技术，同配套的数据治理、数据分析应用、数据安全流通等助力数据价值释放的周边技术组合起来形成了大数据技术体系，如图9-14所示。

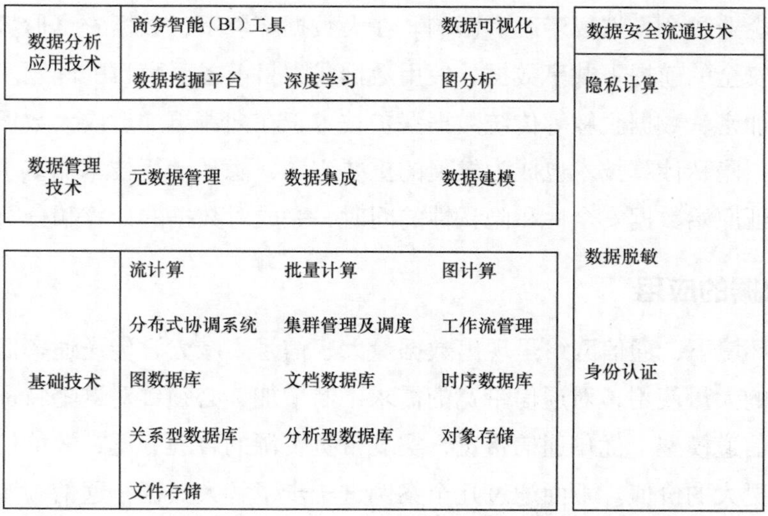

图9-14　大数据技术体系

（来源：中国信息通信研究院）

大数据时代具有数据量大、数据源异构多样、数据时效性高等特征，大数据基础技术就是为了高效地完成海量异构数据存储与计算而产生的。面对具有多种数据特征的庞大数据，传统集中式计算架构已不能满足实际需求了。为了解决传统关系型数据库单机存储及计算性能不足的问题，基于大规模并行处理（MPP）的分布式计算架构就孕育而生了；Apache Storm、Flink 和 Spark Streaming 等分布式流处理计算框架可以对高时效性数据进行实时计算反馈；基于 Apache Hadoop 和 Spark 生态体系的分布式批处理计算框架可以满足海量的网页文件及系统日志文件等非结构化数据的处理需求。

数据管理类技术可以提升数据质量和可用性。技术总是随着需求的变化而不断发展提升，在实现基本的数据存储、计算之后，如何将数据转化为价值成为下一个最主要的需求。在企业或组织内部缺乏对大量数据的有效管理，造成了数据质量低、数据获取难、数据整合难、标准混乱等问题的出现，进而导致了数据使用困难、数据不能很好地转化为价值。为了提高数据质量和可用性，将数据转化为价值，于是就产生了数据集成技术用于数据整合，以及用于实现一系列数据资产管理职能的数据管理技术。

数据分析应用技术可以发掘数据资源的内蕴价值。随着电子技术的发展，存储设备的容量不断增大，在拥有足够的存储、计算能力和高质量可用数据的前提下，如何挖掘数据中蕴含的价值并与相关的具体业务结合从而实现数据的增值成为亟待解决的问题。以商务智能（BI）工具为代表的简单统计分析与可视化展现技术，以传统机器学习、基于深度神经网络的深度学习为基础的数据挖掘分析、建模技术，这些数据分析应用技术可以帮助用户发掘数据价值并进一步将分析结果和模型应用于实际业务场景中。

数据安全流通技术可以使数据被安全规范地使用和共享。在实现数据价值的转化和释放的同时，数据安全问题也愈加凸显，数据泄露、数据丢失、数据滥用等安全事件层出不穷，对国家、企业和个人造成了恶劣影响。在大数据环境下，数据安全形势更加严峻，如何在保证数据安全的前提下共享数据、使用数据成为目前备受瞩目的问题。访问控制、身份识别、数据加密、数据脱敏等传统数据保护技术正在向着更加适应大数据环境的方向发展，与此同时，隐私计算技术也成为发展的重要方向，隐私计算技术侧重于实现数据的安全流通，在保证原始数据安全性和隐私性的同时，完成对数据的计算和分析。

9.7.4　大数据的应用

在大数据环境下，通信网络呈现出数据量大、信号衰减大、传送速率低等特征，随着智能移动设备的大量使用，对通信带宽的需求不断增加，必须针对这些特征构建与大数据技术相适应的信道模型，优化通信带宽，实现带宽资源的合理分配，才能使大数据技术在通信领域发挥更大的价值。下面通过几个案例进一步了解大数据在通信领域中的应用。

1. 通信行业大数据应用

在电信市场中，通常发展新客户的成本要远高于留住老客户的成本，因此，电信运营商非常有必要提前预判客户是否有离开本公司的倾向。为了提前掌握客户的业务需求变更情况，防止客户流失，可以通过电信客户预测分析系统及时预测客户的行为，发现客户的行为变化趋势，一旦预测到客户有离开电信网络的倾向，就立即制定有针对性的措施挽留客户。电信公司可以利用大数据分析技术，对集团公司内部的各种业务进行实时的监控、预警和跟踪，发现服务过程中存在的不足，并且自动实时捕获市场变化，以短消息、电子邮件的方式将预警信息告知业务主管，提醒相关负责人及时采取补救措施，尽可能地降低客户流失率。

2. 智慧旅游大数据应用

某运营商通过与地方旅游部门合作，建设基于通信大数据的旅游信息服务系统，为游客提供智慧旅游服务的同时，通过进行游客流量统计、客源分析等帮助旅游景区提高服务质量、制定更好的旅游营销策略。

3. 智慧城市管理大数据应用

某运营商在获得手机用户的授权、保障用户个人隐私的基础上，利用基于广域群体的手机信令数据，分析用户群体的活动规律，辅助当地政府部门实时统计辖区内的人口热力分布情况，预测某些地区人口的流动趋势，从而为政府部门进行人口统计、调控与监测提供技术支撑。

4. 通信监控大数据应用

应急指挥中心具有保障公共安全和处置突发公共事件的责任，启动应急指挥调度无线通信网，支撑政府部门、医疗部门、企事业单位的对讲通信，通常基站数量上百个，终端数量上万个，如何有效保障应急通信设备正常运行是保障公众的生命财产安全、维护国家安全和社会稳定的前提条件。目前，对应急通信设备的维护主要存在"设备管控缺乏智能化""设备使用数据价值未能充分挖掘"等问题。可以运用大数据技术，对用户行为和设备状态进行深度分析，构建设备健康度分析模型、设备热度分析模型、用户行为分析模型等模型，有效提高设备管控能力。

9.8 人工智能技术

9.8.1 人工智能概述

简单地说，人工智能就是让机器具有人类的智能。阿兰·图灵提出了著名的图灵测试："一个人在不接触对方的情况下，通过一种特殊的方式和对方进行一系列的问答。如果在相当长时间内，他无法根据这些问题判断对方是人还是计算机，那么就可以认为这个计算机是智能的。"人工智能并没有一个统一的定义，但人们大体上形成了以下共识：人工智能是计算机科学的一个广泛分支，试图让机器模拟人类的智能，涉及构建能够执行通常需要人类智能的任务的智能机器。

人工智能目前广泛应用于机器人、语音识别、文本处理、自然语言处理、图形识别、策略学习及预测等领域，通常情况人工智能概念更像是智慧化科学的概念，而且科学领域一致认为，在未来，人工智能通过对人类意识、思维过程的模拟所达到的智能水平可能超过人类本身。抛开人工智能科学发展概念本身，在未来产业应用过程中，人工智能技术将极大促进人类社会、经济、生物仿真、医学、工业自动化、智慧城市等各方面的变革。

9.8.2　人工智能关键技术

1. 机器学习

机器学习是一门涉及统计学、计算机科学、脑科学等诸多领域的交叉学科，研究计算机怎样模拟或实现人类的学习行为，以获取新的知识或技能，重新组织已有的知识结构使之不断改善自身的性能，机器学习是人工智能技术的核心。与传统的为解决特定任务、硬编码的软件程序不同，机器学习是用大量的数据来"训练"模型，通过各种算法从数据中学习如何完成任务。例如，用户在浏览网上商城网页时，经常会出现商品推荐的信息，这是平台依据用户历史购物记录和收藏清单，识别出哪些是用户真正感兴趣，并且愿意购买的产品，这样的决策模型，可以帮助和鼓励客户作出购买的决定。根据处理数据的种类，可分为有监督学习、无监督学习、半监督学习和强化学习等类型。根据学习方法，可分为归纳学习、演绎学习、类比学习、分析学习等类型。根据数据形式，可分为结构化学习和非结构化学习。

2. 深度学习

深度学习根源于类神经网络模型，且近年来备受重视。深度学习能够将原始的数据特征通过多步的特征转换得到一种特征表示，并进一步输入预测函数得到最终结果。"深度"是指原始数据进行非线性特征转换的次数，通过学习程度的加深，机器可以学习到不同层次的特征。目前，深度学习已在自动驾驶、语音识别、图像识别、AI游戏等领域广泛应用。深度学习中的代表算法是神经网络算法，包括深度置信网络（DBN）、递归神经网络（RNN）和卷积神经网络（CNN）等。

3. 强化学习

强化学习是基于当前环境的条件执行一个行动，以取得最大化的预期利益。其灵感源自行为心理学，即有机体如何在环境给予的奖励或惩罚的刺激下，逐步形成对刺激的预期，产生能获得最大利益的惯性行为。例如，在训练狗站起来时，狗如果站起来就给它奖励，如果不站起来就给它一些惩罚，通过这样不断地强化学习，从而让狗能够学会站起来这个动作。强化学习提供了大量样本学习算法，但是没有给出样本对错信息，只能通过样本执行后进行反馈，然后通过调整算法策略和行为以达到最优状态。目前，强化学习已在金融、医疗、教育、计算机视觉、自然语言处理等诸多领域中得到广泛应用。

与有监督学习和无监督学习相比，强化学习有以下特点。

① 没有监督数据，只有奖励信号。

② 奖励信号不一定是实时的，且很有可能是延后的，即一般具有时延性。

③ 时间（序列）是一个重要因素，即强化学习的每一步均与时间顺序关系紧密。

④ 当前的行为影响后续接收的数据。

9.8.3　人工智能要素

人工智能的核心要素有算法、算力、数据和场景。数据是一切智慧物体的学习资源，AI 产业的高速发展催生了大量数据需求，这些数据经过预处理后被 AI 算法所用。主流的 AI 算法主要分为传统的机器学习算法和神经网络算法，目前神经网络算法因为深度学习的快速发展备受关注。深度学习通过利用大量的数据进行模型训练，得出所需要的算法模型，在实际应用中不断地通过算法模型得出的数据对模型进行验证和优化，从而得出并确定精确性高、鲁棒性强的最终算法模型；通过将复杂的计算任务优化后在多个服务器的 CPU、GPU 或 TPU 中并行运行，从而缩短模型的训练时间。当然所有上述模型训练、验证和优化均离不开强大的算力支撑，在 AI 技术当中，算力是算法和数据的基础设施，它支撑着算法和数据，影响人工智能的发展，算力的大小代表了数据处理能力的强弱。

算力实现的核心是 CPU、GPU 等各类计算芯片，并由计算机、服务器、高性能计算集群和各类智能终端等承载，海量数据处理和各种数字化应用都离不开算力的加工和计算。随着机器学习算法的快速发展，AI 算力日益"捉襟见肘"，引发供需不平衡，陆续涌现的 xPU、专用集成电路（ASIC）、FPGA 等芯片，对算力基础设施的部署提出了挑战，由于训练算法的过程对实时性要求不高，因此，将 AI 算力与云原生相结合，通过部署到云平台，借助云原生天然的分布式、弹性扩展和轻量虚拟化能力，可快捷地获取多元算力，提升算法从研发到发布的效率，并提升算力利用率。

▎拓展阅读

《2022—2023 全球计算力指数评估报告》着重从全球 15 个主要经济体、13 个行业及新兴技术这 3 个维度分析计算力的需求变化和未来趋势。报告显示以生成式 AI（AIGC）为首的应用表现强劲，推动智能计算快速、持续增长。IDC 预测，全球 AI 计算市场规模将从 2022 年的 195.0 亿美元增长到 2026 年的 346.6 亿美元，其中，生成式 AI 计算市场规模将从 2022 年的 8.2 亿美元增长到 2026 年的 109.9 亿美元，在整体 AI 计算市场的占比将从 4.2% 增长到 31.7%，成为互联网、制造、金融、教育、医疗等行业驱动当下与未来创新发展的重要引擎。在 15 个样本国家中，中国算力指数排名全球第二，处于领先阵营。2022 年 3 月以来，随着"东数西算"工程的全面铺开，全国 8 个算力网络国家枢纽节点、10 大数据中心集群均从"蓝图设计"迈向了"施工落实"。

9.8.4　人工智能应用

1. 网络智能运维

人工智能技术可以应用于电信网络中以实现智能部署，如智能网络参数配置和智能资源配置；智能运维，如故障归因分析和网络异常检测；智能优化，包括服务等级协议

（SLA）稳定保障和智能设备节能等；智能管理，如智能网络切片和智能负载均衡等。目前国内外的标准化组织、运营商和服务商都在积极探索电信网络智能化发展的需求、架构、算法和应用场景，人工智能在网络中的应用正逐步由概念验证进入落地阶段。

2．智能基站节能

传统网络能耗居高不下、能耗不均衡造成浪费，随着 5G 的到来，5G 基站能耗更大。利用时序预测等 AI 技术，结合客户感知分析，能够更精准地预测基站业务量，制定节能策略。利用机器学习模型等人工智能模型构建基站节能分析引擎，可以使基站工作效率得到显著提升。

3．无线网络异常小区发现

随着 5G 网络小区数目的增大、核心程序接口（KPI）参数量大量增加，采用人工经验的方法难以精准对比与判断不同时间维度、空间维度下小区的异常情况。基于自然语言处理（NLP）和知识图谱可以建立无线网领域的小区异常专家知识库，对异常小区的清单派发业务进行智能推荐，以节约地市通信专家人工判断小区异常类别、异常原因和处理办法的时间成本。

9.9　区块链

9.9.1　区块链概述

相信大家都曾有过这样的疑问：在网上购买一个物品时，你如何相信，在网络另一端的卖家会在你付款之后及时发货，并且保证产品质量？在如今的互联网世界里，我们解决这个问题的方法是，有一个强有力的第三方平台，以自身信誉为担保，当我们购物时，先将购物款转账给这个第三方平台，而卖家在收到第三方平台的"已付款"信息后将货物发出，买家则在收到货物并确认无误后发送"确认收货"信息给第三方平台，第三方平台再将购物款转账给卖家。但是，这一切都依赖于第三方平台"是个好人"，如果它篡改交易信息呢？为了应对这一情况，区块链应运而生。区块链的实质就是一个共享的、不易篡改的分布式账本，用于记录交易、跟踪资产和建立信任。

9.9.2　区块链原理与特征

1．区块链原理

要想理解区块链的原理，首先需要明白什么是区块，什么是链？

在区块链的世界里产生的每笔交易，都会有一条交易记录，每隔一段时间将产生的所有交易记录放在一起打包，就形成了一个"区块"。在进行"区块"打包时，要把所有的交易记录放在"区块体"中，并根据"区块体"的内容生成"区块头"。"区块头"中包含版本、前一区块哈希值、本区块哈希值等内容，其中本区块哈希值是根据本区块所有数据生成的一个不可逆、不冲突的哈希值。而每一个区块，都存储着上一个区块的哈希值，以此形成一个"链式结构"，所以被称为"区块链"，如图 9-15 所示。

现在，我们得到了一个链式结构的账本，那么，谁负责记账？

在区块链的世界里，每一个区块的记账权利，是由候选人通过选举产生的，因为选举结果得到了大家的共识，所以选举过程又被称为"共识机制"，而选举的方法就被称为"共识算法"。

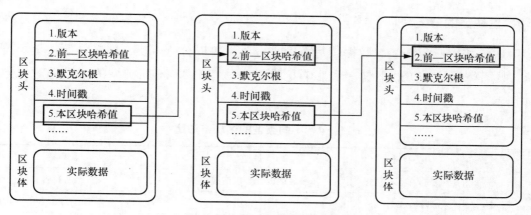

图9-15　区块的组成和链式结构

最后，我们还要将这个账本在每一个参与者那里都存储一份。这样一来，我们就构建了一个共享的、不易篡改的分布式账本。

2. 区块链特征

由于区块链是由一个又一个区块组成的链条，网络上每一个节点都可以同步这本"总账"的副本，总账的每一页都是一个区块，存储着一段时间内系统内所有数据的加密信息，单一节点无法对历史交易进行篡改，确保了数据的可靠性和安全性。区块链有以下 4 个主要特征。

① 去中心化。在传统的交易管理中，可信赖的第三方中介机构持有并保管着交易账本，但建立在区块链技术基础上的交易系统，在分布式网络中用全网记账的机制替代了传统交易中第三方中介机构的职能。区块链去中心化的实质就是去中介、去掉人为因素的干预和一些不必要的环节，去掉一个中心或中介来为信任背书，这种去中心化的信任机制可以让人们在没有中心化机构的情况下达成信任的共识。

② 开放性。区块链技术基础是开放的，除了交易各方的私有信息被加密，区块链的数据对所有人开放，任何人都可以通过公开的接口查询区块链数据和开发相关应用，因此整个系统的信息高度透明。

③ 不易篡改。在区块链上，各个节点都保存有一份账本的信息，最终所有的节点都要公认出一条最长的链来作为这份账本的最终状态，每个节点也都将拥有一份完整的账本

备份。链上每个节点的交易信息都要通过对应的每个交易发起人的私钥来签名，因此交易很难被篡改。

④ 隐私匿名性。区块链利用密码学的隐私保护机制，可以根据不同的应用场景来保护交易人的隐私信息，交易者在参与交易的整个过程中身份信息不被透露，交易人身份、交易细节不会被第三方或者无关方查看，解决了节点间的信任问题。

9.9.3 区块链分类及应用

1. 区块链的分类

区块链按照应用场景、数据读写范围来分类，可以分为 3 类，即公共区块链（公有链）、共同体区块链（联盟链）和私有区块链（私有链）。不同类型的区块链对比如表 9-4 所示。

表 9-4 不同类型的区块链对比

类型	公有链	联盟链	私有链
参与者	任何人自由进出	联盟成员（可信成员）	链所有者
共识机制	PoW/PoS/DPoS	PBFT/dBFT	Raft/Paxos
记账人	全网参与	联盟成员协商确定	链的所有者
激励机制	需要	可选	不需要
中心化程度	去中心化	弱中心化	强中心化
基本特点	信用的自创建	效率和成本优化	安全性高、效率高
承载能力	<100 笔 / 秒	<10 万笔 / 秒	视配置决定
典型场景	供应链、金融、银行、物流、电商		大型组织、机构
代表项目	比特币、以太坊	R3、HyperLedger、金链盟	HyperLedger Fabric v0.6

2. 区块链技术应用

区块链作为一种数据存储技术与许多行业结合衍生了许多具体应用领域，如与金融、供应链、物流、防伪、票据等结合，下面介绍几个主要具体应用领域。

（1）区块链 + 金融

基于区块链技术，数据的维护不再依赖于中心化平台，那么我们就无须担心被这类平台欺骗了，能够解决金融行业的安全和信任问题。目前国内的各大银行与金融机构都在探索区块链的技术，以重新塑造新的金融体系。

（2）区块链 + 溯源

区块链的去中心化和不易篡改的特性，使它可以在提升可追溯性方面发挥重要作用。目前，有很多大型超市和公司宣布开始采用区块链账本技术来跟踪新鲜产品的运输过程。

（3）区块链 + 隐私保护

在当今万物互联的社会里，我们都是"透明人"，个人信息都被各大平台牢牢"掌控"着。区块链的隐私匿名性特征能够让个人信息得到保护，从而保护个人隐私安全。

（4）区块链 + 供应链

基于区块链的可追溯性，产品从最初生产的那一刻便被记录在区块链上，之后的运输、销售、监管等各个环节信息均被记录在区块链上，一旦发生问题，就可以往前追溯，查看问题出现在哪个环节。区块链技术在供应链上的应用将大大降低假冒伪劣产品等出现的概率。

▍拓展阅读

2019 年，国家信息中心牵头，与多家单位联合发起并建立区块链服务网络（BSN），旨在提供一个低成本开发、部署、运维、互通和监管联盟链应用的公共基础设施网络，我国区块链技术进入快速发展阶段。

9.10　本章小结

1. 物联网就是万物互连的互联网。物联网的基本架构包括感知层、网络层、应用层。

2. 工业互联网是新一代信息通信技术与工业经济深度融合的全新生态、关键基础设施和新型应用模式。

3. 量子通信是量子论和信息论相结合的新的研究领域，量子通信可以保证通信安全。目前，量子通信技术的应用研究主要集中在量子隐形传态和量子保密通信两方面。

4. 空间激光通信是利用激光作为信息载体进行空间通信。激光通信具有通信速率高、容量大、功耗低、保密性好等优点。

5. 大气激光通信是指通过大气利用激光进行信息传递的一种通信方式。

6. 天地一体化信息网络以地面网络为基础，以天基网络为延伸，覆盖太空、天空、陆地、海洋等自然空间，为天基、空基、陆基、海基等用户提供信息基础设施。

7. 云计算的本质是通过虚拟化技术为业务应用软件实现按需创建、调整其各个软件模块所需要的硬件载体，具有 IP 接入、快速弹性、按需付费的特征。

8. 算力网络是以算力为中心、网络为根基，网、云、数、智、安、边、端、链等深度融合、提供一体化服务的新型基础设施。

9. 大数据是指一种规模大到在获取、存储、管理、分析方面大大超出了传统数据库软件、工具能力范围的数据集合，具有数据量大、数据类型繁多、处理速度快和价值密度低四大特征。

10. 人工智能就是让机器具有人类的某些智能。人工智能广泛应用于机器人、语音识别、文本处理、自然语言处理、图形识别、策略学习及预测等领域。

11. 区块链的实质就是一个共享的、不易篡改的分布式账本，用于记录交易、跟踪资产和建立信任。

9.11　思考与练习

9-1　什么是物联网？物联网的基本架构由哪些部分组成？

9-2　物联网主要使用了哪些技术？

9-3　举例说明工业互联网的应用场景。

9-4　量子保密通信系统由几部分构成，与传统通信系统有什么不同？

9-5　量子通信技术的发展前景主要表现在哪些方面？

9-6　与微波通信相比，空间激光通信有哪些优势？

9-7　为什么要进行云网融合？

9-8　什么是算力网络？

9-9　什么是大数据？大数据有什么特点？

9-10　大数据具有哪些主要特征？

9-11　什么是人工智能？举例说明人工智能有哪些典型应用。

9-12　简要说明区块链技术及其特点。

英文缩写	英文全称	中文全称
3GPP	3rd Generation Partnership Project	第三代合作伙伴计划
AAU	Active Antenna Unit	有源天线单元
AC	Access Controller	接入控制器
AGC	Automatic Gain Control	自动增益控制
AI	Artificial Intelligence	人工智能
AIoT	Artificial Intelligence & Internet of Things	人工智能物联网
ALC	Atmospheric Laser Communication	大气激光通信
AMC	Adaptive Modulation and Coding	自适应调制与编码
AMF	Access and Mobility Management Function	接入和移动性管理功能
AMPS	Advanced Mobile Phone System	高级移动电话系统
AP	Access Point	接入点
API	Application Program Interface	应用程序接口
AR	Augmented Reality	增强现实
ARP	Address Resolution Protocol	地址解析协议
ASK	Amplitude-Shift Keying	幅移键控
ATM	Asynchronous Transfer Mode	异步传输模式
AUC	Authentication Center	鉴权中心
AU-PTR	Administration Unit Pointer	管理单元指针
AUSF	Authentication Server Function	鉴权服务功能
BaaS	Blockchain as a Service	区块链即服务
BDS	BeiDou Navigation Satellite System	北斗导航卫星系统
BGCF	Breakout Gateway Control Function	出口网关控制功能
BGP	Border Gateway Protocol	边界网关协议
BICC	Bearer Independent Call Control Protocol	与承载无关的呼叫控制协议
BSC	Base Station Controller	基站控制器
BSN	Blockchain-based Service Network	区块链服务网络
BSS	Base Station Subsystem	基站子系统
BTS	Base Transceiver Station	基站收发台
BYOE	Bring Your Own Encryption	自带加密
BYOK	Bring Your Own Key	自带密钥
CCS	Calling Card Service	电话卡业务
CDC	Cloud Data Center	云数据中心

英文缩写	英文全称	中文全称
CDM	Code-Division Multiplexing	码分复用
CDMA	Code-Division Multiple Access	码分多址
CDN	Content Delivery Network	内容分发网络
CIDR	Classless Inter Domain Routing	无类别域间路由选择
CIR	Committed Information Rate	承诺信息速率
CN	Core Network	核心网
CoS	Class of Service	服务类别
CS	Circuit Switching	电路交换
CSCF	Call Session Control Function	呼叫会话控制功能
CSRF	Cross-Site Request Forgery	跨站请求伪造
CU	Centralized Unit	集中单元
CWDM	Coarse Wavelength Division Multiplexing	粗波分复用
DDN	Digital Data Network	数字数据网
DDoS	Distributed Denial of Service	分布式拒绝服务
DNS	Domain Name System	域名系统
DoS	Denial of Service	拒绝服务
DSB	Double Side Band	双边带
DU	Distributed Unit	分布单元
DWDM	Dense Wavelength Division Multiplexing	密集波分复用
EC	Emergency Call	紧急呼叫
EDFA	Erbium-Doped Fiber Amplifier	掺铒光纤放大器
EGP	Exterior Gateway Protocol	外部网关协议
EHF	Extremely High Frequency	极高频
EMBB	Enhanced Mobile Broadband	增强移动宽带
EMS	Element Management System	网元管理系统
EPC	Evolved Packet Core	演进分组核心网
EPS	Evolved Packet System	演进分组系统
ETSI	European Telecommunications Standards Institute	欧洲电信标准组织
FC	Fiber Channel	光纤信道
FCoE	Fiber Channel over Ethernet	以太网光纤通道
FCS	Fast Circuit Switching	快速电路交换
FC-SAN	Fiber Channel -Storage Area Network	网状通道－存储区域网络
FDD	Frequency-Division Duplex	频分双工
FDDI	Fiber-Distributed Data Interface	光纤分布式数据接口
FDM	Frequency-Division Multiplexing	频分复用

英文缩写	英文全称	中文全称
FDMA	Frequency-Division Multiple Access	频分多址
FEC	Forward Error Correction	前向纠错
FM	Frequency Modulation	调频
FMC	Fixed Mobile Convergence	固定移动融合
FNS	Familiarity Number Service	亲情号码业务
FRN	Frame Relaying Network	帧中继网
FSD	Full Self-Drive	完全自动驾驶
FSK	Frequency-Shift Keying	频移键控
FTTB	Fiber To The Building	光纤到大楼
FTTC	Fiber To The Curb	光纤到路边
FTTH	Fiber To The Home	光纤到户
FTTO	Fiber To The Office	光纤到办公室
FTTR	Fiber To The Room	光纤到房间
FTTx	Fiber To The x	光纤到 x
GFP	Generic Framing Procedure	通用成帧协议
GGSN	Gateway GPRS Support Node	GPRS 网关支持节点
GPRS	General Packet Radio Service	通用分组无线业务
GPS	Global Positioning System	全球定位系统
GPU	Graphics Processing Unit	图形处理单元
GSC	Global Standards Collaboration	全球标准合作大会
GSM	Global System for Mobile Communications	全球移动通信系统
GSMA	Global System for Mobile Communications Association	全球移动通信系统协会
HARQ	Hybrid Automatic Repeat reQuest	混合自动重传请求
HEO	High Elliptical Orbit Satellite	高轨道地球卫星
HLR	Home Location Register	归属位置寄存器
HSS	Home Subscriber Server	归属用户服务器
HSTP	High Signaling Transfer Point	高级信令转接点
IaaS	Infrastructure as a Service	基础设施即服务
IB	InfiniBand	无限带宽
IDC	Internet Data Center	互联网数据中心
IDS	Intrusion Detection System	入侵检测系统
IEC	International Electrotechnical Committee	国际电工委员会
IEEE	Institute of Electrical and Electronics Engineers	电气电子工程师学会
IGP	Interior Gateway Protocol	内部网关协议
IMS	IP Multimedia Subsystem	IP 多媒体子系统
IMSI	International Mobile Subscriber Identity	国际移动用户标志

英文缩写	英文全称	中文全称
IoT	Internet of Things	物联网
IP	Internet Protocol	互联网协议
IP RAN	IP Radio Access Network	无线电接入网 IP 化
IPSec	Internet Protocol Security	IP 安全协议
IPS	Intrusion Prevention System	入侵防御系统
IS-IS	Intermediate System-to-Intermediate System	中间系统到中间系统
ISMS	Information Security Management System	信息安全管理体系
ISO	International Organization for Standardization	国际标准化组织
ISP	Internet Service Provider	互联网服务提供商
IT	Information Technology	信息技术
ITU	International Telecommunications Union	国际电信联盟
L2FP	Layer 2 Forwarding Protocol	第二层转发协议
L2TP	Layer 2 Tunneling Protocol	第二层隧道协议
LAN	Local Area Network	局域网
LCAS	Link Capacity Adjustment Scheme	链路容量调整机制
LD	Laser Diode	激光二极管
LED	Light Emitting Diode	发光二极管
LEO	Low Earth Orbit Satellite	低轨道地球卫星
LPR	Local Primary Reference	区域基准时钟
LSTP	Low Signal Transfer Point	低级信令转接点
LTE	Long Term Evolution	长期演进技术
MAC	Medium Access Control	介质访问控制
MAN	Metropolitan Area Network	城域网
MANO	Management and Orchestration	管理和编排
MEO	Middle Earth Orbit	中轨道地球卫星
MGCF	Media Gateway Control Function	媒体网关控制功能
MGW	Media Gate-Way	媒体网关
MIMO	Multiple Input Multiple Output	多进多出
MMTC	Massive Machine Type Communication	大规模机器类通信
MPLS	Multi-Protocol Label Switching	多协议标签交换
MPP	Massively Parallel Processing	大规模并行处理
MRCS	Multi-Rate Circuit Switching	多速率电路交换
MRFC	Multimedia Resource Function Controller	多媒体资源控制器
MRFP	Multimedia Resource Function Processor	多媒体资源处理器
MS	Mobile Station	移动台
MSC	Mobile-services Switching Centre	移动交换中心

英文缩写	英文全称	中文全称
MSISDN	Mobile Subscriber Integrated Service Digital Network Number	移动用户综合业务数字网号码
MSOH	Multiplex Section Overhead	复用段开销
MSRN	Mobile Station Roaming Number	动态漫游号
MSTP	Multi-Service Transport Platform	多业务传送平台
MT	Mobile Terminal	移动终端
NAS	Network Attached Storage	网络附接存储
NAT	Network Address Translation	网络地址转换
NB-IoT	Narrow Band Internet of Things	窄带物联网
NEF	Network Exposure Function	网络开放功能
NF	Network Function	网络功能
NFV	Network Functions Virtualization	网络功能虚拟化
NGN	Next-Generation Network	下一代网络
NII	National Information Infrastructure	国家信息基础设施
N-ISDN	Narrowband Integrated Service Digital Network	窄带综合业务数字网
NRF	Network Repository Function	网络仓储功能
NSS	Network Sub-System	网络子系统
NSSF	NetworkSlice Selection Function	网络切片选择功能
OAM	Operation Administration and Maintenance	操作维护管理
OCS	Online Charging System	在线计费系统
ODN	Optical Distribution Network	光分配网
OFDMA	Orthogonal Frequency Division Multiple Access	正交频分多址
OLT	Optical Line Terminal	光线路终端
OMC	Operation and Maintenance Center	操作维护中心
ONU	Optical Network Unit	光网络单元
OSI	Open System Interconnection	开放系统互连
OSPF	Open Shortest Path First	开放最短路径优先
OTN	Optical Transport Network	光传送网
PaaS	Platform as a Service	平台即服务
PCF	Policy Control Function	策略控制功能
PDH	Plesiochronous Digital Hierarchy	准同步数字系列
PIR	Peak Information Rate	峰值信息速率
PLMN	Public Land Mobile Network	公共陆地移动网
PNS	Personal Number Service	个人号码业务
PON	Passive Optical Network	无源光网络
PPTP	Point-to-Point Tunneling Protocol	点到点隧道协议

续表

英文缩写	英文全称	中文全称
PRC	Primary Reference Clock	全国基准时钟
PSK	Phase-Shift Keying	相移键控
PSTN	Public Switched Telephone Network	公用电话交换网
PTN	Packet Transport Network	分组传送网
PUE	Power Usage Effectiveness	电源使用效率
PWE3	Pseudo-Wire Emulation Edge to Edge	端到端的伪线仿真
QAM	Quadrature Amplitude Modulation	正交调幅
QKD	Quantum Key Distribution	量子密钥分发
RAN	Radio Access Network	无线电接入网
RCS	Rich Communication Suite	富通信套件
RFA	Raman Fiber Amplifier	拉曼光纤放大器
RFID	Radio Frequency Identification	射频识别
RIP	Routing Information Protocol	路由信息协议
RNC	Radio Network Controller	无线网络控制器
ROADM	Reconfigurable Optical Add/Drop Multiplexer	可重构光分插复用器
RSOH	Regenerator Section Overhead	再生段开销
RTT	Round Trip Time	往返路程时间
SaaS	Software as a Service	软件即服务
SBA	Service-Based Architecture	服务化架构
SCP	Service Communication Proxy	服务通信代理
SDH	Synchronous Digital Hierarchy	同步数字系列
SDN	Software Defined Network	软件定义网络
SGSN	Serving GPRS Support Node	GPRS 服务支持节点
SGW	Serving GateWay	服务网关
SHF	Super High Frequency	超高频
SIM	Subscriber Identity Module	用户标志模块
SIP	Session Initiation Protocol	会话起始协议
SLA	Service Level Agreement	服务等级协定
SMF	Session Management Function	会话管理功能
SMS	Short Massage Service	短消息业务
SMSC	SMS Center	短消息中心
SNI	Service Node Interface	业务节点接口
SOH	Section Overhead	段开销
SP	Signaling Point	信令点
SPN	Slicing Packet Network	切片分组网
SR	Segment Routing	分段路由

英文缩写	英文全称	中文全称
SSB	Single Side Band	单边带
STP	Signaling Transfer Point	信令转接点
TACS	Total Access Communication System	全接入通信系统
TCM	Trellis-Coded Modulation	网格编码调制
TCO	Total Cost of Ownership	总拥有成本
TCP/IP	Transmission Control Protocol/Internet Protocol	传输控制协议/互联网协议
TDD	Time Division Duplex	时分双工
TDM	Time Division Multiplexing	时分复用
TDMA	Time Division Multiple Access	时分多址
TD-SCDMA	Time Division-Synchronous Code Division Multiple Access	时分同步码分多址
TE	Traffic Engineering	流量工程
TSAT	Transformational Satellite Communications System	转型卫星通信系统
TSN	Time-Sensitive Networking	时间敏感网络
TVS	Telephone Vote Service	电话投票业务
UDM	Unified Data Management	统一数据管理
UE	User Equipment	用户设备
UHF	Ultra High Frequency	特高频
UNI	User-Network Interface	用户-网络接口
UNS	Universal Number Service	通用号码业务
UPF	User Plane Function	用户面功能
UPS	Uninterruptible Power Supply	不间断电源
URLLC	Ultra-Reliable & Low-Latency Communications	超可靠低时延通信
USIM	Universal Subscriber Identity Module	全球用户识别模块
VIM	Virtualized Infrastructure Manager	虚拟基础设施管理器
VLAN	Virtual Local Area Network	虚拟局域网
VLR	Visitor Location Register	漫游位置寄存器
VM	Virtual Machine	虚拟机
VNF	Virtualized Network Function	虚拟网络功能
VNFM	Virtualized Network Function Manager	虚拟网络功能管理器
VPN	Virtual Private Network	虚拟专用网
VR	Virtual Reality	虚拟现实
VSB	Vestigial Side Band	残留边带
VxLAN	Virtual Extensible Local Area Network	虚拟扩展局域网
WAF	Web Application Firewall	网站应用防火墙
WAN	Wide Area Network	广域网

英文缩写	英文全称	中文全称
WCDMA	Wideband CDMA	宽带码分多址
WDM	Wave-Division Multiplexing	波分复用
WFA	Wi-Fi Alliance	Wi-Fi 联盟
WSN	Wireless Sensor Network	无线传感器网络
xD-MIMO	xDimension MIMO	超维度天线技术
XSS	Cross Site Script Attack	跨站脚本攻击